U0115403

語言文字叢書

兩廣海南海洋捕撈漁諺輯注與其語言特色和語彙變遷

馮國強　著

目次

第一章　緒言……1

第一節　漁諺研究情況、現狀……1
第二節　研究意義和價值……5
第三節　田野調查……5
第四節　田野調查的準備……7
第五節　香港石排灣水上話的音系特點……10

第二章　兩廣海南海洋捕撈漁諺……19

第一節　廣東……20
一　粵東……20
二　粵西……69
三　珠江口……102
四　廣東沿海……135
第二節　廣西和海南……160
一　廣西……160
二　海南……170
第三節　兩廣海南……186

第四節　華南沿海 …… 196

第三章　漁諺的語言特色和文化內蘊 …… 225

第一節　語言特色 …… 225
一　ABB 式形容詞 …… 225
二　修辭多樣性 …… 228
三　押韻 …… 234
四　句式結構 …… 245
五　音節結構 …… 247
第二節　文化內蘊 …… 252
一　信仰 …… 252
二　禁忌 …… 257
三　漁民生計寫照 …… 259
第三節　漁諺語彙的變異 …… 271

第四章　漁諺的承傳與瀕危現象 …… 285

第一節　木帆漁船與機動漁船的取替 …… 285
第二節　漁民的出路——以香港仔為例 …… 294
第三節　總結 …… 298

後記 …… 303

參考文獻 …… 307

第一章
緒言

在漫長的漁業生產活動中，漁民先民們在生產作業時摸索到氣象、海洋、潮汐變化、漁具漁法、海況、魚蝦蟹習性、漁場漁汛，漁業生產時等規律性，在累積下和經過了長時期的提煉和實踐中不斷驗證，因而漁諺便有一定的科學性和可用性，所以這些漁諺是實踐考驗的一種總結，方為其後代留下了許許多多豐富的漁諺。這些漁諺，它是含意深長，生動形象，全是像詩歌一樣，都是富有當地方言的音韻，以生動簡潔的語言，易於記憶的形式或順口溜的方式流傳於漁區，部分漁諺甚至把南海的漁諺擴散到老遠的福建、舟山漁區，也可能是東海一帶部分漁諺擴到南海一帶，所以部分漁諺彼此頗為一致，或者因要合於當地方言韻腳，方言語法特點，稍作換字。既然漁諺是漁民在生產作業時觀察魚類活動規律的總結，因此，誰能掌握好魚類活動規律，甚至正確解讀漁諺的意思，誰便能影響個人的生產產量。所以，這種規律的掌握，是漁民生產時的智慧結晶。從另一角度來，漁諺是漁文化承傳的載體。

因此，作為木帆漁船年代的漁民從小跟父母學習本領，就是從小要知道魚群分布、海底暗礁、季節氣候、漁汛情況、漁汛規律等，方能為家人帶來豐收。

第一節　漁諺研究情況、現狀

專書方面，有關研究漁諺的書籍不多，一九六三年出版了依眾選輯《舟山漁諺》、一九八八年出版了張憲昌、梁玉磷、馬振坤編《南海漁諺拾零》。這兩本書很單薄，《舟山漁諺》只有八十七頁，對漁諺詳細加上注釋，是這一本書的特色；《南海漁諺拾零》只有五十四頁，只有十餘條漁諺加以少許簡單注釋。這兩本書的漁諺與海洋捕撈有關。第三本於一九九二年出版，是戴澤貴著《淡水養殖與加工經驗集萃　漁諺淺釋》，作者用心替每一條漁諺進行詳細分析，往往會寫上二、三百字作為注釋，寫作並非淺釋，十分難得。最新一本是二〇一四年出版的梁延成主編《小長山島漁諺》，是記錄了海洋島漁場捕撈的漁諺，以海上、真理、生活、人世、諷喻、規勸來處理分類，實在是以寫漁諺的人生寓意為主，跟上面三本書寫作用意不同。

諺語集成方面，基本只收集漁諺後，放在諺語裡，把生活諺、農諺、漁諺合成一起，不加注釋，如《中國諺語集成（廣東卷）》、[1]《中國諺語集成（海南卷）》、[2]《中國諺語集成（廣西卷）》、[3]《中國諺語集成（福建卷）》、[4]《中國諺語集成（浙江卷）》等一系列諺語書籍。[5]

涉及漁諺的書籍，能夠把田野調查回來的漁諺加以注釋的有汕頭、汕尾新方志、水產志。如鍾錦時主編《海豐水產志》、[6]汕頭市水產局編《汕頭水產志》、[7]讓筆者覺得汕頭和筆者老家海豐是最重視漁

1 中國民間文學集成全國編輯委員會，中國民間文學集成廣東卷編輯委員會，林澤生本卷主編；馬學良主編：《中國諺語集成（廣東卷）》（北京市：中國ISBN中心，1997年7月）。

2 洪壽祥主編：《中國諺語集成（海南卷）》（北京市：中國ISBN中心，2002年12月）。

3 中國民間文學集成全國編輯委員會、中國民間文學集成廣西卷編輯委員會編：《中國諺語集成（廣西卷）》（北京市：中國ISBN中心，2008年2月）。

4 中國民間文學集成全國編輯委員會、中國民間文學集成福建卷編輯委員會編：《中國諺語集成（福建卷）》（北京市：中國ISBN中心，2001年6月）。

5 中國民間文學集成全國編輯委員會、中國民間文學集成浙江卷編輯委員會編：《中國諺語集成（浙江卷）》（北京市：中國ISBN中心，1995年10月）。

6 鍾錦時主編：《海豐水產志》（廣東省海豐縣水產局編，1991年2月）。

7 汕頭市水產局編：《汕頭水產志》（汕頭市：汕頭水產局，1991年10月）。

諺，特別是汕尾海豐。陳鍾編著《白話魚類學》、[8]林倫倫、林春雨著《廣東南澳島方言語音詞彙研究》的南澳漁諺是收錄了〈南澳方言漁業諺語彙釋〉在書裡。[9]《海陸豐歷史文化叢書》編纂委員會編著《海陸豐歷史文化叢書·卷 8·民間風俗》。[10]《海豐俗語諺語歇後語詞典》這一本詞典也收錄了部分漁諺，[11]《潮汕話俗語諺語俏皮語歇後語詞典》的編著者是魏偉新，海豐人，此書還在撰寫中，大概於二○二一年中出版，這一本詞典也收錄部分漁諺。

論文方面，楊景〈湖北漁諺〉《中國水產》、[12]徐鴻初〈漁諺〉《湖南水產科技》、[13]李文渭〈漁諺〉《海洋漁業》、[14]張連慶〈漁諺〉《海洋漁業》、[15]高源、浩海〈浙江漁諺〉（一）（二）（三）《中國水產》、[16]無名氏〈漁諺〉《湖南水產》、[17]吳江〈漁諺選輯〉《四川農業科技》、[18]李代榮〈漁諺〉《湖南水產》、[19]王樹林〈漁諺集錦〉《內陸水產》、[20]林

8 陳鍾編著：《白話魚類學》（北京市：海洋出版社，2003年11月）。

9 林倫倫、林春雨著：《廣東南澳島方言語音詞彙研究》（北京市：中華書局，2007年10月），頁四八七已交代了書裡的南澳漁諺是發音合作人、南澳島著名漁民作家林松陽提供並發音。即是說此書收錄了林榕蔭、林松陽：〈南澳方言漁業諺語彙釋〉在書內。

10 《海陸豐歷史文化叢書》編纂委員會編著：《海陸豐歷史文化叢書·卷8·民間風俗》（廣州市：廣東人民出版社，2013年）。

11 魏偉新、謝立群：《海豐俗語諺語歇後語詞典》（第二版）（廣州市：廣東人民出版社，2016年6月）。

12 楊景：〈湖北漁諺〉，《中國水產》第三期（1958年7月），頁11。

13 徐鴻初：〈漁諺〉，《湖南水產科技》第一期（1981年1月），頁51-53。

14 李文渭：〈漁諺〉，《海洋漁業》第一期（1981年3月），頁26。

15 張連慶：〈漁諺〉，《海洋漁業》第三期（1981年6月），頁30。

16 高源、浩海：〈浙江漁諺〉（一），《中國水產》第二期（1983年1月），頁31。高源、浩海：〈浙江漁諺〉（二），《中國水產》第四期（1983年3月2日），頁13。高源、浩海：〈浙江漁諺〉（三），《中國水產》第五期（1983年3月17日），頁11。

17 無名氏：〈漁諺〉，《湖南水產》第五期（1985年5月），頁33。

18 吳江：〈漁諺選輯〉，《四川農業科技》第五期（1987年10月），頁34。

19 李代榮：〈漁諺〉，《湖南水產》第六期（1988年6月），頁3。

20 王樹林：〈漁諺集錦〉，《內陸水產》第七期（1993年7月），頁25。

榕蔭、林松陽〈南澳方言漁業諺語彙釋〉《第四屆國際閩方言研討會論文集・1995・海口》，[21]石道全、熊曉英〈漁諺十則〉《江西水產科技》、[22]徐波、張義浩〈舟山群島漁諺的語言特色與文化內涵〉《寧波大學學報（人文科學版）》第十四卷第一期、[23]趙海鵬〈漁諺兩條〉《科學養魚》、[24]吳秀瓊〈浙東漁諺與英語漁諺的常用修辭比較與解讀〉《寧波工程學院學報》第二十二卷第四期、[25]方仁英〈富春江漁諺的文化意蘊〉《紹興文學院學報》第三十五卷第三期、[26]無名氏〈漁諺〉《生命世界》、[27]張莉〈安新漁諺的知識傳授及文化承傳價值〉《河北師範大學學報》（哲學社會科學版）第四十一卷第三期。[28]以上的漁諺論文八成在文章裡只是介紹或注釋八條或十條漁諺，部分更是兩三條而已。

學位論文方面，丁穎波〈電子傳播時代舟山漁諺的文本分析與傳播研究〉、[29]劉婷婷〈漁歌漁諺及其歷史文化價值研究〉。[30]

---

21 林榕蔭、林松陽：〈南澳方言漁業諺語彙釋〉，收入詹伯慧等編：《第四屆國際閩方言研討會論文集・1995・海口》（汕頭市：汕頭大學出版社，1996年8月），頁189-213。

22 石道全、熊曉英：〈漁諺十則〉，《江西水產科技》總67期（1996年9月），頁43-44。

23 徐波、張義浩：〈舟山群島漁諺的語言特色與文化內涵〉，《寧波大學學報（人文科學版）》第14卷第1期（2001年3月）。頁27-30。

24 趙海鵬：〈漁諺兩條〉，《科學養魚》第十二期（2006年12月），頁72。

25 吳秀瓊：〈浙東漁諺與英語漁諺的常用修辭比較與解讀〉，《寧波工程學院學報》第22卷第4期（2010年第12月），頁5-7。

26 方仁英：〈富春江漁諺的文化意蘊〉，《紹興文學院學報》第35卷第3期（2015年5月），頁117-120。

27 無名氏：〈漁諺〉，《生命世界》第七期（2016年7月），頁35。

28 張莉：〈安新漁諺的知識傳授及文化承傳價值〉，《河北師範大學學報》（哲學社會科學版）第41卷第3期（2018年5月），頁118-121。

29 丁穎波：〈電子傳播時代舟山漁諺的文本分析與傳播研究〉（陝西師範大學文藝與文化傳播學專業碩士論文，2013年6月）。

30 劉婷婷：〈漁歌漁諺及其歷史文化價值研究〉（中國海洋大學歷史地理專業碩士論文，2014年5月23日）。

第二節　研究意義和價值

關於南海的漁諺的收錄，張憲昌、梁玉磷、馬振坤編《南海漁諺拾零》確實做到了收錄入冊的地步，可惜基本上不加上注釋，對於承傳和發展是做得不足夠，但也對研究南海的漁諺提供了寶貴素材。筆者經歷多年的田野調來和蒐集，也只得接近三百六十五條漁諺，接近一半與《南海漁諺拾零》一致的，或者只是語彙上有差異而已，便證明這接近三百餘條漁諺是活的漁諺，還有其生命力。筆者為了讓這三百餘條的漁諺能承傳下去，便把氣象學、魚類學、漁場學、水文學、漁情預報學、生物學、水產資源學、漁業生態學、海洋學等不同領域的相關科技成果書籍而涉及漁諺的，比較深奧的漁諺便進行一遍梳理和輯錄彙編、注釋，讓一般讀者也明白其背後意義，希望這些漁諺起到成為非物質文化價值，不會至於沒落，讓這些漁諺還能起到承傳智慧的結晶作用。這些活漁諺，在現代化漁業生產活動中，部分仍具有部分指導生產實踐的作用。廣東省水產廳、南海水產研究所工作組〈閘波公社深海拖風漁船是怎樣掌握漁場漁汛〉此文就是多次強調漁諺還是有很強大的指導生產作業的價值。[31]

第三節　田野調查

這裡所蒐集的漁諺主要來自香港石排灣，部分來自香港新界大澳、布袋澳、將軍澳、吉澳；部分來自廣東台山市上川島沙堤漁港，陽江市閘坡、東平、大澳、海豐、惠東，而中山市的部分漁諺是在中

31 省水產廳、南海水產研究所工作組：〈閘波公社深海拖風漁船是怎樣掌握漁場漁汛〉，見廣東省水產廳技術站、漁汛站編印：《廣東省海洋漁業技術資料彙編（第2輯）》（廣東省水產廳技術站、漁汛站編印，1965年），頁1-8。

山市各鎮政府安排多次座談會讓筆者來蒐集。[32]中山市的南朗鎮橫門、涌口門漁村出席人數不算多，但提供了不少漁諺，特別是涌口門漁村的吳桂友。其實，珠海是從中山分出，兩地小漁村密布，也是最適合蒐集南海各地漁諺的好地方。部分是自一九八二年開始自珠三角地區調查各地漁民方音時間中蒐集，因主要是調查方言為主，收錄漁諺是在有餘閒時方進行收錄，所得的漁諺並不多的。

香港方面，筆者主要集中在香港仔香港漁民互助社和大澳漁村的多次座談會或私下在互助社與各幹事單獨見面蒐集漁諺的。香港仔漁

32 小欖座談會出席者有梁鑽娣（1949）、游竹妹（1948）、李廣容（1942，新市）、朱坤添（1972，竹源）、梁華海（1943）、梁添佳（1972，寶豐）、何炳友（1963，寶豐）、梁榮秋（1958，寶豐）。

港口鎮座談會上出席者有楊格崢（1946，三蝦玖村）、梁愛媚（1981，民主村）、杜瑞顏（1955，白花村）、梁桂枝（1956，白花村）、陳至球（1966，白花村）、吳少紅（1976，群樂村）、吳金全（1953，群樂村）、吳榮金（1944、群樂村）、葉坤仔（1932，群樂村）。

民眾座談會出席者有陳治球（1956，群安）、馮明達（1943，錦標）、馮梳勝（1934，錦標）、黃洪友（1947，錦標）、蘇友娣（1939，錦標）、梁銀好（1939，錦標）、何群好（1939，錦標）、周賽鳳（1946，群安）。

坦洲座談會出席者有吳錦堂（1943）、鄭洪照（1946）、杜兆金（1944）、吳容好（1942）、馮北妹（1947）、胡侃佳（1950）、杜金妹（1949）、王蓉（1949）、關妹（1948）、區棠妹（1952，七村）、陳北妹（1965，永一）、吳容妹（1959，合成）、譚容森（1956，永合）、樊金妹（1947，沙心）、冼金娣（1954，合成）、吳錦堂（1943）、鄭洪昭（1946）、杜北全（1944）、吳容好（1942）、馮北妹（1942）、胡況佳（1950）、杜金妹（1949）、汪翁（1949年）、關妹（1948）。

三角鎮座談會出席者有黃接玲（1941，潔民）、羅林勝（1935，烏沙）、周洪嬌（1950，烏村）、吳堯佳（1935，潔民）、梁離金（1937，愛民）、梁伯元（1935，合作）。

南朗鎮座談會出席者有高惠好（1953，橫門）、梁玉英（1945，橫門）、黃潤金（1950，橫門）、周金娣（1961，橫門）、陳妹好（1944，橫門）、黃三妹（1958，橫門）、吳桂友（1957，涌口門）。

阜沙座談會出席者有梁心娣（1957，羅松）、李福泉（1959，阜東）、馮金媚（1957，社區）、吳財輝（1954，半聯）、老裕華（1947，阜沙）。

民互助社協助者是前主席梁偉英（1942）、前監事黎金喜（1925）、前主任冼志華（1946）、黎炳剛（1955）等。大澳方面協助者有漁民樊竹生（1935）、漁會前主席張志榮。香港方面，人數不多，但他們都是海洋作業，中山那邊，提供大部分是沙田區河塘作業有關，具有沙田特色，筆者便把沙田特色部分用在《中山市沙田族群的方音承傳及其民俗變遷》。中山市的坦洲鎮、南朗鎮的橫門、涌口門，民眾是海洋捕撈，跟香港一致。由於筆者在香港可以常常上漁會採漁諺，所以所得比中山要多。而香港仔又比大澳交通更方便，所以筆者的海洋漁諺基本大部分來自香港仔石排灣，特別是來自黎金喜先生。漁民是流水柴，所以整個南海區的漁諺也可以在這裡一一蒐集得到。

張憲昌、梁玉磷、馬振坤編《南海漁諺拾零》，從該書的後記，知道編者們的漁諺主要從珠海市漁政中心站、珠海市香洲區香洲漁民辦事處漁業公司、珠海市銀坑蠔場、廣東省珍珠企業公司、廣東省番禺縣水產學會、廣州市番禺縣蓮花山機械廠、惠州漁政中心站、汕尾市汕尾紅衛深海漁船服務部採集，其中比較集中採自珠海市。

第四節　田野調查的準備

《南海漁諺拾零》三位編者，張憲昌先生是第一作者，他是中國水產科學研究院南海水產研究所人員、梁玉磷和馬振坤是廣東省水產局人員，以他們這麼專業地位，通過三人之力，書裡的四百條漁諺是用上二十多年方能完成這小書。

一般的語言調查主要是針對一個語音、詞彙、語法來調查，但關於漁諺的調查難度卻是很大，因為調查漁諺是沒有一個針對性的《漁諺調查表》，因此筆者調查漁諺也是花了漫長時間，比《南海漁諺拾零》所要的時間還要長，主要是漁諺的調查不是憑空想出，是要該合作人在一個適當的語境下而觸發起來，因此，筆者是不能迫著老漁民一下子完全一一說出來，這也是《南海漁諺拾零》三位編者要花上二十多年方完成四百條漁諺。所以調查漁諺是不能夠有貪婪之心，要順著老漁民的心境和語境。

因此，筆者寫《中山市沙田族群的方音承傳及其民俗變遷》時，便與何惠玲師一起跑橫欄、東鳳、黃圃、南頭、東升、港口、阜沙、枚芙、三角、小欖、坦洲、沙朗、民眾各鎮，努力蒐集漁諺，並得到各鎮鎮政府安排座談會。每個座談會多來了很多漁民，但漁諺所獲依然不多，如在三角鎮，幾個小時的座談，只得兩條漁諺，這就是《南海漁諺拾零》三位編者遇上的問題，要想多收錄，真的要花上漫長時間，筆者的漁諺也是經過多年的努力蒐集交方能得來的。

筆者深知漁諺的內容與漁汛、魚類洄游習性、氣象、餌料等有密切關係，便先行看了《水文測驗》、《南海經濟魚類》、《海南海洋文化》、《海洋經濟動物趨光生理》、《持續漁業與優高漁業》、《科技興漁》、《廣東省海洋漁業技術資料彙編》、《南海北部近海蝦類資源調查報告》、《南海魚類志》、《南海諸島海域魚類志》、《中國海洋志》、《廣東省水產志》、《汕頭水產志》、《南海周邊國家海洋漁業資源和捕撈技術》、《漁情預報學》、《海南主要水生生物》、《漁業資源與漁場》、《廣東省綜合漁業區劃》、《華南前汛期暴雨》、《廣東前汛期暴雨》、《水產氣象》、《南沙群島至華南沿岸的魚類　11（中英文本）》、《南海北部外海拖網漁業資源及捕撈技術》、《南海魚類資源調查報告》、《海水魚》、《中國海洋漁業區劃》、《香港海水魚的故事》、香港海水魚資料庫等資料等專業書籍及海洋魚類平臺資料，進一步了解漁諺與漁汛、水產技術、水文、捕撈技術、水溫、光照、流洋流動（中國海沿岸流、南中國海流、黑潮、珠江徑流和湧升流等）、鹽度、溶解氧、氣象、水深、地形和底質因素、餌料生物、海漁業生態、潮汛與漁汛

（漁期）關係、海洋化學（如海水中的營養成分跟魚群的活動的密切關係）等有密切關係的專書。這樣子便加強認識了海洋水文水溫、鹽度、水系、海流及潮汐等與海洋魚類的分布洄游、漁場、漁期、生物學、生態學等有極為密切的關係。這是為了方便自己懂得在漁民提供漁諺後知道背後意義和懂得進一步深入提問來豐富本書的內容。

陳連寶等編著《廣東海島氣候》的書中只有一條漁諺，就是「一輪風，一輪魚」，陳連寶便從不同的漁場和不同的季節，漁發（發，指發情）的情況往往與某種風向、風力有關去進行解釋。鍾振如、江紀煬、閔信愛編的《南海北部近海蝦類資源調查報告》，書裡便以「西南起，大親蝦死」這條漁諺進行了專業分析，除了交代了北部灣的漁況，更交代北部灣會吹西南風，剛好是五六月，這便是有颱風季節，而這時幼蝦退海時也正好是五六月分，幼蝦退海時受不了大風大浪而大量死亡。羅會明的《海洋經濟動物趨光生理》一書裡，有一條「日出魚投東，日落魚向西」的漁諺，羅會明稱光誘時間是否選擇得當，對漁獲量有很大影響。「日出魚投東，日落魚向西」是表明在晚上燈光誘魚的整個過程中，以黃昏至晚上九點前和黎明前的光誘效果較好，是整個晚上光誘生產的兩個高峰。從整個夜晚來看，一般是下半夜比上半夜好，而以黎明前為最好。因此，在通常用燈光誘捕中上層魚類時，都選擇這些時間。這些專業者是從其專業角度進行了科學分析，所以筆者看了這些專業書籍，基本已經可以明白大部分漁諺與漁汛、魚類洄游習性、氣象、餌料等有密切關係。

至於漁諺分類，筆者覺得《南海漁諺拾零》的分類比較專業，此書比起《舟山漁諺》分類要好的。《舟山漁諺》是以魚類洄游習性、小黃魚、大黃魚、墨魚、帶魚、其他魚類、生產操作、捕撈、工具網具、航駛、潮流氣象、潮流、氣象來處理分類。筆者覺得這樣子處理不好，便參考《南海漁諺拾零》處理分類方法。《南海漁諺拾零》的編者，張憲昌是中國水產科學研究院南海水產研究所資深的工作人員，梁玉磷、馬振坤也是廣東省水產局資深工作人員，當然深入理解每一漁諺的意義，所以其書分類最科學。

筆者以下的漁諺，大量是從香港仔漁民互助社黎金喜蒐集得來，故此，這書加上的方音是以香港仔漁民方音來處理。

第五節　香港石排灣水上話的音系特點

「蜑」，廣府人讀作「鄧」，[33]也有部分人讀成「定」，[34]「蜑」應是「舯」（粵音讀「定」[teŋ^{22}]），[35]是壯語字，壯語就是小舟之意，汕頭、汕尾水上人不會讀這個音，所以「舯」語就是專指珠三角的白話水上人的口音。

本文調查合作人分別是黎金喜（1925）、冼志華（1946）、黎炳剛（1955）、盧健業（1990），本文反映的石排灣舯語音系，是以黎金喜作代表。黎金喜稱其祖輩自東莞太平遷來香港仔，到他最少已六代。[36]

---

33 南寧師範大學音樂與舞蹈學院院長黃妙秋教授，廣西北海人。她跟筆者說，她早年時，整個北海人也是把「蜑」說作「鄧」，但現在流行讀作「但」。

34 肇慶廠排水上人彭慧卿稱肇慶西江流域、高要、羚羊峽一段水路，那邊的人說「蜑」為「定」[teŋ^{22}]。馮國強：《珠三角水上族群的語言承傳和文化變遷》（臺北市：萬卷樓圖書公司，2015年），頁20。

35 「舯」，不是漢字，是古壯方塊字，壯語是小船之意，壯音是teng^{42}，從舟，丁聲。所以[tɐŋ^{22} ka^{55}]或[teŋ^{22} ka^{55}]實在是古越族水上人對自己族群一種自稱，就是艇家之意，不含侮辱和貶義。可看張元生（1931-1999）：〈壯族人民的文化遺產——方塊壯字〉，《中國民族古文字研究》（北京市：中國社會科學出版社，1980年），頁509、513；張壽祺：《蛋家人》（香港：中華書局，1991年）之：〈蛋家命名的原意〉。頁60-64持此說。筆者十分認同，還認為宜把蜑字改成「舯」，因此在此書裡便把水上話稱作舯語，就是小艇話、船話；水上人稱作舯民，就是艇民之意。

36 筆者曾前往太平進行調查，發現當地已沒有數代居於太平的水上人，筆者接觸的全

（一）聲韻調系統

1　聲母十六個，零聲母包括在內

p 包必步白　p^h 批匹朋抱　m 媽莫文吻

f 法翻苦火

t 刀答道敵　t^h 梯湯亭弟　l 來列李年

tʃ 展站租就　tʃ^h 拆雌初車

ʃ 小緒水舌

j 人妖又羊

k 高官舊瓜　k^h 抗曲窮群

w 和橫汪永

h 海血河空

ø 壓哀丫牛

是一九四九年從別處遷調到虎門。一個是後從太平威遠島九門寨遷來；一個是在太平的沙葛村遷來；一個是從南沙鎮小虎村遷來；一個是番禺南沙鎮鹿頸村遷來。

2 韻母

韻韻母表（韻母三十六個，包括一個鼻韻韻母）

單元音	複元音			鼻尾韻		塞尾韻	
a 把知亞花	ai 排佳太敗	au 包抄交孝		an 炭山奸三	aŋ 坑橙橫省	at 辣八刷答	ak 拆或擲責
(ɐ)	ɐi 例西呋揮	ɐu 某浮九幽		ɐn 吞澄信林		ɐt 筆濕出得	
ɛ 些爹車野					ɛŋ 餅鏡鄭頸		ɛk 劇隻笛吃
(e)	ei 皮悲己女				eŋ 升亭兄聲		ek 碧的役式
i 知私子豬		iu 苗少挑曉		in 篇天卷尖		it 熱別缺攝	
ɔ 多波科靴	ɔi 代猜開害			ɔn 竿看寒安	ɔŋ 旁床王香	ɔt 葛割渴喝	ɔk 莫縛確腳
(o)		ou 部無毛好			oŋ 東公捧種		ok 木篤菊局
u 姑虎符附	ui 妹回會具			un 般官碗本		ut 潑末活沒	
(ɵ)			ɵy 吹退徐取				
鼻韻m̩唔五午吳							

說明：

an　at很不穩定，黎金喜常讀成aŋ　ak，但不構成意義上對立。

3　聲調九個

<table>
<tr><th colspan="2">調類</th><th>調值</th><th>例字</th></tr>
<tr><td colspan="2">陰平</td><td>55</td><td>知商超專</td></tr>
<tr><td colspan="2">陰上</td><td>35</td><td>古走口比</td></tr>
<tr><td colspan="2">陰去</td><td>33</td><td>變醉蓋唱</td></tr>
<tr><td colspan="2">陽平</td><td>21</td><td>文雲陳床</td></tr>
<tr><td colspan="2">陽上</td><td>13</td><td>女努距婢</td></tr>
<tr><td colspan="2">陽去</td><td>22</td><td>字爛備代</td></tr>
<tr><td>上</td><td rowspan="2">陰入</td><td>5</td><td>一筆曲竹</td></tr>
<tr><td>下</td><td>3</td><td>答說鐵刷</td></tr>
<tr><td colspan="2">陽入</td><td>2</td><td>局集合讀</td></tr>
</table>

（二）語音特點

1　聲母方面

（1）無舌尖鼻音n，古泥母、來母字今音聲母均讀作l

古泥（娘）母字廣州話基本n、l不混，古泥母字，一概讀n；古來母字，一概讀l。石排灣舺語，老中青把n、l相混，結果南藍不分，諾落不分。

	南（泥）		藍（來）		諾（泥）		落（來）
廣　州	nam^{21}	≠	lam^{21}	廣　州	$nɔk^{2}$	≠	$lɔk^{2}$
石排灣	lan^{21}	=	lan^{21}	石排灣	$lɔk^{2}$	=	$lɔk^{2}$

（2）中古疑母洪音ŋ-聲母合併到中古影母ø-裡去

古疑母字遇上洪音韻母時，廣州話一律讀成ŋ-，石排灣艇民把ŋ聲母的字讀作ø聲母。

	眼	危	硬	偶
廣　州	ŋan^{13}	ŋɐi^{21}	ŋaŋ^{22}	ŋɐu^{13}
石排灣	an^{13}	ɐi^{21}	aŋ^{22}	ɐu^{13}

（3）沒有兩個舌根唇音聲母kw、kw^{h}，出現kw、kw^{h}與k、k^{h}不分

	過果合一		個果開一		瓜假合二		加假開二
廣　州	kwɔ^{33}	≠	kɔ^{33}	廣　州	kwa^{55}	≠	ka^{55}
石排灣	kɔ^{33}	=	kɔ^{33}	石排灣	ka^{55}	=	ka^{55}

	乖蟹合二		佳蟹開二		規止合三		溪蟹開四
廣　州	kwai^{55}	≠	kai^{55}	廣　州	kw ɐi^{55}	≠	k^{h}ɐi^{55}
石排灣	kai^{55}	=	kai^{55}	石排灣	k ɐi^{55}	=	k^{h}ɐi^{55}

2　韻母方面

（1）沒有舌面前圓唇閉元音y系韻母

廣州話有舌面前圓唇閉元音y系韻母字，石排灣白話艇語一律讀作i。

	豬遇合三	緣山合三	臀臻合一	血山合四
廣　州	tʃy^{55}	jyn^{21}	t^{h}yn^{21}	hyt^{3}
石排灣	tʃi^{55}	jin^{21}	t^{h}in^{21}	hit^{3}

（2）古咸攝開口各等，深攝三等尾韻的變異。

石排灣紒語在古咸攝各等、深攝三等尾韻m、p，讀成舌尖鼻音尾韻n和舌尖塞音尾韻t。

	潭咸開一	減咸開二	尖咸開三	點咸開四	心深開三
廣　州	t^ham^{21}	kam^{35}	$tʃim^{55}$	tim^{35}	$ʃɐm^{55}$
石排灣	t^han^{21}	kan^{35}	$tʃin^{55}$	tin^{35}	$ʃɐn^{55}$

	答咸開一	甲咸開二	葉咸開三	帖咸開四	立深開三
廣　州	tap^3	kap^3	jip^2	t^hip^3	$lɐp^2$
石排灣	tat^3	kat^{35}	jit^2	t^hit^3	$lɐt^2$ /lat^2

（3）古曾攝開口一三等，合口一等，梗攝開口二三等、梗攝合二等的舌根鼻音尾韻ŋ和舌根塞尾韻k，讀成舌尖鼻音尾韻ɐn和舌尖塞音尾韻ɐt

	燈曾開一	行梗開二	牲梗開二	轟梗合二
廣　州	$tɐŋ^{55}$	$hɐŋ^{21}$	$ʃɐŋ^{55}$	$kwɐŋ^{55}$
石排灣	$tɐn^{55}$	$hɐn^{21}$	$ʃɐn^{55}$	$kɐn^{55}$

	北曾開一	黑曾開一	陌梗開二	扼梗開二
廣　州	$pɐk^5$	$hɐk^5$	$mɐk^2$	$ɐk^5$
石排灣	$pɐt^5$	$hɐt^5$	$mɐt^2$	$ɐt^5$

（4）差不多沒有舌面前圓唇半開元音œ（ɵ）為主要元音一系列韻母

這類韻母多屬中古音裡的三等韻。廣州話的œ系韻母œ、œŋ、œk、ɵn、ɵt、ɵy在石排灣紒語中分別歸入ɔ、ɔŋ、ɔk、ɐn、ɐt、ei

沒有圓唇韻母œ，œŋ、œk，歸入ɔ、ɔŋ、ɔk。

	靴果合三	娘宕開三	香宕開三	雀宕開三	腳宕開三
廣　州	hœ^{55}	nœŋ^{21}	hœŋ^{55}	tʃœk^{3}	kœk^{3}
石排灣	hɔ^{55}	lɔŋ^{21}	hɔŋ^{55}	tʃɔk^{3}	kɔk^{3}

沒有ɵn、ɵt韻母，分別讀成ɐn、ɐt。

	鱗臻開三	准臻合三	栗臻開三	蟀臻合三
廣　州	lɵn^{21}	tʃɵn^{35}	lɵt^{2}	ʃɵt^{5}
石排灣	lɐn^{21}	tʃɐn^{35}	lɐt^{2}	ʃɐt^{5}

只保留ɵy韻母。
（石排灣舸語ɵy韻母與k　kʰ　h　l聲母搭配，則讀成ei。「女」字，合作人一時讀lɵy^{13}，一時讀lei^{13}，很不穩定，但不構成意義上的對立。其餘讀音與廣州話相同。）

	序遇合三	對蟹合一	醉止合三	水止合三
廣　州	tʃɵy^{22}	tɵy^{33}	tʃɵy^{33}	ʃɵy^{35}
石排灣	tʃɵy^{22}	tɵy^{33}	tʃɵy^{33}	ʃɵy^{35}

當遇上古遇合三時，與見系、泥、來母搭配時，便讀成ei。

	舉遇合三見	佢遇合三群	墟遇合三溪	女遇合三泥	呂遇合三來
廣　州	kɵy^{35}	kʰɵy^{35}	hɵy^{55}	nɵy^{13}	lɵy^{13}
石排灣	kei^{35}	kʰei^{35}	hei^{55}	lei^{13}	lei^{13}

（5）聲化韻ŋ̍多歸併入m̩

「吳、蜈、吾、梧、五、伍、午、誤、悟」九個字，廣州話為[ŋ̍]，石排灣舯語把這類聲化韻[ŋ̍]字已歸併入[m̩]。

	吳遇合一	五遇合一	午遇合一	誤遇合一
廣　州	ŋ̍21	ŋ̍13	ŋ̍13	ŋ̍22
石排灣	m̩21	m̩13	m̩13	m̩22

3　聲調方面

香港石排灣舯語聲調共九個，入聲有三個，分別是上陰入、下陰入、陽入。陰入按元音長短分成兩個，下陰入字的主要元音是長元音。

第二章
兩廣海南海洋捕撈漁諺

南海海洋捕撈漁諺是南海漁民在長期面對海洋生產作業時和實踐中積累下來的經驗和感悟。這些漁諺主要涉及漁業、海況、氣象三方面。漁業方面，則涉及漁汛、漁場、洄游、漁獲量、漁撈、魚與氣象、魚與海況、海水養殖；海況方面，則涉及海溫、海流、海浪、潮汐；氣象方面，則涉及氣候（天氣）、冷空氣、海霧、颱風、風、雨（暴雨）。足見當一個漁民不是這麼容易的事，涉足的科學知識實在是很廣闊的。這些老漁民，就是一部活的漁文化大百科全書。這些老漁民，在他們那一代，還有不少陸上人不許他們上岸和讀書，他們不少是文盲的，如香港的蒲台島，整個島上的漁民全是文盲的。香港與內地漁民作比較，內地人經過上世紀五〇年代的掃盲大運動，至少讀過一兩年書，認識點文字，認字率比香港要高，這是兩地的差異，所以在香港進行水上人方音調查是最艱難的。這些漁諺，漁民先民便要通過朗朗上口押韻的漁諺傳達信息。在短短的漁諺裡則包含了豐富的信息，目的是要讓後代還能傳唱和記憶。漁民是足以教人要對他們發出萬分的敬佩。

第一節　廣東

一　粵東

（一）漁業

1　漁汛

（1）春魚如鳥飛。（汕頭地區沿海）

$t\int^{h}\text{ɐn}^{55}$ $\text{ji}^{21\text{-}35}$ ji^{21} liu^{13} fei^{55}

春魚，指春季時在外海越冬的的魚群，也包括部分從北方洄游的魚群。春天時，遠近的魚群游到近岸，是索餌和產卵的需要。游回近岸原因，是中國南方春季時特別多雨水，特大的雨水，可把陸上的有機養分一一帶入沿岸海區，再加上春季時沿岸水溫也回升很多，剛好適合魚類進行索餌和產卵。這些魚育肥後便產卵，產卵後孵出的小魚兒，從淺灘的水藻或水草間稍成長後，便與大魚一起游回海洋，便給成群的別的大魚追趕來吃，引起小魚在水面爭相逃跑飛離水面，「如鳥飛」是言其移動速度極快。

廣東汕尾鮜門鎮鮜門漁港
（海豐縣洪笳榮先生提供）

（2）春過三日魚北上，秋過三日魚南下。（南澳）

tʃʰɐn^{21} kɔ^{33} ʃan^{55} jɐt^{2} ji$^{21-35}$ pɐt^{5} ʃɔŋ^{35}，
tʃʰɐu^{55} kɔ^{33} ʃan^{55} jɐt^{2} ji$^{21-35}$ lan^{21} ha^{22}

這漁諺是指春天過去三日，魚群便北上遷游；秋天過去三日，魚群便南游，這是一條說明魚的洄游規律的漁諺。

魚類這種季節性洄游，是魚類因天氣、海洋浮游生物等因素，會出現南北洄游現象，除了是魚的生理要求，也與海洋環境變化有關。魚類為了生殖需要，會到適宜的海區產卵，便出現集群游動，學者們稱這是產卵洄游。此外，魚群為了海洋浮游生物的餌料，也會出現集群游動，學者們稱這是索餌洄游。另外，因為四季的變化，海洋水溫便有所不同，就是魚群集群性游動，學者們便稱作適溫洄游。「春過三天魚北上，秋過三天魚南下」就是老漁民們從生產過程經驗得出一個總結，就是指海裡魚群在春天以後的四、五、六月形成春夏季魚汛，魚群便會自南向北，秋天以後，冷空氣不斷南下，北風加強，海洋中寒流也逐步加強，江河流入海中的沿岸水水溫也降低，暖流相對減弱，海水溫度由北向南逐步下降，因此在北方海洋寒冷時，魚群便自北向南游動。《中國海島志（廣東卷）》第一冊《廣東東部沿岸》也稱「春過三日魚北上，秋過三日魚南下」，是指魚類季節性洄游，[1]其實就是適溫洄游。

1　劉靜編：《氣象與動物》（呼和浩特市：遠方出版社，2009年4月），頁39-41。《中國海島志》編纂委員會編著：《廣東東部沿岸》，《中國海島志（廣東卷）》（北京市：海洋出版社，2013年3月），第1冊，頁119。

南澳漁港
（廣東技術師範大學林倫倫教授提供）

（3）春分報，無魚捕；春分報，無蝦捕。（粵東沿海）

$t\int^{h}\text{ɐn}^{55}$ fɐn^{55} pou^{33}，mou^{13} $\text{ji}^{21\text{-}35}$ pou^{22}；
$t\int^{h}\text{ɐn}^{55}$ fɐn^{55} pou^{33}，mou^{13} ha^{55} pou^{22}

「春分報」，是指春分時遇上大風雨。春分時，就是春汛期（1-5月分），是多種魚類洄游到沿岸漁場進行覓食育肥和找尋產卵場所的主要季節，成為各種作業捕撈的旺汛期，所以有漁諺稱「春分魚頭齊」。就是這個原因，春分時，魚類開始上浮，魚比較集中，容易捉到，但是若然在春季雨不歇，天空要打雷閃電，便會下起大風雨，溫度會發生變化，捕魚難度大，所以漁諺說「無魚捕」、「無蝦捕」。

（4）春分帶，次風次魚。（汕頭地區沿海）

$t\int^{h}\text{ɐn}^{55}$ fɐn^{55} tai^{33}，$t\int^{h}\text{i}^{33}$ foŋ^{55} $t\int^{h}\text{i}^{33}$ $\text{ji}^{21\text{-}35}$

「春分帶」，汕頭漁場一年之間分為春汛、暑海（汛）和秋冬汛三個大汛期。春汛（1-5月分），是多種魚類洄游到沿岸漁場進行覓食育肥和找尋產卵場所的主要季節，成為各種作業捕撈的旺汛期。故漁諺云：「春分魚頭齊」。春汛期捕撈的多是產卵群體，生產量一般佔年產量的百分之三十二至百分之三十八。帶魚是洄游性的魚類，會從北向南漸移，是汕頭漁場漁民主要捕撈的魚類之一。[2]春分帶，就是指到了春分時，是帶魚汛期，是帶魚發期，帶魚會洄游到汕頭漁場一帶進行產卵，便吸引了漁民成群出發來捕撈。

「次風」，這裡以潮陽漁場作解釋。在《漁港規劃與建設》的〈廣東省潮陽縣海門漁港總體規劃〉一節，該文稱潮陽區屬東南亞季風變化明顯。冬半年多偏北風，夏半年多偏南風。春末夏初和初秋季節，（由於冷暖氣團交替影響）風向多變。其強風向的常風向為ENE，頻率在百分之二十以上。該風向的風力較強，通常為四至五級，最大可達八級以上。且持續時間較長。WS方向的風對漁船停泊及船舶作業最不利，但其風力較弱，一般在四級以下。四至五級風便是常風，「次風」就是指四級以下的風。[3]

「次魚」，流刺網或釣才可以捕撈牙帶魚，東北風浪大、魚掛在網上時間稍長點就會受磨擦或卷網，魚身肯定受損嚴重，這些魚就不完整，變成次等魚。郝玉美、張琴進一步稱魚的眼球下陷，皮色灰暗，無光澤；體表有污物；肛門突出；魚體不完整；膽囊破裂，這些捕撈出來的魚便是「次魚」。[4]

「春分帶，次風次魚」，這條漁諺的意思是在春分期間到汕頭地

2　汕頭市水產局編：《汕頭水產志》（汕頭市：汕頭水產局，1991年10月），頁11。

3　錢志林主編：《漁港規劃與建設》（大連市：大連理工大學出版社，1993年1月），頁104。

4　郝玉美、張琴主編：《實用自我保護指南．生活煩事自我排解》（濟南市：山東畫報出版，2002年1月），頁53。

區進行產卵的帶魚，由於在這漁場遇上次風時，漁民捕撈出來的帶魚便會出現次魚，這點足以說明風力會把捕撈出來的帶魚魚體有嚴重性的破壞，也讓漁民不能以好價錢出售，影響生計。

（5）春分南帶，大暑海蝦。（汕頭地區沿海）

tʃ^{h}ɐn^{55} fɐn^{55} lan^{21} tai^{33} ，tai^{22} ʃi^{35} hɔi^{35} ha^{55}

「春分南帶，大暑海蝦」在汕頭也有稱作「春分南帶，大暑蝦」。「春分南帶」，指每年從寒露到霜降，帶魚就會因北方寒冷便從北往南來，在這個季節，漁民只要等到春分，便能捕撈大量帶魚。到了大暑期間便是蝦汛期，捕獲海蝦最多。

（6）清明過三日，帶魚走到尾直直。（惠來、汕頭、汕尾）

tʃ^{h}eŋ^{55} meŋ^{21} kɔ^{33} ʃan^{55} jɐt^{2}，
tai^{33} ji$^{21\text{-}35}$ tʃɐu^{35} tou^{33} mei^{13} tʃek^{2} tʃek^{2}

這條漁諺也見於汕頭、汕尾一帶。[5]「走得尾直直」，意指帶魚魚群產卵後匆匆離開，這條漁諺用上誇張手法。全句是指來到汕尾外海漁場（紅海灣）的帶魚，清明節產完卵後，就立即往東北方索餌洄游，[6]整個漁場便再沒有帶魚了。

---

5 盧繼定著：《潮汕老百業》（香港：公元出版公司，2005年12月），頁53。陳鍾編著：《白話魚類學》（北京市：海洋出版社，2003年11月），頁235。

6 陳鍾編著：《白話魚類學》（北京市：海洋出版社，2003年11月），頁235。汕尾市政協學習和文史資料委員會編：《汕尾文史》（第18輯》（缺出版資料，缺出版年分），頁30。魏偉新、謝立群：《海豐俗語諺語歇後語詞典》（第二版）（廣州市：廣東人民出版社，2016年6月），頁240。

（7）白帶沉穀雨，帶魚牽到死。（汕頭、汕尾）

pak^{2} tai^{33} tʃ^{h}ɐn^{21} kok^{5} ji^{13}　，tai^{33} ji$^{21-35}$ hin^{55} tou^{33} ʃei^{35}

這條漁諺，汕尾漁民則稱「帶魚沉穀雨，一直牽到死」。

「白帶」，是指帶魚，閩南到潮汕一帶漁民稱帶魚為「穀雨帶」；「沉」，指待著不走；「牽到死」，指拖到魚類體弱，瀕臨死亡。整句之意是指帶魚若在穀雨時節尚未離開汕尾漁場，此時又未出現雷雨，魚群還要會多待一個節候，到立夏後才離開。這時，帶魚已產完卵，拖到的帶魚，已經是消瘦，沒有一點活力，瀕臨死亡。[7]

（8）四月八，魷魚發。（南澳縣）

ʃei^{33} jit^{2} pat^{3}，jɐu^{21} ji$^{21-35}$ fat^{3}

「四月八，魷魚發」這句漁諺，從中山那邊捕釣魷魚的漁民則說成「四月八，魷魚挨」。挨，是指靠近，就是說在四月八日子裡，魷魚便靠近漁場。南澳沿海水質肥沃，浮游生物豐富，是良好的捕撈漁場，魷魚釣業漁場六個，面積約二八二八平方公里。[8] 每年四至九月游泳動物中的頭足類（主要為槍烏賊類，俗稱魷魚）密集分布於臺灣淺灘、勒門列島、南澎列島一帶海域。該海域內有著名的歷史悠久的魷魚作業漁場。魷魚作業在南澳和汕頭市沿海地區的漁業生產中具有相當重要的地位，魷魚生產的經濟收入相當可觀，往往是一年中漁業生產經濟效益好壞的關鍵。[9]

7　陳錘編著：《白話魚類學》（北京市：海洋出版社，2003年11月），頁235。

8　南澳縣地方志編纂委員會編：《南澳縣志》（北京市：中華書局，2000年9月），頁209。

9　《中國海島志》編纂委員會編著：《廣東東部沿岸》，《中國海島志（廣東卷）》（北京市：海洋出版社，2013年3月），第1冊，頁67。

因此，南澳島的東南海域出產的魷魚以體大、肉厚、質嫩著稱，而魷魚加工手藝獨特，貯藏保味技術別具一格，魷魚形、味俱佳而深受世人歡迎。每年五至九月，是南澳捕魷的黃金季節，夜海釣捕和燈光誘捕相結合。[10]除了「四月八，魷魚挨」外，與清明和魷魚有關的魷魚漁諺是從清明到立夏，漁民便爭相出澎（指到南澎湖列島捕釣魷魚）捕釣魷魚。[11]這句漁諺都說明了清明期間魷魚便靠近漁場，南澳列島一帶是最多魷魚可以捕釣。南澳漁民稱捕釣魷魚叫掇魷，不稱捕魷魚，也不稱釣魷魚。

（9）四月八，魷相挨；賽龍舟，魷咬鬍。（粵東）

$\int ei^{33}$ jit^{2} pat^{3}，$jɐu^{21}$ $\int ɔŋ^{55}$ ai^{55}；
$t\int^{h}ɔi^{33}$ $loŋ^{21}$ $t\int ɐu^{55}$，$jɐu^{21}$ au^{13} $\int ou^{55}$

魷魚有洄游習性，會按著季節洄游大陸架產卵。南澳島離大陸最近，淺海水質好，陽光充足，出海口多，成為魷魚繁殖首選地，所以南澳一帶是全國著名的魷魚漁場。這句是指五月節這個暑海，水清和餌物特多，是魷魚群集南澎內外海域的時候，從清明一直到賽龍舟期間，魷魚特別多。魷咬鬍是指意指魷魚群集和擁擠。[12]

10 廣東省南澳縣政協文史委員會編：《南澳文史》第2輯（廣東省南澳縣政協文史委員會，1994年5月），頁103。黎泉編著：《嶺南熱土廣東．1》（北京市：中國旅遊出版社，2015年4月），頁130。

11 南澳縣地方志編纂委員會編：《南澳縣志．1979-2000》（廣州市：廣東人民出版社，2011年11月），頁899。

12 ：《中國海島志》編纂委員會編著：《廣東東部沿岸》，《中國海島志（廣東卷）》（北京市：海洋出版社，2013年3月），第1冊，頁119。

（10）過清明，爭出澎。（南澳）

kɔ³³ tʃʰeŋ⁵⁵ meŋ²¹，tʃaŋ⁵⁵ tʃʰɐt⁵ pʰaŋ²¹

這一條漁諺也是與南澳一帶漁民捕釣魷魚有關，因為這是魷魚汛期。「澎」，指南澎湖列島。「過清明，爭出澎」是指想捕釣魷魚的漁民，在清明期間，便會到南澎湖列島掇魷魚。關於魷魚汛，可參看「四月八，魷相挨；賽龍舟，魷咬鬍」這條漁諺。

（11）春魚快如箭（南澳）

tʃʰɐn⁵⁵ ji²¹⁻³⁵ fai³³ ji²¹ tʃin³³

指一到春天，天氣轉暖，春天的魚群便從北方洄游到南方索餌育肥和產卵，游來時速度很快。[13]

（12）元宵燈，桁艚掛落艙。（南澳）

jin²¹ ʃiu⁵⁵ tɐn⁵⁵，hɐn²¹ tʃʰou²¹ ka³³ lɔk² tʃʰɔŋ⁵⁵

桁，是桁艚作業，也稱作網桁，是南澳漁業採用的一種捕撈方式，也是僅次於鮎艚的大型漁業。[14] 這條漁諺流傳於南澳一帶漁場。指元宵時，天氣開始出現較晴，漁民便掛桁進海捕撈生產作業，出現漁獲豐收現象，故稱「元宵燈，桁艚掛落艙」，「掛滿艙」是指豐收滿載。

13　南澳縣地方志編纂委員會編：《南澳縣志》（北京市：中華書局，2000年10月），頁713。

14　南澳縣地方志編纂委員會編：《南澳縣志・1979-2000》（廣州市：廣東人民出版社，2011年11月），頁230。

（13）清明晴，江魚仔，掛倒桁。（潮汕）

tʃʰeŋ⁵⁵ meŋ²¹ tʃʰeŋ²¹，kɔŋ⁵⁵ ji²¹ tʃɐi³⁵，ka³³ tou³³ hɐn²¹

閩語漁民稱小公魚為江魚仔，福建那邊漁諺稱「一斤江魚仔九斤頭」。[15] 福建漳州市南部沿海縣漳浦漁民會利用小公魚集群溯流的習性，用兩條船收畚箕兜形的網具敷設在魚類棲息或洄游的下層，用燈光配合誘捕小公魚（江魚仔）中上層魚類。[16] 江仔魚在漁汛期時，便會出現在近海沿岸。小公魚為鯤科魚類，潮汕人稱為江魚仔的。潮汕人昔日的桁艚作業，就全部以捕小公魚為主要對象，南澳島的中柱村、饒平的港西村，是以捕小公魚而聞名的。至於浮拖網、車繒、海南人的燈光四角吊繒，也是以小公魚為主要捕撈對象。[17]

整條漁諺是說清明期間，日間是晴天，當晚便是潮汕漁場進行桁艚生產好時機，也是捕獲江仔魚的豐收時期，所以整個船面上完全掛滿了江仔魚。

（14）八月秋，魚外泅。（南澳）

pat³ jit² tʃʰɐu⁵⁵，ji²¹⁻³⁵ ɔi²² tʃʰɐu²¹

這條漁諺流傳於南澳漁場一帶。泅，是指魚群洄游深海。整句之意是指秋風起及打後，海水便會轉涼，魚群便會外游到深海，漁船便要駛出海外進行捕撈。[18]

---

15 周長楫主編：《閩南方言俗語大詞典》（福州市：福建人民出版社，2015年9月），頁8。

16 方榮和主編、漳浦縣地方志編纂委員會編：《漳浦縣志》（北京市：方志出版社，1998年4月），頁274。

17 歐瑞木著：《潮海水族大觀》（汕頭市：汕頭大學出版社，2016年11月），頁259。

18 南澳縣地方志編纂委員會編：《南澳縣志．1979-2000》（廣州市：廣東人民出版社，2011年11月），頁900。

（15）秋風涼，駛船出外洋。（南澳）

tʃ^{h}ɐu^{55} foŋ^{55} lɔŋ^{21}，ʃɐi^{35} jin^{21} tʃ^{h}ɐt^{5} ɔi^{22} jɔŋ$^{21-35}$

這是一條流傳於南澳一帶的漁諺。

外洋，是指深海的意思。秋風時，就是白露期間，整個氣候便會轉涼，南澳一帶漁民都會出南澳海域的深海進行捕撈。[19]這條漁諺跟「八月秋，魚外泅」有密切關係。

（16）寒露寒，龍蝦石斑居外空。（南澳）

hɔn^{21} lou^{22} hɔn^{21}，loŋ^{21} ha^{55} ʃɛk^{2} pan^{55} tin^{33} ɔi^{22} hoŋ^{55}

這是一條流傳於南澳一帶的漁諺。居，關門之意。《玉篇．戶部》卷十一第一百四十二：「居，又徒念切，閉門也。」[20]《廣韻．上聲．忝韻》：「居，閉戶。」[21]在這條漁諺裡就是解作躲藏的意思，就是指在寒露深秋時，龍蝦、石斑也一一躲藏起來。「居」，是陽去聲字，根據林倫倫、林春雨著《廣東南澳島方言語音詞彙研究》，南澳的後宅話、雲澳話的發音是[tiam]，陽去聲都是11，所以「居」的南澳話是tiam^{11}。[22]「外」，關於外字的解釋，南澳漁諺「八月秋，魚外泅」，泅，是指魚群洄游深海，所以就是指龍蝦、石斑不見於淺海一

---

19 南澳縣地方志編纂委員會編：《南澳縣志．1979-2000》（廣州市：廣東人民出版社，2011年11月），頁900。

20 （梁）顧野王：《宋本玉篇》（北京市：北京市中國書店，1983年據張氏重刊澤存堂藏板影印），頁六下。

21 余迺永校注：《新校互註宋本廣韻》（增訂本）（香港中文大學授權上海：上海辭書出版社，2000年7月），卷三，頁五十二上；頁335。

22 林倫倫、林春雨著：《廣東南澳島方言語音詞彙研究》（北京市：中華書局，2007年10月），頁70-72。

帶，是游到深海處。外，就是游外之意。再看南澳漁諺的「秋風涼，駛船出外洋」，外洋，是指深海、外海的意思，就是指龍蝦、石斑不見於淺海一帶，是已跑出深海，同樣是指出「外空」的「外」字意思。「空」，空的意思可以有兩個解釋。第一個就是游空的意思，龍蝦、石斑在寒露時，躲在石洞避寒，因此整個海面便沒有龍蝦、石斑了，這就是游空。有一條漁諺是「西南起風，赤魚游空」，見於台山，游空、外空意思完全一致。空的第二個解釋，《集韻》「空，苦動切，通作孔。」[23]因此，這個空字在南澳漁諺裡可以指石洞、孔洞，就是指在寒露時，石斑、龍蝦會躲在石洞或孔洞裡躲寒。這條漁諺的意思便是在寒露時，也是深秋的節令，氣溫下降幅度非常大，這時期，龍蝦便因寒冷進到深海的石洞、孔洞，石斑也會躲進石洞、孔洞躲寒。

（17）有四月八，無五月節，有五月節，無四月八。（南澳縣）

jɐu^{13} ʃei^{33} jit^{2} pat^{3}，mou^{13} m̩^{13} jit^{2} tʃit^{3}，
jɐu^{13} m̩^{13} jit^{2} tʃit^{3}，mou^{13} ʃei^{33} jit^{2} pat^{3}，

中山橫門的漁民說，這句漁諺在南澳漁民有說成「沒有四月八，便有五月節」。這句漁諺是指南海漁場一帶的魷魚會在每年的農曆四月初八就該到來，如果四月八沒有魷魚汛，便會在該年的五月初五的端午節必會到來。漁汛的來遲來早，跟漁場的餌料密集和水溫有密切關係。

---

23 （宋）丁度等編：《集韻》（北京市：中華書局，1989年5月據北京圖書館所藏宋本影印），卷五，頁3上；頁88。

（18）五月掠新魚。（汕頭地區沿海）

m̩^{13} jit^{2} lɔk^{2} ʃɐn^{55} ji$^{21\text{-}35}$

新魚指魚花和魚仔。每年四至五月為魚的生殖季節，春季新魚產卵後，從幼魚孵化，攝食生長，這時候最適宜捕撈新魚。《潮海水族大觀》指出，汕頭漁場的新魚最多出現的是狼牙鰕虎魚。[24]

（19）死五、絕六、無救七。（粵東沿海）

ʃei^{35} m̩^{13}、tʃit^{2} lok^{2}、mou^{13} kɐu^{33} tʃ^{h}ɐt^{5}

意即廣東省粵東漁場傳統的延繩釣作業，五月進入淡季，六月更淡，七月無魚可捕。[25]浙江湖州的漁諺與粵東沿海的漁諺有極相近的說法，湖州那邊是說「死五、絕六，斷命七」，意思是指這幾個月海裡魚類少，捕撈困難。[26]

（20）八月魚頭齊，九月魚正旺，十月小陽春。（海豐）

pat^{3} jit^{2} ji^{21} t^{h}ɐu^{21} tʃ^{h}ɐi^{21}，
kɐu^{35} jit^{2} ji$^{21\text{-}35}$ tʃeŋ^{33} wɔŋ^{22}，
ʃɐt^{2} jit^{2} ʃiu^{35} jɔŋ^{21} tʃ^{h}ɐn^{55}

「魚頭」是借代指魚類、魚群。農曆八月，由於海流、水溫、氣

---

24 歐瑞木著：《潮海水族大觀》（汕頭市：汕頭大學出版社，2016年11月），頁386便舉了狼牙鰕虎魚為例。

25 張憲昌、梁玉磷、馬振坤編：《南海漁諺拾零》（北京市：海洋出版社，1988年4月），頁3。

26 中國民間文學集成全國編輯委員會、中國民間文學集成浙江卷編輯委員會編：《中國諺語集成（浙江卷）》（北京市：中國ISBN中心，1995年10月），頁720。

候等多種因素影響，各種應汛魚類產卵後的老魚群體和剛孵出成長的新魚群體一起洄游，先行集結在汕尾外海，形成汕尾秋汛。這時候，漁類的產量高，漁獲質量也好。《海豐縣志（上）》進一步稱新中國成立後，每年秋汛（9-12 月）還有廣西的北海、粵西、新會、中山、番禺、東莞、深圳、珠海等地的四五百艘大拖網過港到這裡生產，形成秋汛汕尾漁場千帆競發的生產場面。[27]不單如此，粵、閩、桂、瓊二十多縣市漁船和港澳漁船進入汕尾港，淡季不下數百艘，旺季高達一、二千艘。據老汕尾人介紹，汕尾漁港八月秋汛海面上魚群較為集中，漁諺有「八月魚頭齊」之說，在漁場上結成魚盾（同類魚成群結對形成小山堆樣，當地漁民稱為魚盾）。魚貨則以鯨帶、黃花魚、墨魚、鯰魚、馬鮫魚、馬臉迪、池魚、紅魚、紅三、丁魚、角魚、南鯧、目連、立魚、對蝦等為汕尾港大宗漁撈物。[28] 九月魚正旺，是指是捕魚旺之時。十月小陽春，即是陽春節，此時，受極地南下的變性高壓控制，形成晴朗少雨，溫和日麗，溫度適中，晝夜溫差大的十月小陽春氣候。十月小陽春，就是指在十月這種無風暖融融，雨暖溫溫或者是無雨暖紛紛下，華南秋夏兩季細雨，生寒未有霜，晝夜溫差大的十月小陽春氣候，魚類對食物的需求仍較旺盛，魚發情良好，魚對食物的需求仍較旺盛。不單是華南沿海如此，福建一帶，也有十月小陽春的漁諺，福建省泉州市惠安縣輞川鎮那裡也有近似漁諺，那邊稱「十月小陽春，鱸魚走黃昏，冬節十一月，子魚肥到尾」。[29]

---

27 海豐縣地方志編纂委員會：《海豐縣志（上）》（廣州市：廣東人民出版社，2005年8月），頁360。

28 李純良主編、汕尾市政協學習和文史委員會編：《汕尾文史》第15輯（汕尾市：中國人民政治協商會議汕尾市委員會文史資料工作委員會，2005年），頁70-71。

29 輞川鎮民間文學集成編委會編：《惠安縣輞川鎮民間文學集成》（輞川鎮民間文學集成編委會，1993年1月），頁152。

廣東汕尾市海豐縣汕尾漁港
（黃漢忠提供）

（21）稻尾變赤，魚蝦爬上壁。（惠陽縣）

tou^{22} mei^{13} pin^{33} tʃ^{h}ɛk^{3}，ji^{21} ha^{55} p^{h}a^{21} ʃɔŋ^{13} pɛk^{3}

「稻尾赤」，指稻穀成熟變黃了，也是指早稻已成熟。「走上壁」，「壁」是指淺海內灣、近岸漁場。「走上壁」，指魚蝦走到牆壁上來了，形容魚蝦多。整句之意，就是魚蝦在稻穀變黃成熟之時，就是魚蝦大量進入近岸漁場，是暑海漁汛期、蝦汛期開始，魚蝦進行產卵，是漁民捕撈的豐收生產時期。「稻尾赤，魚蝦爬上壁」這句漁諺，福建惠安縣輞川鎮說成「五月稻尾赤，鱟仔會爬壁」。[30] 福建漳州雲霄、福建詔安會說成「稻尾赤，鱟爬壁」。[31] 浙江省東北部的舟

30 輞川鎮民間文學集成編委會編：《惠安縣輞川鎮民間文學集成》（輞川鎮民間文學集成編委會，1993年1月），頁152。

31 劉芝風著：《閩臺農林漁業傳統生產習俗文化遺產資源調查》（廈門市：廈門大學出版社，2014年5月），頁272。
政協詔安縣委員會文史委編：《梅嶺鎮專輯》，《詔安文史資料》第21期（政協詔安縣委員會文史委，2001年12月），頁41。

山一帶漁民則說「六月稻尾赤。鰳魚爬上壁」。[32]

廣東惠州市惠東雙月灣漁村

（22）寒露霜降間，捕死瘟巴浪。（粵東沿海）

hɔn^{21} lou^{22} ʃɔŋ^{55} kɔŋ^{33} kan^{55}，pou^{22} ʃei^{35} wɐn^{55} pa^{55} lɔŋ^{22}

寒露風和霜降風出現時，就是天氣進入了深秋，是秋季中最寒涼的節氣，整個海面都出現寒冷風，巴浪魚（池魚）也容易發瘟而死，漁民便能捕撈海面浮頭死去的巴浪魚。

（23）炮仔出筍，鰻魚結質。（惠陽地區沿海）

p^{h}au^{33} tʃɐi^{35} tʃɐt^{5} ʃɐn^{35}，man^{22} ji$^{21\text{-}35}$ kit^{3} tʃɐt^{5}

32 舟山市政協文史和學習委，舟山晚報編：《文史天地（下）》（北京市：文津出版社，2003年3月），頁818。

海鰻為南海北部海區常棲的魚類種群，平時分散棲息深水區域，每年三至四月清明節前後為產卵期，一般多向近岸河口一帶集結，進行產卵活動。惠陽地區沿海的海鰻群體，一般可分為仔鰻索餌移動和親鰻生殖移動兩種。仔鰻的索餌移動。當年孵化、成育的幼鰻群體，於三門、小星山外水深十五米至大星針岩水深四十米內一帶海區進行索餌移動。親鰻的生殖移動，在漁民群眾中流傳著「炮仔出筍，鰻魚結質」的諺語。意思是說當炮仔（海裡生長的一種植物）出筍的時候，鰻魚就開始結群產卵。此時正值春節前後，海鰻產卵群體先後分兩群游向沱濘列島南部（水深二十九米）、大星針附近（水深三十米）大泥口以北（水深六十米以內）一帶活動。[33]

（24）開燈帶，蒙煙墨。（海豐）

hɔi^{55} tɐn^{55} tai^{33}，moŋ^{21} jin^{55} mɐt^{2}

海陸豐民俗，農曆正月十三是「開燈」日子，為元宵節系列活動的開始。「帶」，即帶魚；「蒙煙」，即大霧天氣；「墨」，即墨魚（烏賊）。「開燈帶，蒙煙墨」意謂元宵節前後有帶魚汛，而霧天則可多捕墨魚。[34]

（25）四東北吼，蓮網山狗。（海豐）

ʃei^{33} toŋ^{55} pɐt^{5} hau^{55}，lin^{21} mɔŋ^{13} ʃan^{55} kɐu^{35}

33　陳再超、劉繼興編：《南海經濟魚類》（廣州市：廣東科技出版社，1982年11月），頁70。

34　汕尾市地方志編纂委員會編：《汕尾市志（下）》（北京市：方志出版社，2013年4月），頁1155。

「蓮網」是指刺網；「蓮網山狗」是一個比喻，喻無魚可捕撈。這一漁諺是說在農曆的四月，若然是刮起了東北風，那麼預示海豐縣的淺海的漁汛會很差，對漁業生產極為不利。

（26）七月初七婆囝生，新出那哥甜過蝦。（揭西）

tʃ^{h}ɐt^{5} jit^{2} tʃ^{h}ɔ^{55} tʃ^{h}ɐt^{5} p^{h}ɔ^{21} tʃɐi^{35} ʃaŋ^{55}，
ʃɐn^{55} tʃ^{h}ɐt^{5} la^{21} kɔ^{55} t^{h}in^{21} kɔ^{33} ha^{55}

「婆囝生」是農曆七月初七潮州人的「公婆母」（小孩保護神、也稱床婆神）生日。「那哥」，是長蛇鯔魚。「七月初七婆囝生，新出那哥甜過蝦」是指農曆七月初七「婆囝生」前後盛產的那哥魚，味道是最美的。

2　漁場

捕到魚兒腹中空，海裡無餌不停留。（汕頭地區）

pou^{22} tou^{33} ji^{21} ji^{21} fok^{5} tʃoŋ^{55} hoŋ^{55}，
hɔi^{35} lei^{13} mou^{21} lei^{22} pɐt^{5} t^{h}eŋ^{21} lɐu^{21}

漁民捕魚捕得腰已酸，手也腫，捕得了魚時，人卻是未吃飯充饑，腹還是空空的，而魚兒也見海裡無魚餌料，大部分魚兒不會停留下來，因此，漁民雖然忙了一整天，可惜魚兒捕得不滿筐，就釀成漁民們生計落空和拮据。

3　洄游

（1）葫瓜出，鰻魚洄。（惠陽地區沿海）

wu^{21} ka^{55} tʃ^{h}ɐt^{5}，man^{22} ji$^{21-35}$ wui^{21}

四月葫瓜生長期，也是全年獲取鰻魚效益的最重要漁汛期，這時期大量鰻魚途經海域洄游，漁民們可以不錯過這收穫時機。

（2）北帶南巴浪。（汕頭地區沿海）

pɐt^{5} tai^{33} lan^{21} pa^{55} lɔŋ^{22}

這句漁諺涉及了帶魚和巴浪魚（藍圓鰺、池魚）洄游習性。帶魚從臺灣海峽南下洄游至香港外海一帶，以後又北上成「回頭帶」。藍圓鰺魚則從西南洄游至臺灣淺灘，所以漁諺有「北帶南巴浪」之說。[35]

（3）南鰻北帶，西來巴浪。（汕頭地區沿海〉

lan^{21} man^{22} pɐt^{5} tai^{33}，ʃɐi^{55} lɔi^{21} pa^{55} lɔŋ^{22}

鰻魚來自外海，北帶和巴浪魚同上「北帶南巴浪」的解釋。

南方（指南海或南澳南部海域）海水溫暖，適合白鰻生長，肥而好吃；北方（指浙江地區）適合帶魚（烏旗帶）生長，帶魚最正宗；南澳以西（指惠來達濠）地區適合巴浪魚生長，甜而肥。

（4）鰮魚皮，巴浪底。（南澳縣）

wɐn^{55} ji^{21} p^{h}ei^{21}，pa^{55} lɔŋ^{22} tɐu^{35}

這一條漁諺，海豐漁民說「巴浪底，鰮魚皮」。「皮」與「底」的意思是生活在大海的層次（深淺）。池魚在分類學上屬於鰺科，這種魚，粵東叫巴浪魚，北部灣叫棍子魚。池魚游水迅速，在珠江口、粵東、

35 張憲昌、梁玉磷、馬振坤編：《南海漁諺拾零》（北京市：海洋出版社，1988年4月），頁7。

北部灣一帶均有分布，是廣東海洋漁業的主要捕撈對象之一。[36]鰛魚，即沙丁魚，在香港被人們稱沙甸魚、薩丁魚和鰯。「鰛魚皮，巴浪底」是指即藍圓鰺魚（池魚）的棲息水層要比鰛魚要深。[37]

（5）日出魚投東，日落魚向西。（汕頭沿海）

jɐt^{2} tʃ^{h}ɐt^{5} ji$^{21-35}$ t^{h}ɐu^{21} toŋ^{55}，jɐt^{2} lɔk^{2} ji$^{21-35}$ hɔŋ^{33} ʃɐi^{55}

光誘時間是否選擇得當，對漁獲量有很大影響。「日出魚投東、日落魚投西」表明在晚上燈光誘魚的整個過程中，以黃昏至晚上九點前和黎明前的光誘效果較好，是整個晚上光誘生產的兩個高峰。從整個夜晚來看，一般是下半夜比上半夜好，而以黎明前為最好。因此，在通常用燈光誘捕中上層魚類時，都選擇這些時間。[38]

（6）早星暗烏魚上浮，西黃暗烏魚吃淺。（汕頭沿海）

tʃou^{35} ʃɛŋ^{55} ɐn^{33} wu^{55} ji$^{21-35}$ ʃɔŋ^{22} fɐu^{21}，
ʃɐi^{55} wɔŋ^{21} ɐn^{33} wu^{55} ji$^{21-35}$ hɛk^{3} t^{h}in^{35}

「早星暗烏」是指黎明時分，天還是暗烏；「西黃暗烏」是指黃昏，天色轉成暗烏。此漁諺是指漁民要掌握著黎明和黃昏這兩段時間，好好針對著趨光性最強的魚類，牠們都會同時洄游棲息在水的中

36 廣東海洋湖沼學會編：《廣東海洋湖沼學會年會論文選集・1962》（廣東海洋湖沼學會，1963年12月），頁80。

37 張憲昌、梁玉磷、馬振坤編：《南海漁諺拾零》（北京市：海洋出版社，1988年4月），頁8。

38 羅會明著：《海洋經濟動物趨光生理》（福州市：福建科學技術出版社，1985年8月），頁212。

上層處，漁民要抓緊這兩個時段，進行光誘圍捕。[39]

4　漁獲量

（1）元宵睇燈帶。（潮汕）

jin^{21} ʃiu^{55} t^{h}ɐi^{35} tɐn^{55} tai^{33}

潮汕也有老漁民說成「正月半，看燈帶」，意思也是完全一致的。「帶」，指帶魚。此漁諺是說舉凡有豐富打魚的漁民，能夠在正月半的元宵節那天的晚上，只用觀察天象的星星就能知道今年的帶魚漁汛的漁獲量好與壞程度。

（2）春分作浪，鰔魚少望。（粵西沿海，如惠陽縣澳頭港）

tʃ^{h}ɐn^{55} fɐn^{55} tʃɔk^{3} lɔŋ^{22}，kek^{5} ji$^{21\text{-}35}$ ʃiu^{35} mɔŋ^{22}

每年的春分和秋分，也就是農曆的三月和八月，太陽、月球的位置相對更接近於一條直線。此時，合成的引潮力在一年中是最大的，所以，春秋分朔望日前後容易形成特大潮。[40]春分期就是魚蝦的春汛期，「春分作浪」就是指春分時，整個海洋都會產生一個特大的潮，海浪特大。魚蝦未能接近岸邊產卵繁殖，就是這個原因，便構成不利於捕撈，捕不成魚蝦機會很大。這時候，鰔魚便不好捕撈，所以漁民總結出「春分作浪，鰔魚少望」一語。

---

39 張憲昌、梁玉磷、馬振坤編：《南海漁諺拾零》（北京市：海洋出版社，1988年4月），頁8。

40 彭垣、孫即霖著：《海洋水文》（廣州市：中山大學出版社，2012年1月），頁61。

（3）三月暖烘烘，曬魚臭山峰。（汕尾市）

ʃan^{55} jit^{2} lin^{13} hoŋ^{21} hoŋ^{21}，ʃai^{33} ji$^{21-35}$ tʃ^{h}ɐu^{33} ʃan^{55} foŋ^{55}

在農曆三月的漁汛到來，外海與洄游索餌的魚群會到近岸產卵，形成一個良好漁汛期，漁民收穫大增。市場售不出的漁獲便進行製作鹹魚和曬鹹魚，讓整個山峰也會發臭。這一條漁諺是指出三月春汛期的漁獲產量很大。

（4）穀雨吹東風，山空海也空。（南澳縣）

kok^{55} ji^{13} tʃ^{h}ɵy^{55} toŋ^{55} foŋ^{55}，ʃan^{55} hoŋ^{55} hɔi^{35} ja^{13} hoŋ^{55}

穀雨是指農曆三月中，這時候整個海洋總是刮起東風，所以海南省那邊有一條漁諺說「不怕西南風大，只怕刮東風」，珠江口一帶漁民有「四月初八起東風，今年漁汛就落空」這樣子漁諺。原因是東風風勢是特大的，即使是魚蝦春汛期，因風大，所以魚蝦未能接近岸邊產卵繁殖，就是這個原因，便構成不利於捕撈，捕不成魚蝦機會很大，因此漁諺便說「山空海也空」。

「清明穀雨風」不單跟漁獲量有關，也與農作物有關，如「大豆最怕穀雨風」（福建寧化），就是大豆作物也受不起春寒之風。[41]

（5）立夏東北風，山空海也空。（汕尾市）

lat^{2} ha^{22} toŋ^{55} pɐt^{5} foŋ^{55}，ʃan^{55} hoŋ^{55} hɔi^{35} ja^{13} hoŋ^{55}

若然在立夏之日刮東北風來，那麼，便是預兆示會天旱，海中漁

41 中國民間文學集成全國編輯委員會、中國民間文學集成廣西卷編輯委員會編：《中國諺語集成（福建卷）》（北京市：中國ISBN中心，2001年6月），頁910。

汛也差。

（6）耕田隔條壆，打魚隔條索。（汕尾市）

kaŋ^{55} t^{h}in^{21} kak^{3} t^{h}iu^{21} pɔk^{3}，ta^{35} ji$^{21-35}$ kak^{3} t^{h}iu^{21} ʃɔk^{3}

汕尾也有漁民稱「耕田隔條壆，討海隔條索」。

壆，田埂的意思。「耕田隔條壆」，指兩塊田地雖然只隔著一條田埂，其土質肥瘦可以有所不同，種植出來的產量也可以完全不同。同一道理，捕撈時，也要好好掌握好漁場的中心位置，即使隔一條繩索，在索的左右及索前後的產量可以絕然不同，這個跟海底底質不同有關。這句漁諺是說耕田和捕魚都一樣，只要有稍微的距離，成果便會不一樣的。[42]

（7）今年暑海池仔少，明年春汛定不好。（汕頭）

kɐn^{55} lin$^{21-35}$ ʃi^{35} hɔi^{35} tʃ^{h}i^{21} tʃɐi^{35} ʃiu^{35}，
meŋ^{21} lin$^{21-35}$ tʃ^{h}ɐn^{33} ʃɐn^{33} teŋ^{22} pɐt^{5} hou^{35}

「暑海」，農曆五月至七月為汛期，每年一到炎熱酷暑季節，正是海洋魚類長大長肥的季節，沿海漁船揚帆出海，進入遮浪漁場開展暑海生產。主要漁獲仍以池魚、羊魚，帶魚、金線魚、墨魚，刺鯧、黃澤以及對蝦、蟹、蝦姑等為大宗。「春汛」，農曆十二月至次年四月為汛期。每年春節過後，沿海漁民就開始春汛作業，春汛汛期長，魚汛好。春汛是海洋捕撈作業的旺季，主要漁獲有池魚、帶魚、墨魚、刺鯧、鯔魚、金線魚、烏鯧、金色小沙丁、龍頭魚、蝦姑以及對蝦、

42 汕尾市地方志編纂委員會編：《汕尾市志（下）》（北京市：方志出版社，2013年4月），頁1154。

海蟹等。[43]「今年暑海池仔少，明年春汛定不好」，其意是當暑海汛期出現池魚少了，第二年的春汛汛期漁獲量便會少了。

5 漁撈

（1）魚群往往頂浪游，下釣要在風浪口。（汕頭沿海）

ji^{21} k^{h}ɐn^{21} wɔŋ^{13} wɔŋ^{13} teŋ^{35} lɔŋ^{22} jɐu^{21}，
ha$^{22-35}$ tiu^{33} jiu^{33} tʃɔ^{22} foŋ^{55} lɔŋ^{22} hɐu^{35}

釣魚是最忌風平浪靜。這句漁諺是說釣魚收穫好壞與有無風浪有關。因為無風的天氣一般氣壓較低，易引起水中缺氧而影響魚兒食慾。風能將水面掀起波浪，使空氣中的氧氣不斷溶於水中。風還能把陸地上、空中的生物吹到水裡，給魚兒帶來食物。當然風不是越大越好，對釣魚來講，二、三級風力最適宜釣魚。[44]

（2）快拖魚，慢拖蝦。（海、陸豐縣）

fa^{33} t^{h}ɔ^{55} ji$^{21-35}$，man^{22} t^{h}ɔ^{55} ha^{55}

這是總結漁業生產中捕魚蝦的經驗，這樣才能避免魚蝦在收網時逃脫。此外，這也說明了漁船船速的掌握是捕撈魚、蝦的關鍵，有經驗的漁民總是網網不空的。

（3）魚蝦吃流水。（海豐）

ji^{21} ha^{55} hɛk^{3} lɐu^{21} ʃøy^{35}

43 海豐縣地方志編纂委員會編：《海豐縣志．1988-2004（上）》（北京市：方志出版社，2012年11月），頁303-304。

44 王長工主編：《釣魚手冊》（上海市：上海科學技術出版社，1995年11月），頁205。

魚類的活動和群集，很大程度上受海流和潮流的影響，往往流水的漩渦處和寒暖流交界處是魚群最集結的地方，故謂「魚蝦食流水」。同時也可作這樣子的解釋，因大多數魚類具有溯流覓食的習性，故也謂「魚蝦食流水」。[45]

6　魚與氣象

（1）今春雨水多，魚鹽也不多。（汕尾市）

$k\mathrm{ɐ}n^{55}\ t\mathrm{ʃ}^{h}\mathrm{ɐ}n^{55}\ ji^{13}\ \mathrm{ʃ}\mathrm{ɵ}y^{35}\ t\mathrm{ɔ}^{55}$，$ji^{21}\ jin^{21}\ ja^{13}\ p\mathrm{ɐ}t^{5}\ t\mathrm{ɔ}^{55}$

「今春雨水多」是指若然春天出現久旱無雨，或者春雨過多，直接會影響水質變化，直接會影響漁汛出現延遲，春汛延遲，對幼魚繁殖生長和生產極之不利。不單如此，雨水多也會導致魚鹽產出也少。

（2）早北晚東南，打魚早些行。（汕頭地區沿海）

$t\mathrm{ʃ}ou^{35}\ p\mathrm{ɐ}t^{5}\ man^{13}\ to\mathrm{ŋ}^{55}\ lan^{21}$，$ta^{35}\ ji^{21\text{-}35}\ t\mathrm{ʃ}ou^{35}\ \mathrm{ʃ}\mathrm{ɛ}^{55}\ ha\mathrm{ŋ}^{21}$

早上北風，晚上東南風，這樣子的天氣最適合出海捕魚，因此打魚便要早點進行。關於東南風，「赤魚喜愛東南風，捕魚最好大東風，北風吹來一場空」、「東南風交秋，漁農大豐收」，這些漁諺反映出南海一帶多吹東南風，不少魚類也愛東南風，因此打魚也要趁著吹東南風時就要早捕撈，所以便說「打魚早些行」與此有密切關係。

（3）包帆包帆，早北晚東南。（陸豐縣）

$pau^{55}\ fan^{21}\ pau^{55}\ fan^{21}$，$t\mathrm{ʃ}ou^{35}\ p\mathrm{ɐ}t^{5}\ man^{13}\ to\mathrm{ŋ}^{55}\ lan^{21}$

45 鍾錦時主編：《海豐水產志》（廣東省海豐縣水產局編，1991年2月），頁108。

包帆是指包帆出海捕撈。這一條漁諺意思跟「早北晚東南，打魚早些行」意思相同。東南是指吹東南風，與南海一帶很多魚類喜愛吹東南風，所以包帆出海捕撈，就要配合著這種風向方有好收成。可參看「赤魚喜愛東南風，捕魚最好大東風，北風吹來一場空」、「東南風交秋，漁農大豐收」。

（4）六月西南風，旱死大蝦公。（惠陽縣）

lok^{2} jit^{2} ʃɐi^{55} lan^{21} foŋ^{55}，hɔn^{13} ʃei^{35} tai^{22} ha^{55} koŋ^{55}

中國東南沿海地區是亞熱帶海洋氣候，在夏季的時候基本上都是吹東南風，東南風會帶來大量的水氣，形成降雨，沖淡海水的鹽度，而且會有充足的氧氣，適合魚蝦生存。反之，如果西南風會缺少水氣，海水就會鹽度升高和偏缺氧，如果情況嚴重厭氧的蕨類植物會瘋狂繁殖，變成紅潮，嚴重影響海洋養殖業。[46]所以這一條漁諺說「旱死大蝦公」就是與紅潮有關。這一條漁諺與「西南起，大親蝦死」也接近，也是與西南風有關，影響大蝦和幼蝦成長，但北部灣那邊則與紅潮無關。紅潮出現也與地理環境有關，但西南風對南海一帶魚蝦影響很大，這是一個事實。

（5）冬雨北寒夏西北，一日打魚三日食。（汕頭地區沿海）

toŋ^{55} ji^{13} pɐt^{5} hɔn^{21} ha^{22} ʃɐi^{55} pɐt^{5}，
jɐt^{5} jɐt^{2} tai^{35} ji$^{21-35}$ ʃan^{55} jɐt^{2} ʃek^{2}

每年農曆九月十月，北方寒流南下，又刮西北風，海洋天氣差，

46 惠陽老漁民邱世孫提供。

夏天遇上西北季風和雷陣雨，那麼這兩個季風便導致汕頭地區漁民捕撈收穫不理想了。那時候的漁民只能看天捕魚，經常是捕撈一天停幾天。這就是漁諺上說的一天打魚，三天就曬網，沒得吃，還要苦苦堅持三天吃不飽狀態。

（6）冬東風，米缸空；冬東風，魚艙空。（粵東沿海）

toŋ^{55} toŋ^{55} foŋ^{55}，mɐi^{13} kɔŋ^{55} hoŋ^{55}；
toŋ^{55} toŋ^{55} foŋ^{55}，ji^{21} tʃ^{h}ɔŋ^{55} hoŋ^{55}

冬季冷空氣勢力強大，經常吹北風，靜止鋒遠在南海海面上，雨也下在南海海面上。如果這時吹起東風來，大陸上的高氣壓減弱東移了，靜止鋒也就可以北移到沿海。因而，粵東地區天氣會普遍轉壞，在一定程度會影響冬汛收成，漁民生活全是望天打卦的。「冬東風，魚艙空」是指海洋捕撈遇上東風，就破壞了漁汛期，影響漁獲量，因東風風勢是特大的。若然再遇上冬天，勢會更寒冷，影響漁獲量，故「魚艙空」。

（7）寒潮強風多，有魚也難撈。（海豐縣）

hɔn^{21} tʃ^{h}iu^{21} k^{h}ɔŋ^{21} foŋ^{55} tɔ^{55}；jɐu^{13} ji$^{21\text{-}35}$ ja^{13} lan^{21} lou^{55}

「寒潮強風多，有魚也難撈」與「冬東風，魚艙空」[47]相同意思。指在冬天時遇上東風的強風，海上大浪，便出現有魚也難撈，做成「冬東風，魚艙空」現象。

---

47 張憲昌，梁玉磷，馬振坤編：《南海漁諺拾零》（北京市：海洋出版社，1988年4月），頁13。

（8）立冬北風吹，鰻苗游岸來。（潮陽縣）

lat^{2} toŋ^{55} pɐt^{5} foŋ^{55} tʃ^{h}ɵy^{55} ，man^{22} miu^{21} jɐu^{21} ɔn^{22} lɔi^{21}

每年立冬時，鰻苗便會到達南海沿海河口水域，這時內陸河流水溫比較低，鰻苗會待春天河水水溫上到攝氏八到十度時，便會沿著江水溯江而上和生長，這樣子便構成鰻苗的漁汛期。

（9）風南魚仔着，風北魚仔藥。（汕頭地區沿海）

foŋ^{55} lan^{21} ji^{21} tʃɐi^{35} tʃɔk^{2} ，foŋ^{55} pɐt^{5} ji^{21} tʃɐi^{35} jɔk^{2}

「着」，到也，指漁獲收成好；「藥」，指漁獲收成差。「藥」在海豐話中是有毒的意思的，如「㧡（給人）藥死」、「呸濡藥死雞」。[48]這句漁諺也流行於汕頭沿海地區。當農曆五、六、七月多刮西南風，海水溫暖，魚群便有餌料可吃，魚群便會出現漁場，魚多靠近岸邊；在農曆八、九、十月多刮東北風，水寒冷，餌料便少，魚群便少出現漁場，魚多外游往深處，魚群像被下藥毒殺了一樣，不見魚群蹤影於漁場，漁民收穫便少了。

（10）魚蝦翻水面，大雨得浸田。（惠陽縣）

ji^{21} ha^{44} fan^{55} ʃɵy^{35} min^{22} ，tai^{22} ji^{13} tɐt^{5} tʃɐn^{33} t^{h}in^{21}

氣壓對魚情是有影響的。每逢大雨之前，天氣悶熱，溶水裡面的氧氣也比少，海魚海蝦都會游到了水面上，探出頭進行多呼吸一些氧

48 魏偉新、謝立群：《海豐俗語諺語歇後語詞典》（第二版）（廣州市：廣東人民出版社，2016年6月），頁159。

氣，就是表示氣壓正在下降，低氣壓風暴或氣旋風暴正在迫近，天便將會有大雨或暴雨，這時候漁民最適宜進行捕撈。與此類似有「泥鰍翻水面，大雨下漣漣」。[49]

（11）黑豬白豬嬉，見到不大利。（海豐縣）

hɐt^{5} tʃi^{55} pak^{2} tʃi^{55} hei^{55}，kin^{33} tou^{33} pɐt^{5} tai^{22} lei^{22}

以「烏忌」、「白忌」稱呼海豚是粵西、珠江口一帶漁民叫的，但海豐一帶漁民則稱海豚為「黑豬」和「白豬」，他們認為見到了海豚就是不吉利的，這種看法與珠江漁民和粵西漁民的看法相同。老一輩的漁民還認為遇見海豚是不吉利的兆頭，原因有二。一則，海豚聰明，會跟著漁船，等待偷食漏網之魚；二則是老漁民認為海豚的出現，是海面風高浪急的先兆。所以海豐一帶漁民稱「見到不大利」。

7　魚與海況

（1）十一二風咚浪咚，魚蝦入坑。（汕頭沿海）

ʃɐt^{2} jɐt^{5} ji^{22} foŋ^{55} toŋ^{55} lɔŋ^{22} toŋ^{55}，ji^{21} ha^{55} jɐt^{2} haŋ^{55}

「咚」，無意義。農曆十一、十二月如果起風浪，魚蝦自然躲避進坑裡，漁民便捕不到魚。意思跟「寒露寒，龍蝦石斑居外空」一致。

（2）西南水濃餐，食流飽落。（南澳縣）

ʃɐi^{55} lan^{21} ʃøy^{35} loŋ^{21} tʃ^{h}an^{55}，ʃek^{2} lɐu^{21} pau^{35} lɔk^{2}

---

49 大埔縣地方志編纂委員會編：《大埔縣志》（廣州市：廣東人民出版社，1992年11月），頁611。

「西南」指粵東夏季盛行西南季風，「食流」指魚通過海流覓食。絕大部分的魚都是逆流覓食的，在沒有流水的情況下，魚的食慾比較低。逆流覓食時，食品會被帶到口中，就算不是正正口中，牠只要調節頭部方向，或用最短的路徑捕食，這樣便可以節省體能。在大自然的環境下，這點其實是非常重要的。而且在有水流的情況下，水中的含氧量會比較高，這也有利於魚活動覓食等行為。加上在水流衝擊下，水中的微生物及水藻漂浮，做成充滿食物的環境，吸引小魚或水中生物在這環境下覓食，大魚也乘機這段時間加入覓食，所以「飽落」。

（3）魷魚帶魚最怕作南浪。（汕尾市）

jɐu^{21} ji$^{21-35}$ tai^{33} ji$^{21-35}$ tʃɵy^{33} p^{h}a^{33} tʃɔk^{3} lan^{21} lɔŋ^{22}

這一條漁諺跟珠海一帶流傳的「南湧一聲嘩，帶魚山上爬」漁諺意思相同。這一條漁諺是指當南湧風浪大時，魷魚、帶魚也會離開風浪區去。而帶魚卻洄游到岸達岩礁一帶棲息。海豐有一漁諺說「巴浪驚風，帶驚湧」，明顯指出帶魚驚風浪。[50]

8 海水養殖

（1）九月中，天氣轉，需瀉淺，露高地，日曬塭，水溫升，蝦浮水，裝撈多。挖溝早，操作易，效率高，溝水深，藏蝦多，留幼苗，不受凍，保過冬。（海豐，鍾錦時主編《海豐水產志》）

kɐu^{35} jit^{2} tʃoŋ^{55}，t^{h}in^{55} hei^{33} tʃin^{35}，ʃɵy^{55} ʃɛ^{33} tʃ^{h}in^{35}，lou^{22} kou^{55} tei^{22}，jɐt^{2} ʃai^{33} wɐn^{55}，ʃɵy^{35} wɐn^{55} ʃeŋ^{55}，ha^{55} fɐu^{21} ʃɵy^{35}，tʃɔŋ^{55} lou^{55} tɔ^{55}。

---

50 魏偉新、謝立群：《海豐俗語諺語歇後語詞典》（第二版）（廣州市：廣東人民出版社，2016年6月），頁66-67：「巴浪驚風，帶驚湧」。

wat^{3} k^{h}ɐu^{55} tʃou^{35}，tʃ^{h}ou^{55} tʃɔk^{3} ji^{22}，hau^{22} lɐt^{2} kou^{55}，k^{h}ɐu^{55} ʃɵy^{35} ʃɐn^{55}，tʃ^{h}ɔŋ^{21} ha^{55} tɔ^{55}，lɐu^{21} jɐu^{33} miu^{21}，pɐt^{5} ʃɐu^{22} toŋ^{33}，pou^{35} kɔ^{33} toŋ^{55}

「塭」，是指在海濱地區築堤攔水養殖魚類的池塘一類海洋養殖場。這條漁諺就是說農曆九月中起，天氣轉涼，塭水要多排出，讓日頭曬。提高水溫，此時安排一定勞動力挖溝，加固堤圍，同時冬季大收要提早在十一月分，然後十二月即可禁水納苗。[51]

（2）一葉箖，二三洲。（海豐縣東溪）

jɐt^{5} jit^{2} lɐn^{21}，ji^{22} ʃan^{55} tʃɐu^{55}

「塭」，是指在海濱地區築堤攔水養殖魚類的池塘。「葉箖魚塭」和「三洲魚塭」是上世紀六〇年代前的高產魚塭。[52]

（3）十月堀，一日好幾出。（海豐縣）

ʃɐt^{2} jit^{2} fɐt^{5}，jɐt^{5} jɐt^{2} hou^{35} kei^{35} tʃ^{h}ɐt^{55}

筆者家鄉海豐對此漁諺也有說成「六月窟，一日㞘三出」，[53] 意思與這一條漁諺意思相同。堀，本指洞穴，這裡實指養殖池塘。幾出，海豐、廣州地方方言，指多次的意思。此漁諺指十月時的堀類池

51 鍾錦時主編：《海豐水產志》（廣東省海豐縣水產局編，1991年2月），頁118。

52 張憲昌、梁玉磷、馬振坤編：《南海漁諺拾零》（北京市：海洋出版社，1988年4月），頁17。鍾錦時主編：《海豐水產志》（廣東省海豐縣水產局編，1991年2月），頁118。

53 魏偉新、謝立群：《海豐俗語諺語歇後語詞典》（第二版）（廣州市：廣東人民出版社，2016年6月），頁64。汕尾市地方志編纂委員會編：《汕尾市志（下）》（北京市：方志出版社，2013年4月），頁1157。

塘，一天能戽多次水仍有漁獲，表示魚堀養了許多已成長的魚可以進行收成。

（4）霜降有浪，紫菜有望。（海豐縣遮浪）

ʃɔŋ^{55} kɔŋ^{33} jɐu^{13} lɔŋ^{22}，tʃi^{35} tʃ^{h}ɔi^{33} jɐu^{13} mɔŋ^{22}

海豐縣遮浪漁民認為在霜降日前後，若然起大湧浪，便是預示當年的紫菜的豐收在望。[54]

（5）活水養魚蝦，水活產量高。（汕頭地區）

wut^{2} ʃɵy^{35} jɔŋ^{13} ji^{21} ha^{55}，ʃɵy^{35} wut^{2} tʃ^{h}an^{35} lɔŋ^{22} kou^{55}

養殖場的水必須要是流動的活水，那麼水中的氨、氮含量便不會太高，水質也不會不乾淨，否則無法養殖。因此，魚塭、蝦塭養殖場，一定要做到營造良好而穩定的水質，用上活水養魚蝦，水產量方會高的。方法之一是需要經常灌注新水以調節水質，使塭內的水呈現鮮活狀態。

9　其他

（1）過得立冬節，個個灣頭好來歇。（汕尾市）

kɔ^{33} tɐt^{5} lat^{3} toŋ^{55} tʃit^{3}，kɔ^{33} kɔ^{33} wan^{55} t^{h}ɐu$^{21-35}$ hou^{35} lɔi^{21} hit^{3}

在颱風季節裡，不是每個漁港和海灣都可以作為避風之處，要過

54 汕尾市地方志編纂委員會編：《汕尾市志（下）》（北京市：方志出版社，2013年4月），頁1157。鍾錦時主編：《海豐水產志》（廣東省海豐縣水產局編，1991年2月），頁118。

了立冬以後才行。[55]

（2）打魚遇到颱風到，快速向左上側靠。（海、陸豐縣）

ta^{35} ji$^{21-35}$ ji^{22} tou^{33} t^{h}ɔi^{21} foŋ^{55} tou^{33}，
fai^{33} tʃ^{h}ok^{5} hɔŋ^{33} tʃɔ^{35} ʃɔŋ^{13} tʃɐt^{5} k^{h}au^{33}

當海、陸豐兩縣漁船在漁場生產時，遇上颱風，便要馬上向左靠。汕尾的漁船就是要馬上回紅海灣之鮜門港、馬宮港、汕尾港避風；若然是陸豐的漁船在碣石漁場生產，也要馬上回陸豐縣的碣石內港避風。

（3）小漏船不補，大漏餵魚肚。（汕尾市）

ʃiu^{35} lɐu^{22} ʃin^{21} pɐt^{5} pou^{35}，tai^{22} lɐu^{22} wɐi^{33} ji^{21} t^{h}ou^{13}

漁船小漏時，卻不加以維修補漏，大漏時則會船毀人亡，葬身魚腹。

（4）好退唔退，好鑽唔鑽。（海豐）

hou^{35} t^{h}ɵy^{33} m̩^{21} t^{h}ɵy^{33}，hou^{35} tʃin^{33} m̩^{21} tʃin^{33}

海豐也有漁民說成「好退唔退，好撞唔撞」。[56]鯧魚體成稜形，上刺網後老往前擠，結果越擠越被縛得緊，所以說它「好退唔退」。馬鮫魚體側扁圓錘形，上網後往後退縮，結果胸鰭被掛住無法脫身，所

55 張憲昌、梁玉磷、馬振坤編：《南海漁諺拾零》（北京市：海洋出版社，1988年4月），頁19。

56 汕尾市地方志編纂委員會編：《汕尾市志（下）》（北京市：方志出版社，2013年4月），頁1156。

以說它「好鑽唔鑽」。[57]

（5）雷拍秋，淺海十足收，拖風百日憂。（海豐）

lei^{21} pak^{3} tʃ^{h}ɐu^{55}，tʃ^{h}in^{35} hɔi^{35} ʃɐt^{2} tʃok^{5} ʃɐu^{55}，
t^{h}ɔ^{55} foŋ^{55} pak^{3} jɐt^{2} jɐu^{55}

若然在立秋之日響起雷聲，預示這一年的秋汛期間風力不會大，那麼淺海的刺網作業沒有問題，會出現好的漁獲。但是，對於靠風力推進的老年舊式木拖漁船作業便是極之不利，這一批漁民就會情不自禁產生憂慮百日生計問題。[58]

（6）爪頭鉛，卡口浮。（海豐）

tʃau^{35} t^{h}ɐu^{21} jin^{21}，k^{h}a^{55} hɐu^{35} fɐu^{21}

「爪頭」是指拖網的沉網兩端的袖網頭，要多安裝上沉子的鉛，加重拖網的沉力，目的要讓網具在進行時能夠貼地，以免浮著拖網。「卡口」是指浮網的中央要多裝上鉛塊浮子，目的是提高網口高度，好讓增加作業產量。[59]

57 鍾錦時主編：《海豐水產志》（廣東省海豐縣水產局編，1991年2月），頁110。

58 汕尾市地方志編纂委員會編：《汕尾市志（下）》（北京市：方志出版社，2013年4月），頁1157。

59 汕尾市地方志編纂委員會編：《汕尾市志（下）》（北京市：方志出版社，2013年4月），頁1157。

（二）海況

1　海流

（1）五月東風是個禍，七八東風好駛舵。（海陸豐縣、南澳）

m̩^{13} jit^{2} toŋ^{55} foŋ^{55} ʃi^{22} kɔ^{33} wɔ^{22}，
tʃ^{h}ɐt^{5} pat^{3} toŋ^{55} foŋ^{55} hou^{35} ʃɐi^{35} t^{h}ɔ^{21}

「五月東風是個禍」，是指農曆五月如刮起東北風，便捕不到魚，故南澳那邊有漁諺稱「五月東北風，一刮魚走空」，[60]風向交代比海陸豐的漁諺更準確。「七八東風好駛舵」，此漁諺也見於韶關，[61]七、八月間刮起的東風，是漁汛期間，此時正好是揚帆出海捕魚的季節。

（2）五月東北風，一刮魚走空。（南澳）

m̩^{13} jit^{2} toŋ^{55} pɐt^{5} foŋ^{55}，jɐt^{5} kat^{3} ji$^{21\text{-}35}$ tʃɐu^{35} hoŋ^{55}

農曆五月如刮東北風，便捕不到魚，[62]意思跟海、陸豐的「五月東風是個禍」一致。

（3）風平南流長，發風東流強。（汕頭地區沿海）

foŋ^{55} p^{h}eŋ^{21} lan^{21} lɐu^{21} tʃ^{h}ɔŋ^{21}，fat^{3} foŋ^{55} toŋ^{55} lɐu^{21} k^{h}ɔŋ^{21}

---

60 林榕蔭、林松陽：〈南澳方言漁業諺語彙釋〉，收入詹伯慧等編：《第四居國際閩方言研討會論文集》（汕頭市：汕頭大學出版社，1996年），頁201。

61 中國民間文學集成全國編輯委員會，中國民間文學集成廣東卷編輯委員會，林澤生本卷主編；馬學良主編：《中國諺語集成（廣東卷）》（北京市：中國ISBN中心，1997年），頁610。

62 詹伯慧等編：《第四居國際閩方言研討會論文集・1995・海口》（汕頭市：汕頭大學出版社，1996年），頁201。

風平緩時，南流便增強；而發東北風、東風多時，則東流強，魚群便會「煞攏」。相反，西風、西南風多時則沿岸水外推，魚群分布便會偏外。[63] 汕頭老漁民則認為每年農曆六、七月，刮西南風，可流（退潮）的時間長，如東北風，流水（潮水）快而時間短。解釋便有點差異，足見漁諺在漁民裡，各有看法，就構成大家捕撈魚獲時，何以常常出現相差數十個百分比。筆者總認為水產部門宜編寫各地的漁諺給漁民參考是會比較好的。

2 海浪

（1）不怕九降做，只怕立冬湧。（海、陸豐縣）

pɐt⁵ pʰa³³ kɐu³⁵ kɔŋ³³ tʃou²²，tʃi³⁵ pʰa³³ lat² toŋ⁵⁵ joŋ³⁵

「不怕九降做，只怕立冬湧」也會說成「不怕九降做，只怕立冬『梭』」(「梭」，指海上風浪)。[64]霜降前後，海中起風浪，稱作為「九降」，可以起翻耕作用，把海底的有機物質和腐蝕質翻上來，能吸引魚類前來索食。而且，海底經過翻動後，會恢復平坦，有利拖網作業，所以說，「不怕九降做」，但是立冬期間還繼續大風浪，就會影響秋汛生產，並且會使進場的魚類因風浪的翻弄而提早離開漁場，[65]因此說，「只怕立冬梭」，「只怕立冬湧」。

---

63 山東省海洋水產研究所編：《漁場手冊》(北京市：農業出版社，1978年10月)，頁20。

64 汕尾市地方志編纂委員會編：《汕尾市志（下）》(北京市：方志出版社，2013年4月)，頁1161。

65 汕尾市地方志編纂委員會編：《汕尾市志（下）》(北京市：方志出版社，2013年4月)，頁1161。

（2）不怕九降做，只怕立冬「梭」。（海豐）

pɐt^{5} p^{h}a^{33} kɐu^{35} kɔŋ^{33} tʃou^{22}，tʃi^{35} p^{h}a^{33} lat^{2} toŋ^{55} ʃɔ^{55}

「梭」指海中起湧浪。「不怕九降做，只怕立冬梭」意思跟「不怕九降做，只怕立冬湧」一致。

3　潮汐

（1）地屢震，海潮溢。（揭陽）

tei^{22} lei^{13} tʃɐn^{33}，hɔi^{35} tʃ^{h}iu^{21} jɐt^{2}

南海的地震海嘯並不多，其中南部又比北部海域更多和後果嚴重。這種海嘯形成的巨浪沖上海岸，有時退而復進，吞噬所到城鎮和村落，摧毀各種建築物和設施，並使大量居民和牲畜傷亡。一八八三年八月二十七日，南海南部蘇門答臘和爪哇之間的喀拉喀托火山大爆發掀起巨大的海嘯，在巽他海峽北側形成二十二米高巨浪，竟將一艘軍艦拋離海平面以上九米的高處；在爪哇島的米接地區，海嘯的波高達三十三米。這次特大海嘯不僅傳播到印度洋和太平洋沿岸，甚至在遙遠的大西洋北部的驗潮站也收到它的沖擊波。廣東歷史上記載到的地震海嘯也甚罕見。乾隆《揭陽縣志》載，〔明〕崇禎十三年（1640）「地屢震，海潮溢」。當地可能發生過地震海嘯。[66]

（2）初一十五，當晝涍。（海豐）

tʃ^{h}ɔ^{55} jɐt^{5} ʃɐt^{2} m̩^{13}，tɔŋ^{55} tʃɐu^{33} hau^{35}

---

66 司徒尚紀著：《中國南海海洋國土》（廣州市：廣東經濟出版社，2007年4月），頁38。

當晝，中午；涍，指退潮。「初一十五，當晝涍」指海豐縣對出紅海灣每逢初一、十五正午便開始退潮。[67]

（3）七八潮差小，九十潮差大。（汕頭地區）

tʃʰɐt^{5} pat^{3} tʃʰiu^{21} tʃʰa^{55} ʃiu^{35}，kɐu^{35} ʃɐt^{2} tʃʰiu^{21} tʃʰa^{55} tai^{22}

每年農曆七、八月，風浪比較小，海面多風平浪靜；九、十月多刮東北風（所謂九月初三，十月初四）流水（潮水）大，漲潮退潮落差大。

（4）九月初三，十月初四，田頭唔崩好做戲。（海陸豐縣、惠來）

kɐu^{35} jit^{2} tʃʰɔ^{55} ʃan^{55}，ʃɐt^{2} jit^{2} tʃʰɔ^{55} ʃei^{33}，
tʰin^{21} tʰɐu^{21} m̩^{21} pɐn^{55} hou^{35} tʃou^{22} hei^{33}

每年農曆九月初三和十月初四，潮汐比其他的大潮期漲的時間更長，水位更高。[68]潮汕人在這兩個潮水暴漲之時，便準備三牲粿品到河、海岸邊拜「水父水母」。[69]惠來縣沿海民諺說：「九月初三，十月初四，鹽埕不浸，殺豬演戲。」[70]鹽埕指曬鹽的海岸。福建漳州也有這一漁諺，稱「九月初三，十月初四，堤好未崩，殺豬請戲」，[71] 意

67 魏偉新、謝立群：《海豐俗語諺語歇後語詞典》（第二版）（廣州市：廣東人民出版社，2016年6月），頁142-143。

68 紀植群主編：《汕頭市龍湖區志（1979-2003）》（廣州市：花城出版社，2013年10月），頁141。

69 林凱龍：《潮汕古俗》（北京市：生活·讀書·新知三聯書店，2016年11月），頁55。

70 惠來縣地方志編纂委員會編：《惠來縣志（1979-2004）》（北京市：方志出版社，2011年9月），頁90。

71 中國民間文學集成全國編輯委員會、中國民間文學集成廣西卷編輯委員會編：《中國諺語集成（福建卷）》（北京市：中國ISBN中心，2001年6月），頁888。

思跟「九月初三，十月初四，田頭唔崩好做戲」完全一致。

這一條漁諺反映出潮汕、惠來福建一帶閩語漁民會信仰潮水神的「水父水母」，這兩個日子是潮水神的誕辰。

（三）氣象

1　氣候（天氣）

（1）正月北風寒，二月北風旱，三月北風搬田基，五六北風起大禍。（潮陽）

tʃeŋ^{55} jit^{2} pɐt^{5} foŋ^{55} hɔn^{21}，ji^{22} jit^{2} pɐt^{5} foŋ^{55} hɔn^{13} ，
ʃan^{55} jit^{2} pɐt^{5} foŋ^{55} pun^{55} t^{h}in^{21} kei^{55}，
m̩^{13} lok^{2} pɐt^{5} foŋ^{55} hei^{35} tai^{22} wɔ^{22}

一般極端低溫出現在二月，如寒入侵，最為寒冷。三月暖氣流到達，有雨水。如持續北風，多乾旱。如四月暖氣盛，又遇北風，多數多雨水，但六、七月如有北風，多數是颱風來臨，多狂風暴雨。[72]

（2）四月八東風，風吹到芒種。（海豐縣）

ʃei^{33} jit^{2} pat^{3} toŋ^{55} foŋ^{55}，foŋ^{55} tʃ^{h}øy^{55} tou^{33} moŋ^{55} tʃoŋ^{35}

農曆四月初八在氣象和漁事上，都是一個神奇的日子，很多諺語都會出現這個特殊的日子。漁諺方面有：

（1）三月清明四月八，魚仔走得光刮刮。
（2）三月清明四月八，魚仔魚兒走光光。

---

72 廣東省地理學會科普組主編：《廣東農諺》（北京市：科學普及出版社；廣州分社，1983年2月），頁45。

（3）三月清明四月八，魚仔魚兒走潔潔。
（4）四月八，大雨打菩薩。
（5）四月八，蝦仔紮。
（6）四月八，西南發。
（7）四月八，三黎隨街撻。
（8）四月八，魷魚發。
（9）四月八，蝦芒發。
（10）四月八，烏鯧發。
（11）四月八，魷魚挨；賽龍舟，魷咬鬚。

農事上有：

（1）雨沃四月八，有花無果摘
（2）青竹梅唔過四月八，楊梅唔過五月節
（3）早油麻唔過四月八，晚油麻唔過五月節

這一條漁諺是說如果農曆四月初八吹東風，一段時間內會一直吹東風。正常年分的四月初八一般在西曆五月初，而芒種節在西曆六月五日至七日交節。說明有近一個月的時間（但不一定是一個月那麼誇張，氣象諺語的時間大都是大約數，如「四十九日雨微絲」不一定剛好四十九日）吹東風。

（3）大寒日熱，牛母（閩語講牛母）死絕。（惠陽縣）

tai^{22} hɔn^{21} jɐt^{2} jit^{2}，ɐu^{21} la^{35}（𤘅）ʃei^{35} tʃit^{2}

如大寒出現天氣暖，以後必有強的冷空氣入侵，降溫大，往往凍死牲畜。[73]

73 張憲昌、梁玉磷、馬振坤編：《南海漁諺拾零》（北京市：海洋出版社，1988年4月），頁32。

（4）北閃南光，南閃閂門，西閃騎馬走，東閃走無門。（海豐）

pɐt^{5} ʃin^{35} lan^{21} kɔŋ^{55}，lan^{21} ʃin^{35} ʃan^{55} mun^{21}，
ʃɐi^{55} ʃin^{35} k^{h}ɛ^{21} ma^{15} tʃɐu^{35}，toŋ^{55} ʃin^{35} tʃɐu^{35} mou^{21} mun^{21}

在海豐縣，於農曆三月到六月，在北邊閃電，對在海捕撈的生產是沒有問題；若然是南方出現閃電，則預示要下雨；若然是西邊出現閃電，則預示將有強風出現；若然是在東邊出現閃電，則預示有將會出現颱風，漁船就要趕快回涌避風了。[74]

2　冷空氣

春報頭，冬報尾。（汕尾市）

tʃ^{h}ɐn^{55} pou^{33} t^{h}ɐu^{21}，toŋ^{55} pou^{33} mei^{13}

與此有關的，也見於閩臺。閩臺稱「春報頭，雨那流；冬報尾，雨那洩」。[75]「報」，指刮大風，有強風警報之意。春天南下冷空氣比較突然，風力大，風挾雨而來；冬季後期冷空氣強，風力大而持久，則先風而後雨。[76]

3　颱風

（1）六月西，水淒淒。（汕頭地區）

lok^{2} jit^{2} ʃɐi^{55}，ʃøy^{35} tʃ^{h}ɐi^{55} tʃ^{h}ɐi^{55}

---

74 陳錘編著：《白話魚類學》（北京市：海洋出版社，2003年11月），頁242。

75 姚景良搜集整理：《廈門市民俗學會編．閩臺方言集錦》（缺出版資料，1992年5月），頁56。

76 張憲昌、梁玉磷、馬振坤編：《南海漁諺拾零》（北京市：海洋出版社，1988年4月），頁33。惠安縣民間文學集成編委會編：《惠安縣分卷》，《中國諺語集成（福建卷）》（惠安縣民間文學集成編委會，1993年12月），頁126。汕尾市地方志編纂委員會編：《汕尾市志（下）》（北京市：方志出版社，2013年4月），頁1161。

六月起盛行西風時，汕頭地區天氣會很曬並且很熱，水淺（水位較低）但是會下雨且雨勢很大。

（2）東風叫，西吼應，颱風來到鼻梁根。（汕尾市）

toŋ^{55} foŋ^{55} kiu^{33}，ʃɐi^{55} hau^{55} jeŋ^{33}，
t^{h}ɔi^{21} foŋ^{55} lɔi^{21} tou^{33} pei^{22} lɔŋ^{21} kɐn^{55}

沿海地區的人們，經常在颱風來到之前一兩天或兩三天聽到海響。這種響聲嗡嗡轟轟，好像號角遠鳴，又像雷聲陣陣，特別是在夜深人靜時，聲音更為響亮。沿海地區的人們還有這樣的經驗，就是颱風來之前發生的海響，和平常風浪引起的響聲不同。颱風侵襲時引起的響聲，往往只在僻靜的地方才能聽到，它的持續時間較長，響聲來的方向也不同。如果聲響越來越強，說明颱風已經接近；如果聲響漸漸消失，說明颱風慢慢離開。很多沿海地區的漁民就是靠這種方法來判斷颱風走勢的。[77]

（3）颱風無西北，作了落不得；颱風無東南，仍舊作不晴。（惠東縣）

t^{h}ɔi^{21} foŋ^{55} mou^{13} ʃɐi^{55} pɐt^{5} ，tʃɔk^{3} liu^{13} lɔk^{2} pɐt^{5} tɐt^{5}；
t^{h}ɔi^{21} foŋ^{55} mou^{13} toŋ^{55} lan^{21}，jeŋ^{21} kɐu^{22} tʃɔk^{3} pɐt^{5} tʃ^{h}eŋ^{21}

颱風迫近的時候，如果風向不是由西北開始，中間停息了一下，這種現象並不表明颱風就在這樣安靜下去，還會再次發生，這就是所謂「沒得落」。下一句是指颱風影響中，如果它的風向不是轉到東南

77 廣東省氣象局編寫：《看天經驗》（廣州市：廣東人民出版社，1975年11月），頁71-72。

就停住了，這種現象也並不能表明颱風就這樣子解除了，這便是「仍舊作不晴」。這個經驗是指在一次颱風之後，往往有新的颱風產生，它們一前一後相接而來，形成所謂雙颱風。有時，前後兩個颱風還會合成一個大颱風。同時由於颱風範圍內的風是反時針方向旋轉變化的，當有兩個颱風前後連接著侵襲，在連接當中，或兩個合成為一個大颱風但還沒有合一的當中，經過本地時，由於前一個颱風後面吹的是偏南風向，後一個颱風前面吹的是偏北風向，這樣，兩個颱風的前後面風向相反，就會相互影響而削弱風力，並使風向變得不規則起來，出現了「無西北」、「無東南」現象。另外，對「颱風無東南，仍舊作不晴」的原因，還可以從颱風季節中的經常風向來認識。因為夏季吹的是東南季風，當颱風過境，天氣歸正，必然要吹起正常的風向。如果不吹東南風，表明天氣還沒有歸正，後面還可能有第二個颱風接著而來。[78]

（4）東方現短虹，不出三日有大風。（粵東沿海）

toŋ⁵⁵ foŋ⁵⁵ jin²² tin³⁵ hoŋ²¹，pɐt⁵ tʃʰɐt⁵ ʃan⁵⁵ jɐt⁵ jɐu¹³ tai²² foŋ⁵⁵

「東方現短虹，不出三日有大風」，意思與「天邊有斷虹，將要來颱風」一致的。

水盾，是一種直立的長方形的光帶，顏色和虹差不多，實際上是一種「斷虹」或「短虹」。不過這種虹和一般的虹不同，它短而粗，在海面上矗立，像一塊盾牌一樣。水盾形成的原因和虹差不多，都是太陽光經過空中的小水滴折射後造成。在颱風來臨之前，天氣濕熱，

78 李蘇民編寫：《海洋風信八看》（福州市：福建人民出版，1965年3月），頁22-23。

低層空氣濕度加大，上層卻有乾冷的空氣下降。因此暖濕空氣不能迅速上升，水蒸氣多集中在低層，經過陽光的折射和反射也就只在低層了，所以只能形成「斷虹」或「短虹」，也就是「水盾」了。[79]

（5）清明節後北風起，百日可見颱風雨。（惠陽地區）

tʃ^{h}eŋ^{55} meŋ^{21} tʃit^{3} hɐu^{22} pɐt^{5} foŋ^{55} hei^{35}，
pak^{3} jɐt^{2} hɔ^{35} kin^{33} t^{h}ɔi^{21} foŋ^{55} ji^{13}

中國南部海岸地區，如果「清明」前後或後三兩天內吹二級以上偏北風（西北和東北），對應一百天左右將有颱風或大雨出現，廣東陳恩旺從驗證十八年資料得知，「清明」前後吹偏北風的有十五年，一百天左右後出現颱風影響的有十年。要是把出現中雨以上的降水計算進來，共有十四年。[80]

（6）六月初一，一雷鎮颱，颱風跟雷來。（海豐）

lok^{2} jit^{2} tʃ^{h}ɔ^{55} jɐt^{5}，jɐt^{5} lei^{21} tʃɐn^{33} t^{h}ɔi^{21}，
t^{h}ɔi^{21} foŋ^{55} kɐn^{55} lei^{21} lɔi^{21}

此漁諺也有漁民說成「六月初一，一雷鎮颱」，海豐與汕頭也有些漁民說成「六月一雷壓九颱，颱風跟雷來」、「六月一雷壓九颱，無雷禍就來」。[81]海豐縣在農曆六月初一，若然當天響雷，則預示當年的颱風出現次數便會減少，所以稱「一雷鎮颱」。

---

79 廣東省氣象局編寫：《看天經驗》（廣州市：廣東人民出版社，1975年11月），頁75。
80 益陽地區工農教育辦公室：《農業氣象諺語輯注》（1984年2月），頁6。
81 汕頭市水產局編：《汕頭水產志》（汕頭市：汕頭水產局，1991年10月），頁153。

（7）六月出紅雲，勸君莫行船。（海豐）

lok^{2} jit^{2} tʃ^{h}ɐt^{5} hoŋ^{21} wɐn^{21}，hin^{33} kɐn^{55} mɔk^{2} haŋ^{21} ʃin$^{21-35}$

「紅雲」是指出現在東南海面上空的雲的顏色。在颱風侵襲之前，氣壓低、濕度大，大氣層中的水滴、灰塵大大增加，陽光透過大氣層的時候，碰到了很多水滴和灰塵，這時候容易被反射的顏色光線都被反射掉了，只有不易被反射掉的紅、橙、黃等顏色光線能夠透過，所以看上去天空就是紅色。這種現象大都是出現在日出和日落的時候。因此，天頂滿布紅雲，是颱風來臨的預兆。[82]因此六月紅雲是預示有颱風將至，漁船要馬上入涌避風。

（8）六月三個厄，七月三個節。（海陸豐縣）

lok^{2} jit^{2} ʃan^{55} kɔ^{33} ɐt^{5}，tʃ^{h}ɐt^{5} jit^{2} ʃan^{55} kɔ^{33} tʃit^{3}

此漁諺見於海陸豐縣。《陸豐縣志》稱歷年影響該縣的颱風最多是七月、八月，尤以七月嚴重。在嚴重影響的三十八個颱風中，七月分占了十五個，比率達百分之四十，故當地有「六月三個厄，七月三個節」之稱。其意思是此期常有狂風暴雨影響（六、七月相當於西曆七月、八月）。[83]

「三個厄」是指農曆六月初六，這天稱作荔枝厄；第二個厄是六月二是彭公忌；第三個厄是六月十九日的觀音厄，因為傳說這天琵琶精要加害觀音，觀音有難。這三個厄都會產生颱風。「三個節」是指七月初七婆生節（七夕）；第二個節是七月十五祭孤節（鬼節）、第三

---

82 留明編著：《怎樣觀測天氣（上）》（呼和浩特市：遠方出版社，2004年9月），頁13。

83 陸豐縣地方志編纂委員會編：《陸豐縣志》（廣州市：廣東人民出版社，2007年9月），頁211。

個節是七月二十四司命公（灶神）的生日。這三個節都會產生颱風或發生風暴雨。[84]

（9）七月初一有雷抱囝走，八月初一有雷塞龍口。（海豐）

tʃ^{h}ɐt^{5} jit^{2} tʃ^{h}ɔ^{55} jɐt^{5} jɐu^{13} lei^{21} p^{h}ou^{35} tʃɐi^{35} tʃɐu^{35}，
pat^{3} jit^{2} tʃ^{h}ɔ^{55} jɐt^{5} jɐu^{13} lei^{21} ʃɐt^{55} loŋ^{21} hɐu^{35}

「抱囝走」，指抱起孩兒跑；「塞龍口」，指舊社會裡，大眾對氣象沒科學認識，大家認為刮起颱風是龍王在吹氣，將龍王的口塞住了，他就不會吹氣，那麼便不會出現颱風。這一條漁諺指在農曆七月初一響起雷，便是預示將有颱風影響；若然在八月初一響起雷，就是預示沒有颱風。[85]

（10）天北掛破帷，三日必透風。（粵東沿海）

t^{h}in^{55} pɐt^{5} ka^{33} p^{h}ɔ^{33} wɐi^{21}，ʃan^{55} jɐt^{2} pit^{5} t^{h}ɐu^{33} foŋ^{55}

汕頭市澄海蓮下鎮則稱「天頂吊破篷，三日必透風」。[86]「破帷」是指一種在空中飄蕩的白雲，形狀就像被風刮破了的帆。這種雲是卷雲，在颱風的前半部多有卷雲出現，所以天上掛「破帷」便是將要發生颱風的象徵。但時間不一定是三天以內，還要看颱風移動的速度怎

84 汕尾市地方志編纂委員會編：《汕尾市志（下）》（北京市：方志出版社，2013年4月），頁1163。

85 汕尾市地方志編纂委員會編：《汕尾市志（下）》（北京市：方志出版社，2013年4月），頁1163。

86 《蓮下鎮志》編纂委員會編：《汕頭市澄海區地方志叢書．蓮下鎮志》（廣州市：廣東人民出版社；廣東省出版集團，2011年12月），頁334。

樣才能確定。[87] 這一條漁諺是預兆將有颱風來臨，生產時要特別留意，隨時要回涌口避風。

4　風

（1）五月東風是個禍，六月東風毒如蛇。（海豐縣）

m̩^{13} jit^{2} toŋ^{55} foŋ^{55} ʃi^{22} kɔ^{33} wɔ^{22}，
lok^{2} jit^{2} toŋ^{55} foŋ^{55} tok^{2} ji^{21} ʃɛ^{21}

海豐也稱作「五月東風惹來禍，六月東風毒如蛇」、「六月西風旱，七月西風禍，八月西風毒過蛇」。意思是說五月刮東風，常常會迎來颱風或惡劣天氣；六月刮東風，往往是颱風要來的預兆。「六月西風旱，七月西風禍，八月西風毒過蛇」是說七月刮西風，一般預示天氣惡劣；八月刮西風，一般預示有颱風到來。[88]

（2）南風不過三，過三就轉冷。（粵東沿海）

lan^{21} foŋ^{55} pɐt^{5} kɔ^{33} ʃan^{55}，kɔ^{33} ʃan^{55} tʃɐu^{22} tʃin^{35} laŋ^{13}

春季，一般南風轉北風，約三、五天一次，天氣有冷一段、暖一段的特點。如果南風較強，持續時間較久，那麼即將南下的冷空氣，勢力也較強，降溫也會較明顯，所以說「三日南風狗鑽灶」。因此，根據南風和北風這對矛盾的轉換，可以判斷冷暖的轉換。[89]

---

87 廣東省氣象臺編寫：《廣東民間看天經驗》（廣州市：廣東人民出版社，1966年5月），頁65。

88 魏偉新、謝立群：《海豐俗語諺語歇後語詞典》（第二版）（廣州市：廣東人民出版社，2016年6月），頁63。

89 《觀天看物識天氣》編寫組編繪：《觀天看物識天氣》（南寧市：廣西人民出版社，1973年8月），頁91。

（3）春夏東南風，不必問天公；秋冬西北風，天光日色同；
長夏南風輕，舟輕最可行。（南澳縣）

tʃ^{h}ɐn^{55} ha^{22} toŋ^{55} lan^{21} foŋ^{55}，pɐt^{5} pit^{5} mɐn^{22} t^{h}in^{55} koŋ^{55}；
tʃ^{h}ɐu^{55} toŋ^{55} ʃɐi^{55} pɐt^{5} foŋ^{55}，t^{h}in^{55} kɔŋ^{55} jɐt^{2} ʃek^{5} t^{h}oŋ^{21}；
tʃ^{h}ɔŋ^{21} ha^{22} lan^{21} foŋ^{55} hɛŋ^{55}，tʃɐu^{55} hɛŋ^{55} tʃou^{33} hɔ^{35} haŋ^{21}

「春夏東南風，不必問天公」指春夏兩季刮起東南風，沒有必要問老天爺，一定會下雨。[90]「秋冬西北風，天光日色同」指秋天刮西北風，天氣會轉晴。[91]「長夏南風輕，舟輕最可行」，廣東沿海人民積累了豐富航海經驗，利用季候風規律，行船於沿海各省，每年農曆十、十一、十二月，船隻南行；四、五、六月，船隻北上。一到信風期，沿海各港船隻雲集。來往於廣東與南洋之間的帆船，也根據季風擬定往返時間。一般是每年一至四月順著東北季風從海南、廣州、澄海開出，當七月西南季風正暢的時候，借助西南風，離開新加坡和暹羅、安南回國。[92] 這句是風帆木船年代的諺語。

（4）早北晏南晚來東，風變攪暈海龍王。（海陸豐縣）

tʃou^{35} pɐt^{5} an^{33} lan^{21} man^{13} lɔi^{21} toŋ^{55}，
foŋ^{55} pin^{33} kau^{35} wɐn^{21} hɔi^{35} loŋ^{21} wɔŋ^{21}

每年的春末和秋初季節，冷暖氣團的交會鋒面在東南沿海一帶，海陸豐地區日夜間季風變化明顯。日間海洋暖氣流強於南下的冷氣

90 王正樹編著：《民間諺語》（太原市：山西人民出版社，2014年12月），頁206。

91 劉振鐸主編：《諺語詞典（下）》（長春市：北方婦女兒童出版社，2002年10月），頁911。

92 顏澤賢、黃世瑞著：《嶺南科學技術史》（廣州市：廣東人民出版社，2002年9月），頁547。

團，暖氣占優勢時，多吹南或偏南的「海風」。而夜間南下的冷氣團占優勢時，則吹北或偏北的「陸風」，晝夜「海陸」變化大，風向風力不相同。這兩種風向往往在同一天中的日出日落交替出現。秋季經常在夜間至早晨刮北風，中午轉吹南風，下午至上半夜改刮東風，故海陸豐一帶有「早北晏南晚來東，風變攪暈海龍王」的天氣諺語。[93]

（5）東帆、西猴、南盾、北鉤。（海豐）

toŋ^{55} fan$^{2(1)}$ ʃɐi^{55} hɐu$^{2(1)}$ lan^{21} t^{h}ɐn$^{1(3)}$ pɐt^{5} ɐu^{55}

夏天和冬天四方出現不連山的彩雲，各主不同的天氣預兆：東方的稱「破帆」，西方的稱「毛猴」，主颱風；南方的稱「水盾」，主大雨；北方的稱「北風鉤」，主大北風要來。[94]

5　雨（暴雨）

（1）天口反黃，水浸眠床。（惠陽縣、海豐）

t^{h}in^{55} hɐu^{35} fan^{35} wɔŋ^{21}，ʃɵy^{35} tʃɐn^{33} min^{21} tʃ^{h}ɔŋ^{21}

廣州話有「天口噎熱」，「天口」是指天氣、天色的意思。「天口反黃」是指天氣發黃，天色發黃，即是「天發黃」。因此，「天口反黃，水浸眠床」就是「天發黃，水過塘」的意思。汕尾海豐等地也會說成「天發黃，水浸眠床」。[95]

93　《海陸豐歷史文化叢書》編纂委員會編著：《海陸豐歷史文化叢書．卷1．人文志略》（廣州市：廣東人民出版社，2013年），頁50。

94　鍾錦時主編：《海豐水產志》（廣東省海豐縣水產局編，1991年2月），頁117。

95　汕尾市城區地方志編纂委員會辦公室編：《汕尾市城區志．1988-2007》（北京市：方志出版社，2012年10月），頁257。魏偉新、謝立群：《海豐俗語諺語歇後語詞典》（第二版）（廣州市：廣東人民出版社，2016年6月），頁41。

（2）日落黑雲接，風雨定猛烈。（海陸豐縣）

jɐt^{2} lɔk^{2} hɐt^{5} wɐn^{21} tʃit^{3}，foŋ^{55} ji^{13} teŋ^{22} maŋ^{13} lit^{2}

日落時，西方濃雲密蔽，天氣將要下雨。日落以後，隨著陽光的消失，空氣受熱上升條件也消失了，在正常天氣情況下，雲也會逐漸消散。若是在日落之時，西邊還有黑雲，說明這種雲不是正常情況下由於陽光照射產生的雲，而是降水風暴系統的雲。因為任何一種降雨風暴，都是跟著大循環的西風，從西向東行的。現在看到西方濃雲已到，這是有風暴從西邊過來的形勢。半夜後，或天明時風暴就會到來，雨也就要下了。[96]

（3）電光閃，雷聲到，大雨咆哮。（惠陽縣）

tin^{22} kɔŋ^{55} ʃin^{35}，lei^{21} ʃeŋ^{55} tou^{33}，tai^{22} ji^{13} p^{h}au^{21} hau^{55}

在夏季，閃電一過，就聽雷聲的現象，一般是因為雷雨雲逼近本地的關係，所以雨也來得特別快，時常出現風雨交加的天氣，因而具有「大雨咆哮」勢頭。[97]

96 史春偉編著：《我們的地球家園．自然界的大氣與天氣》（蕪湖市：安徽師範大學出版社，2012年1月），頁134-135。

97 史春偉編著：《我們的地球家園．自然界的大氣與天氣》（蕪湖市：安徽師範大學出版社，2012年1月），頁153。

二　粵西

(一) 漁業

1　漁汛

(1) 春分帶魚倒滿艙。(台山上川島)

tʃʰɐn^{55} fɐn^{55} tai^{33} ji$^{21\text{-}35}$ tou^{35} mun^{13} tʃʰɔŋ^{55}

帶魚每年從寒露（國慶節後）到霜降，因為北方氣溫下降，海洋的深、淺處，向陽與背陽岸的水溫有明顯不同，魚群便會游向牠適宜的南方水溫區，這裡浮游生物也較多。在這個季節，南方漁民堅持到春分，帶魚一定高產。因此上川島這一條漁諺是說春分節令時，牙帶魚捕撈進入旺季。而汕頭一帶漁諺有「春分南帶，大暑海蝦」的說法。

廣東江門台山市上川島沙堤漁港

（2）西南起風，赤魚游空。（台山）

ʃɐi^{55} lan^{21} hei^{35} foŋ^{55}，tʃ^{h}ɛk^{3} ji$^{21-35}$ jɐu^{21} hoŋ^{55}

關於台山一帶的西南風，〈台山海洋站〉指出夏季時，台山的波型以風浪為主，風向為南至西南風的情況下，當風力二至六級時，均以二級波高最多；風力七至八級時，以三級波高最多。台山夏季以西南風為主，頻率百分之三十七。[98]

游空就是指魚沉底或者游到深水處，就是因起了西南大風，引起大浪，會讓天氣悶熱，水中缺氧，水也會混濁，影響餌料，再者大風導致水溫層破壞，赤魚群便逸散整個水體，不宜在淺岸一帶產卵，赤魚沉底和游到深水，便使得整個海面的赤魚全是空的，《漁業資源與漁場》甚至還稱漁汛將告結束。[99]氣候風情的變化，就是導致魚群游空現象。廣西北海和合浦也有與此相關的漁諺，那邊說「赤魚怕西南」。[100]

（3）四月八，蝦仔紮。（台山縣）

ʃei^{33} jit^{2} pat^{3}，ha^{55} tʃɐi^{35} tʃat^{3}

「紮」，《南海漁諺拾零》稱跳動的意思。珠海市萬山萬山港澳流動漁民協會吳宇忠主任稱「紮」，指成群成堆，他又稱可以說蝦仔剛成型蝦的頭刺開始硬和紮（刺）手。香港石排灣漁民黎金喜和中山南

98 〈台山海洋站〉，收入國家海洋局東海分局編：《東海區海洋站海洋水文氣候志》（北京市：海洋出版社，1993年3月），頁135-152。

99 福建水產學校主編：《漁業資源與漁場》（北京市：農業出版社，1981年10月），頁289。

100 中國民間文學集成全國編輯委員會、中國民間文學集成廣西卷編輯委員會編：《中國諺語集成（廣西卷）》（北京市：中國ISBN中心，2008年2月），頁707。

朗涌口門漁民吳桂友解作「紮紮跳」。

「四月八」是指四月八時多霧，海水受暖流影響，是蝦仔汛期，[101]蝦仔在整個海面是成群成堆，形成台山一帶漁場出現張捕蝦仔汛，漁民張捕蝦仔時，蝦仔量大在網裡活蹦亂跳，跳動就是指捕捉了成群成堆的蝦仔。

進一步分析這個「四月八，蝦仔紮」的蝦應該是台山漁民所稱的西南蝦（近緣新對蝦）。台山縣水產局曹國基曾寫了〈台山縣近海蝦類資源調查報告〉，報告稱台山近海的近緣新對蝦多棲息覓食於二十五米水深以內淺海水域，從漁船生產反映三十米水深以外漁場很少發現有近緣新對蝦，近緣新對蝦隨西南季風開始進入台山漁場，群眾稱之為「西南蝦」，每年四月以後，漁民先在下川南鵬、東凡外捕獲帶卵的近緣新對蝦。[102]很明顯，這就是說明這是近緣新對蝦蝦汛期。「四月八，蝦仔紮」就是反映這種蝦的蝦汛期。

（4）六七月閒，漁民閒（台山下川島）

lok^{2} tʃ^{h}ɐt^{5} jit^{2} han^{21}，ji^{21} mɐn^{21} han^{21}

這一條漁諺見於台山下川島。大海的魚，是按著一定時間洄游。每年三、四、五月，多數魚洄游淺灘產卵，是盛產魚貨的季節。到了六、七月，由於受西南流水影響，魚浮頭，不成群，而幼苗尚未長大，因此，有「六七月閒，漁民閒」之說。[103]

101 周科勤、楊和福主編：《寧波水產志》（北京市：海洋出版社，2006年1月），頁27。宋文鐸編著：《名特海產品加工技術》（北京市：農業出版社，1996年7月），頁95。

102 曹國基：〈台山縣近海蝦類資源調查報告〉，收入鍾振如、江紀煬、閔信愛編：《南海北部近海蝦類資源調查報告》（廣州市：中國水產科學研究院南海水產研究所，1982年12月），西南蝦見頁279。

103 黃劍雲主編：《台山下川島志》（廣州市：廣東人民出版社，1997年9月），頁54。

（5）四月八，烏鯧發。（茂名放雞島）

ʃei^{33} jit^{2} pat^{3}，wu^{55} tʃ^{h}ɔŋ^{55} fat^{3}

這條漁諺見於茂名放雞島。這條漁諺是指在春夏之間，常有大量烏鯧結群洄游，[104]所以在春夏之間是捕撈烏鯧的時間。

（6）五月烏鯧倚南流。（茂名放雞島）

m̩^{13} jit^{2} wu^{55} tʃ^{h}ɔŋ^{55} ji^{35} lan^{21} lɐu^{21}

這條漁諺見於茂名放雞島。這條漁諺是指在春夏之間，常有大量烏鯧結群洄游，所以這是捕撈烏鯧的時間。「五月烏鯧倚南流」意思跟「四月八，烏鯧發」意思一致。

（7）夏至逢端午，霜降會重陽，漁汛定會好。（台山）

ha^{22} tʃi^{33} foŋ^{21} tin^{55} m̩^{13}，ʃɔŋ^{55} kɔŋ^{33} wu^{22} tʃ^{h}oŋ^{21} jɔŋ^{21}，
ji^{21} ʃɐn^{33} teŋ^{22} wui^{33} hou^{35}

遇上夏至逢端午，霜降會重陽這樣子氣候，對漁民來說是一個好漁汛期，也是番禺區農民的農作物好收成期，番禺農諺是「夏至逢端午，霜降遇重陽，一年得收兩年糧」。[105]在廣東的南海、順德、博羅便說「夏至逢端午，霜降過重陽，一年割埋二年糧」，[106] 新會的「霜降遇重陽，一年攞埋三年糧」，《新會縣志》強調這是大豐收

104　施主佑著：《科技興漁》（廣州市：中山大學出版社，1995年2月），頁34。

105　番禺市地方志編纂委員會辦公室主持整理：《番禺縣續志．民國版．點注本》（廣州市：廣東人民出版社，2000年6月），頁272。

106　廣東省土壤普查鑑定委員會編：《廣東農諺集》（缺出版資料，1962年11月），頁37。

期。[107]廣西壯族自治區百色市樂業縣有一句相同農諺，該農諺是「夏至逢端午，霜降過重陽，一年收得兩年糧」。[108]廣西桂洲說「霜降遇重陽，一年生埋兩年糧」。[109]足見這段期間除了是廣東珠江一帶漁農豐收期外，也是廣東、廣西農作物的收成期，足見部分農諺與漁諺是相通的。

（8）霜降無浪，東帶有望。（台山縣）

$\int$ɔŋ^{55} kɔŋ^{33} mou^{13} lɔŋ^{22}，toŋ^{55} tai^{33} jɐu^{13} mɔŋ^{22}

《南海漁諺拾零》編者稱在霜降期間，再遇上無浪時，便能捕獲自粵東洄游下來的帶魚。

霜降是帶魚漁汛，帶魚從粵東到深水區十到十五米水深海域洄游索餌，也是帶魚產卵洄游路線，是為帶魚的秋汛。台山一帶漁民便沿著帶魚從粵東洄游下來路線追捕，在魚發（發情）前期進行大量捕撈，這就是「霜降無浪，東帶有望」的意思。

（9）霜降有浪，秋汛大旺。（台山上川島沙堤港）

ʃɔŋ^{55} kɔŋ^{33} jɐu^{13} lɔŋ^{22}，tʃ^{h}ɐu^{55} ʃɐn^{33} tai^{22} wɔŋ^{22}

沙堤港是國家一級群眾漁港。根據節氣的轉換和氣象海況的特點，沙堤漁場一年之間可以分成春汛、暑海（汛）和秋汛三個大汛期。

---

107 新會縣地方志編纂委員會：《新會縣志》（廣州市：廣東人民出版社，1995年10月），頁1088。

108 中國民間文學集成全國編輯委員會、中國民間文學集成廣西卷編輯委員會編：《中國諺語集成（廣西卷）》（北京市：中國ISBN中心，2008年2月），頁486。

109 桂洲詩社、桂洲文化站編：《桂洲風物記》（桂洲市：出版者缺，1992年），頁185。

在霜降浪時便是秋汛漁汛期，便有大量魚類進入沙堤漁場作索餌或產卵的洄游，在這個漁汛期，是拖網、圍網等大型作業生產好時期。其實，這漁諺也適合全珠三角一帶的秋汛期，舉凡秋汛期間，都是秋汛大旺，會出現千帆競發的生產場面，月產量往往居各月之冠。[110]

（10）冬前帶尾，冬尾帶前。（台山縣上川島）

toŋ^{55} tʃ^{h}in^{21} tai^{33} mei^{13}，toŋ^{55} mei^{13} tai^{33} tʃ^{h}in^{21}

這條漁諺是指出台山上川島的帶魚洄游和路線。「冬前帶尾」是指帶魚的春汛期。是說每年冬至前後，帶魚從西南外海沿台山的上、下川島近海移動，形成了台山冬春季帶魚汛。汛期最長由農曆十月中旬至翌年二月初，延續一百天左右，正常年為十一月初、中旬至十二月底約五十天，旺汛期在冬至前後各時至十五天。主要漁場範圍，東起大襟、烏豬、圍夾，西止南鵬島，即上、下川島外十至二十多尋深的海區，尤以烏豬島外十七尋至二十一尋的海區為高產優良漁場。「冬尾帶前」是說春節後，帶魚繼續東上，越過烏豬向珠江口外粵東方向游去，至翌年春分、清明，帶魚大量出現於遮浪、碣石一帶粵東近海漁場，此時性腺成熟，進行產卵。這時候可以在帶魚向粵東游去前，先行在台山一帶漁場進行捕撈。[111]這條帶魚漁汛是說捕撈帶魚時，一是在在該年年初，一是在該年年底。在該年年初捕撈帶魚就要在「冬尾帶前」進行，在該年年底捕撈帶魚就是要在「冬前帶尾」進行。

110 汕頭市水產局編：《汕頭水產志》（汕頭市：汕頭市水產局，1991年10月），頁11-12。

111 施主佑著：《科技興漁》（廣州市：中山大學出版社，1995年2月），頁28-29。

（11）正月墨魚上沙溝，二月鱲仔大紅頭；三月黃花白鰔有，四月龜鯧憑南流，五月紅衫搶魚鉤，六月停港把船修；七月針邊魷魚厚，八月藤絲落泥口；九月風流東西透，十月魚蝦大齊頭；十一波立鼓銅有，十二洲頭盡風流。（電白縣博賀港）

tʃeŋ^{55} jit^{2} mɐt^{2} ji^{21} ʃɔŋ^{13} ʃa^{55} kʰɐu^{55}，ji^{22} jit^{2} lat^{2} tʃɐi^{35} tai^{22} hoŋ^{21} tʰɐu^{21}；ʃan^{55} jit^{2} wɔŋ^{21} fa^{55} pak^{2} kek^{5} jɐu^{13}；ʃei^{33} jit^{2} kɐi^{55} tʃʰɔŋ^{55} pʰɐn^{21} lan^{21} lɐu^{21}m̩^{13} jit^{2} hoŋ^{21} ʃan^{55} tʃʰɔŋ^{35} ji^{21} ɐu^{55}，lok^{2} jit^{2} tʃʰeŋ^{21} kɔŋ^{35} pa^{35} ʃin^{21} ʃɐu^{55}； tʃʰɐt^{5} jit^{2} tʃɐn^{55} pin^{55} jɐu^{21} ji$^{21-35}$ hɐu^{13}，pat^{3} jit^{2} tʰɐn^{21} ʃi^{55} lɔk^{2} lɐi^{21} hɐu^{35} kɐu^{35} jit^{2} foŋ^{55} lɐu^{21} toŋ^{55} ʃɐi^{55} tʰɐu^{33}，ʃɐt^{2} jit^{2} ji^{21} ha^{55} tai^{22} tʃʰɐi^{21} tʰɐu^{21}；ʃɐt^{2} jɐt^{5} pɔ^{55} lat^{2} ku^{35} tʰoŋ^{21} jɐu^{13}，ʃɐt^{2} ji^{22} tʃɐu^{55} tʰɐu^{21} tʃɐn^{22} foŋ^{55} lɐu^{21}

博賀港是廣東省三大漁港之一。這是博賀港拖網漁民根據一年中魚類活動和洄游的規律性，作為指導生產實踐而編成的一首漁歌。藤絲和波立為地方魚名。針邊、泥口、銅鼓和洲頭都是拖網漁場。[112]

（12）冷齋熱臘。（台山上川島沙堤）

laŋ^{13} tʃai^{55} jit^{2} lat^{2}

鯔魚，廣東和廣西俗稱齋魚。齋魚漁汛是在十一月至翌年二月。一尾懷卵量為二百九十萬至七百二十萬粒，[113]魚性活潑，喜跳躍，棲

112 張憲昌、梁玉磷、馬振坤編：《南海漁諺拾零》（北京市：海洋出版社，1988年4月），頁4。

113 趙秋龍、翁雄、許冠良等編著：《鹹淡水名優魚類健康養殖實用技術》（北京市：海洋出版社，2012年8月），頁36-37。

息於河口及港灣淺海區的鹹淡水域，並可進入淡水，對鹽度適應範圍很廣。[114]在中國沿海都有分布，但長江以南為多，而南海、東海較多。[115]每年年尾北風起時，廣東已進入冬天，那時的齋魚最肥美，便是沙堤漁民最忙碌的時間。夏天臘魚最肥美好吃。臘是指醃製好的臘魚。

2 漁場

（1）三月外水，拖順西南。（陽江市）

ʃan^{55} jit^{2} ɔi^{22} ʃɵy^{35}，t^{h}ɔi^{55} ʃɐn^{22} ʃɐi^{55} lan^{21}

這條漁諺有些陽江閘坡漁民說「三月外水拖西南」。陽江閘坡漁民認為三月廿三是娘媽誕，風向有定轉南的特點，便會把船拖到外水漁場，順風順流直拖而上，往往都能滿載而歸，故有「三月外水拖西南」之說。[116]

（2）清明前後，放雞左右。（電白縣）

tʃ^{h}eŋ^{55} meŋ^{21} tʃ^{h}in^{21} hɐu^{22}，fɔŋ^{33} kɐi^{55} tʃɔ^{35} jɐu^{22}

電白縣有博賀、南海、爵山、大放雞島、小放雞島，都是浮水漁場集中地。

114 中共廣東省委組織部、廣東省科學技術協會編：《海水養殖實用技術》（廣州市：廣東科技出版社，1996年6月），頁2。

115 中國水產學會科普委員會編：《淡水養魚實用技術手冊》（北京市：科學普及出版社，1989年4月），頁340。

116 省水產廳、南海水產研究所工作組：〈閘波公社深海拖風漁船是怎樣掌握漁場漁汛〉，見廣東省水產廳技術站、漁汛站編印：《廣東省海洋漁業技術資料彙編（第2輯）》（廣東省水產廳技術站、漁汛站編印，1965年10月），頁2。

放雞島在茂名，分大放雞島和小雞島，這漁場水深是九至十九尋的海區。漁汛方面，一至三月公魚旺汛，兼有青鱗（體長10釐米以上）、墨魚、大蝦等，當「回南」早晨有霞霧的時候，漁汛最好。四至九月，即清明後，公魚汛轉淡，池仔、海河緊接著始旺。清明後主要是池仔花，體長約二釐米，至九月後長大到十五至二十釐米，這段時間大宗漁汛是池仔。放雞島此地是一個很好的燈光作業漁場，作業水深可至大、小放雞以外二十多尋水的海域。當地漁汛期比珠江口早，在春節前後便開始（珠江口於農曆四月初八才開始），這段時間吹西南風不多，風浪小，是適合燈光作業生產的。當地漁場在三級風力下可容納三十至四十艘機船進行燈光圍網作業。[117]這條漁諺是反映清明前後期間，是放雞島的公魚、青鱗、墨魚、大蝦等、池仔漁汛期，可以在這漁汛期進行捕撈浮水層魚類。

（3）頭水西南四月初，尾水西南七月初。（陽江市閘坡港）

t^{h}ɐu^{21} ʃɵy^{35} ʃɐi^{55} lan^{21} ʃei^{33} jit^{2} tʃ^{h}ɔ^{55}，
mei^{13} ʃɵy^{35} ʃɐi^{55} lan^{21} tʃ^{h}ɐt^{5} jit^{2} tʃ^{h}ɔ^{55}

關於「頭水」，一般是指大黃魚的漁汛期。大黃魚分三個漁汛期，俗稱「頭水」、「二水」、「三水」，分別在立夏、小滿和端午，也稱「立夏水」、「小滿水」、「端午水」。[118]閩、粵東大黃魚群的南部群體其生殖洄游在珠江口以東沿岸海區開始較早，一月魚群開始由外海集中到達汕尾，轉向東北方向洄游，二至三月抵甲子、神泉，三月在

117 施主佑著：《科技興漁》（廣州市：中山大學出版社，1995年2月），頁33-35。

118 《中國海島志》編纂委員會編：《舟山群島北部》，《中國海島志（浙江卷）》（北京市：海洋出版社，2014年4月），第1冊，頁204。顧端著：《漁史文集》（臺北市：淑馨出版社，1992年10月），頁213。

南澳島東北漁場和東南漁場形成漁汛，至四月結束。秋汛自八月開始，魚群從福建南部沿海一帶進入廣東沿海，由東北向西南進行洄游。九月抵達饒平近海和南澳島西南沿岸，十月出現於神泉、甲子，十一月到達汕尾，十二月在平海、澳頭（大亞灣內外）附近，一月分開始向外海逸散。[119]

這條漁諺是指在四月初起西南風時，閘波漁民便趕去粵東南澳漁場用拖網圍網頭水生殖的大黃魚的漁汛期。「尾水西南七月初」指在七月初尚有微弱的西南風時，便趁此風情上東至汕尾漁場，以便爭取秋汛的旺季生產。[120]拖網圍網的也是大黃花魚，而七月初就是指秋汛期。

廣東陽江市閘坡漁港

119 李新正、劉錄三、李寶泉等編著：《中國海洋大型底棲生物研究與實踐》（北京市：海洋出版社，2010年9月），頁22。

120 省水產廳、南海水產研究所工作組：〈閘波公社深海拖風漁船是怎樣掌握漁場漁汛〉，見廣東省水產廳技術站、漁汛站編印：《廣東省海洋漁業技術資料彙編（第2輯）》（廣東省水產廳技術站、漁汛站編印，1965年10月），頁2-3。

（4）風前拖沙側，風後拖正瀝。（陽江市閘坡港）

foŋ^{55} tʃ^{h}in^{21} t^{h}ɔ^{55} ʃa^{55} tʃɐt^{5}，foŋ^{55} hɐu^{22} t^{h}ɔ^{55} tʃeŋ^{33} lɛk^{2}

閘坡漁民認為，在秋汛初期，水溫逐漸降低，魚類也從近海漸向深海洄游，從分散棲於沙邊漸向「正瀝」（瀝是窪地的意思，正瀝是魚類密集地方）移動，但沒有大風掃過海面，魚群很少棲於正瀝。因此，大風之前，多拖沙側，大風浪之後，多拖正瀝。[121]

（5）試水心就亮，唔試心就慌。（陽江市）

ʃi^{33} ʃøy^{35} ʃɐn^{55} tʃɐu^{22} lɔŋ^{22}，m̩^{21} ʃi^{33} ʃɐn^{55} tʃɐu^{22} fɔŋ^{55}

試水是這指漁船沒有漁探機時，用水跎測量水深，找漁場位置，否則隨便駕駛漁船就心裡不踏實，人也心慌不知收成如何。[122]

（6）白天看日頭，夜間看星斗；陰天無得睇，關鍵睇流水。（陽江市）

pak^{2} t^{h}in^{55} hɔn^{33} jɐt^{2} t^{h}ɐu$^{21\text{-}35}$，jɛ^{22} kan^{55} hɔn^{33} ʃɛŋ^{55} tɐu^{35}；jɐn^{55} t^{h}in^{55} mou^{13} tɐt^{5} t^{h}ɐi^{35}，kan^{55} kin^{22} t^{h}ɐi^{35} lɐu^{21} ʃøy^{35}

指落網打魚，白天時便要看日頭，夜間時便看星宿，在陰天時看不見太陽或星斗，漁民便要在落網前觀察流水的水流的方向、流速。

121 省水產廳、南海水產研究所工作組：〈閘波公社深海拖風漁船是怎樣掌握漁場漁汛〉，見廣東省水產廳技術站、漁汛站編印：《廣東省海洋漁業技術資料彙編（第2輯）》（廣東省水產廳技術站、漁汛站編印，1965年10月），頁6、8。

122 張憲昌、梁玉磷、馬振坤編：《南海漁諺拾零》（北京市：海洋出版社，1988年4月），頁6。

（7）帶魚埋石。（台山）

tai^{33} ji$^{21\text{-}35}$ mai^{21} ʃɛk^{2}

南海帶魚種群中，分為北部灣帶魚產卵群，粵東、粵西帶魚卵群，閩南到臺灣淺灘帶魚產卵群等三個卵群。帶魚是一種會洄游習性的魚群，如每年三月時，帶魚會從甲子、碣石灣等漁場開始產卵洄游，特性是邊洄游、邊產卵，產卵地方是在海礁產卵場，[123]這是「帶魚埋石」的意思。而上川島這一邊，也只有農曆的九月十二左右的短暫聚集，因此，這一條台山漁諺是叫漁民不要錯過這個時機。

（8）冬前冬後，凡石左右。（台山下川島）

toŋ^{55} tʃ^{h}in^{21} toŋ^{55} hɐu^{22}，fan^{21} ʃɛk^{2} tʃɔ^{35} jɐu^{22}

下川島的白石角尾的東南方和陽江南澎的東南方海面上有一塊欖形石，約四十米大，十多米高，叫東凡石。石的周圍常常聚集各種大魚群。海中的石是魚類藏身和覓食的理想之所，因此，也是捕魚的理想之地。

（9）冬前冬後，銅鼓左右。（陽江市）

toŋ^{55} tʃ^{h}in^{21} toŋ^{55} hɐu^{22}，t^{h}oŋ^{21} ku^{35} tʃɔ^{35} jɐu^{22}

銅鼓漁場在新會涯門口，涯門口因河內沖出大量有機物而變得肥沃，浮游生物特別豐富，因此魚類也極豐富。在銅鼓附近有一個海

---

123 費鴻年，張詩全著：《水產資源學》（北京市：中國科學技術出版社，1990年10月），頁178。
林景祺著：《帶魚》（北京市：農業出版社，1985年5月），頁3、8-9。

灣，被稱為魚塘，特別是到了黃蝦產卵的季節，走在海灘上都會被黃蝦卵絆腳。所以，立冬前後，到銅鼓周圍捕魚，就會有好的收穫。

3　魚與氣象

（1）東風掀起海豬浪，樣樣魚蝦都喜旺，往往還要撞破網。（電白縣）

toŋ^{55} foŋ^{55} hin^{55} hei^{35} hɔi^{35} tʃi^{55} lɔŋ^{22}，
jɔŋ^{22} jɔŋ^{22} ji^{21} ha^{55} tou^{55} hei^{35} wɔŋ^{22}，
wɔŋ^{13} wɔŋ^{13} wan^{21} jiu^{33} tʃɔŋ^{22} p^{h}ɔ^{33} mɔŋ^{13}

江豚是海豚的一，稱江豬或海豚，為熱帶及溫帶豚類。多在鹹水交會的河口活動，既能在海水中生海，也能在淡水中生活。海豬擅長游泳，喜歡成群生活，以魚、烏賊和蝦蟹類為食。[124]「東風掀起海豬浪，樣樣魚蝦都喜旺，往往還要撞破網」是指一大群的海豚整群追著魚蝦捕食，把平靜的海翻起波浪（漁民幽默稱之為海豬浪），魚蝦急忙逃險（漁民幽默稱之喜旺），連漁民的捕魚魚網也撞破。

（2）赤魚喜愛東南風，捕魚最好大東風，北風吹來一場空。（台山縣）

tʃ^{h}ɛk^{3} ji$^{21\text{-}35}$ hei^{35} ɔi^{33} toŋ^{55} lan^{21} foŋ^{55}，
pou^{22} ji$^{21\text{-}35}$ tʃou^{33} hou^{35} tai^{22} toŋ^{55} foŋ^{55}，
pɐt^{5} foŋ^{55} tʃ^{h}øy^{55} lɔi^{21} jɐt^{5} tʃ^{h}ɔŋ^{21} hoŋ^{55}

赤魚起水的時間，一般是在水退或水漲到六成以後的時間，另外

124　于志剛主編：《海洋生物》（北京市：海洋出版社，2009年9月），頁129。

也與東南風有關。赤魚遇上上午吹東南風，天氣悶熱，中午忽下大雨，晴後吹西南風的情況時，魚群薄，喜浮游。[125]

「赤魚喜愛東南風，捕魚最好大東風，北風吹來一場空」是說對赤魚進行圍網，宜在吹東南風時進行，也可以在吹大東風時進行圍網；若然出現北風，會引起大浪，水也混濁，影響餌料，也導致水溫層破壞，赤魚會沉底和游到深水處，整個海面的赤魚全是空的，漁民就不能進行圍網。

（3）三月雨水多，黃花退海快。（湛江市硇州島）

ʃan^{55} jit^{2} ji^{13} ʃɵy^{35} tɔ^{55}，wɔŋ^{21} fa^{55} t^{h}ɵy^{33} hɔi^{35} fai^{33}

硇州漁場當地漁民也說成「春汛落雨多，黃花退海快」。這條漁諺啟發了王初文研究員去調查雨水和大黃魚漁汛的關係。他發現春季南渡江（河名）水增加的時候，位於江口不遠的硇州漁場的海水濃度被江水沖淡了，使大黃魚的生理特性不能適應，魚群便洄游到其他海區去了。於是，他測定了大黃魚對海水鹽度的適應幅度，初步弄清了南渡江流量與漁場鹽度變化的聯繫。[126]

（4）四月打雷響，海魚上得忙。（陽江市東平漁港）

ʃei^{33} jit^{2} ta^{35} lei^{21} hɔŋ^{35}，hɔi^{35} ji$^{21-35}$ ʃɔŋ^{13} tɐt^{5} mɔŋ^{21}

上世紀蘇聯圍網船使用鯨聲電子模擬器來封閉網圈缺口，曾捕獲四百噸鮐魚。中國曾研製電聲趕魚器，在水庫捕撈中和清塘中，取得一定效果。電聲趕魚器是利用電極在水中放電，造成猶如打雷般的轟

125 施主佑著：《科技興漁》（廣州市：中山大學出版社，1995年2月），頁13。
126 王初文著：《鼓呼集》（北京市：中國青年出版社，2001年），頁27。

鳴聲來驅趕魚類，以提高拉網、刺網、攔魚等的作業效果。電聲趕魚在海洋捕撈（如張網、圍網、圍刺網和敲舯作業）中都有使用。在淡水捕撈中，也曾用於「趕攔刺張」聯合漁法。[127] 這些方法習得於自然界。在漁民的海洋捕撈經驗裡，知道魚兒是怕雷聲，天空打雷，會嚇得魚蝦四處逃竄，甚至自投羅網，跳進圍捕的漁網裡。所以陽江市東平港就有一條這樣子的漁諺。

廣東陽江市東平漁港
（東平鎮鍾盛先生提供給）

（5）東南風交秋，漁農大豐收。（陽江市、電白）

toŋ^{55} lan^{21} foŋ^{55} kau^{55} tʃʰɐu^{55}，ji^{21} loŋ^{21} tai^{22} foŋ^{55} ʃɐu^{55}

「東南風交秋，漁農大豐收」也見於茂名市電白區。[128]「交秋」就是立秋。這個是農作物收成的季等，也是秋汛，所以稱作漁農雙豐收。至於「東南風」，許多魚類喜愛東南風，如池魚和赤魚。藍圓鰺（池魚）為暖水性中上層魚類，具洄游習性，喜結群。當天氣晴朗、流緩並有東南風時易起群。白天魚群沿表層起群上浮時，在海面呈灰

---

127 夏章英編著：《捕撈新技術．聲光電與捕魚》（北京市：海洋出版社，1991年3月），頁85。

128 廣東省電白縣地方志編纂委員會編：《電白縣志》（北京市：中華書局，2000年6月），頁1108。

黑色水塊，出現波紋式漩渦。漁民見起群就容易捕撈，這是豐收。「赤魚喜愛東南風，捕魚最好大東風，北風吹來一場空」是說對赤魚進行圍網，宜在吹東南風時進行。關於東南風，《中國海岸帶和海塗資源綜合調查報告》稱整個中國南海岸段，均以西南風為主，東南次之。[129]所以立秋起東南風的機會很多，怎會不漁獲豐收。

（6）西南風，魚過埗。（陽江市）

ʃɐi^{55} lan^{21} foŋ^{55}，ji$^{21-35}$ kɔ^{33} pou^{22}

群眾多年生產實踐所取得的經驗，如漁民常用的諺語經驗是：「池魚（藍圓鰺）扯白旗，過埗快，春汛將結束」、「捕到大馬鮫或大魚、海蛇，春汛將結束」等。這些經驗實際上反映了水系消長的客觀現實，其中尤以「西南風來得晚，春汛結束晚」的經驗，生產的實際情況最為符合。[130]

這條漁諺是指當西南風早出現，池魚便早過埗，春汛也將早結束；若然西南風來得晚，池魚過埗也晚，春汛結束也晚。

（7）烏忌白忌，唔見大吉大利。（粵西海區）

wu^{55} kei^{22} pak^{2} kei^{22}，m̩^{21} kin^{33} tai^{22} kɐt^{5} tai^{22} lei^{22}

以「烏忌」、「白忌」稱呼海豚是漁民叫的。老一輩的漁民還認為

129 全國海岸帶和海塗資源綜合調查成果編委會編著：《中國海岸帶和海塗資源綜合調查報告》（北京市：海洋出版社，1991年8月），頁27。孫湘平：《中國近海及毗鄰海域水文概況》（北京市：海洋出版社，2016年9月），頁76。

130 鄧景耀、趙傳絪等著：《海洋漁業生物學》（北京市：農業出版社，1991年10月），頁513-514。題目是：〈萬山春汛漁情預報幾點會〉，是廣東省水產研究所寫於1976年，作者是不知名，只在注腳作交代內容出處。

遇見海豚是不吉利的兆頭，原因有二。一則，海豚聰明，會跟住漁船，等待偷食漏網之魚；二則是老漁民認為海豚的出現，是海面風高浪急的先兆。所以粵西和珠江口一帶漁民稱「唔見大吉大利」。

（8）有吃冇吃，睇十一月廿七。（陽江市閘坡港）

jɐu^{13} hɛk^{3} mou^{13} hɛk^{3}，t^{h}ɐi^{35} ʃɐt^{2} jɐt^{5} jit^{2} ja^{22} tʃ^{h}ɐt^{5}

十一月二十七日是菩薩誕（董公真仙聖誕），如果當天天氣不冷，陽光明媚，則過年後漁業、農業都能風調雨順，自然漁民、農民也能有飯吃；反之亦然。

（9）清明天暗，魚仔會喊。（陽江市東平漁港）

tʃ^{h}eŋ^{55} meŋ^{21} t^{h}in^{55} ɐn^{33}，ji^{21} tʃɐi^{35} wui^{33} han^{33}

「清明暗，江水不到岸」（南寧）、「清明暗淡，窪地也乾旱」（隆安）。[131] 清明暗，江水不到岸，當然窪地會乾旱。江水不到岸，則春汛的魚無法近岸產卵，所以魚會哭；若然較早前已孵出的小魚，也因江水不到岸，直接影響其躲在近岸水草、水藻藏身，暴露在大海中，隨時給大魚吃掉，魚仔怎會不哭！

4　魚與海況

（1）正二月東風逢南流，食魚唔食頭。（粵西沿岸）

tʃeŋ^{55} ji^{22} jit^{2} toŋ^{55} foŋ^{55} foŋ^{21} lan^{21} lɐu^{21}，
ʃek^{2} ji$^{21-35}$ m̩^{21} ʃek^{2} t^{h}ɐu^{21}

131　中國民間文學集成全國編輯委員會、中國民間文學集成廣西卷編輯委員會編：《中國諺語集成（廣西卷）》（北京市：中國ISBN中心，2008年2月），頁480-481。

於正二月時，起東風又合南流，產量必高，漁民可以不用只吃魚頭，可以食魚肉，是漁獲豐收的表示。與珠江口一帶漁民的「三月西南流，食魚唔食頭」漁諺意思相同。

（2）南流埋，魚靠街。（粵西沿海）

lan^{21} lɐu^{21} mai^{21}，ji$^{21\text{-}35}$ k^{h}au^{33} kai^{55}

一般在吹南風或西南風、南流、霧天、天氣暖和、海面平靜時，在近岸一帶找魚群進行捕撈，效果最好。[132] 這條漁諺跟「南流南風頭，一切魚易浮」意思一致。

（3）蟛蜞上樹，潮水跟住。（粵西沿海，如湛江、吳川）

p^{h}aŋ^{21} k^{h}ei$^{21\text{-}35}$ ʃɔŋ^{13} ʃi^{22}，tʃ^{h}i^{21} ʃøy^{35} kɐn^{55} tʃi^{22}

蟛蜞是一種小蟹，常常棲息於淺海灘塗及堤圍一帶。「蟛蜞上樹，潮水跟住」，這是預示潮水漲退情況的徵兆。蟛蜞因感到其窩內便比較潮濕，預料到潮水將至，所以忙於遷移或找適宜生活的地方，上樹是最明顯的一個特點。因此，漁民只須觀察蟛蜞，便知道將會水漲或水退。[133]此漁諺也見於湛江和吳川。[134]

132 陳再超、劉繼興編：《南海經濟魚類》（廣州市：廣東科技出版社，1982年11月），頁250。

133 廣東省氣象局編寫：《看天經驗》（廣州市：廣東人民出版社，1975年11月），頁55。

134 中國民間文學集成全國編輯委員會，中國民間文學集成廣東卷編輯委員會，林澤生本卷主編；馬學良主編：《中國諺語集成（廣東卷）》（北京市：中國ISBN中心，1997年7月），頁519。
吳川民間文學精選編委會編：《吳川民間文學精選》（廣州市：廣州文化出版社，1989年9月），頁335。

（4）流水不合，魚不上籮；合風合流，魚蝦成籮；合風合流好拖魚。（陽江市閘坡）

lɐu^{21} ʃøy^{35} pɐt^{5} hɐt^{2}，ji$^{21-35}$ pɐt^{5} ʃɔŋ^{13} lɔ$^{21-55}$ ；
hɐt^{2} foŋ^{55} hɐt^{2} lɐu^{21}，ji^{21} ha^{55} ʃeŋ^{21} lɔ$^{21-55}$；
ʃɐt^{2} foŋ^{55} hɐt^{2} lɐu^{21} hou^{35} t^{h}ɔ^{55} ji$^{21-35}$

潮流不正常，魚的活動規律便被打亂，因此不容易捕撈到魚蝦；若然是合風又合流，魚的活動規律正常，就容易捕撈，魚蝦便能成籮。因此流水對於生產的好壞關係甚大。陽江市閘坡漁民也會說成「流水不合，魚不上籮，合風合流好拖魚」，即風帆拖網作業，必須順風迎魚頭，上網率則高。如大海鷗第七聯隊每年秋汛掌握了八月下旬天氣轉為穩定的東北風，風流方向一致時，上六十定有漁汛出現，於是全隊去搶收，年年得高產。如果「風轉，流不轉」，說明當時天氣還未正常，大旺還未出現，漁獲很雜，且有沙猛仔（三刺魨）。此時還是堅持在流水不急的中海一帶作業，如大春海末期到外水漁場作業時，若捕到的漁獲很雜，且多竹筒仔（魷魚仔），是風流不合的關係，等待一、二天後，出現南風南流時，產量必高，同時會捕到大宗的黃肚魚（紅三魚的一種）。風與流的一般規律是：先風後流，風向轉了，流向不久也跟著轉變。如果風轉流不轉，這是反常現象，風流不一，生產不好，在颱風前的流水通常是西北流，所以人們稱之「倒洋流」，一不小心就會發生意外事故。[135]

135　省水產廳、南海水產研究所工作組：〈閘波公社深海拖風漁船是怎樣掌握漁場漁汛〉，見廣東水產廳技術站、漁汛站編印：《廣東省海洋漁業技術資料彙編（第2輯）》（廣東省水產廳技術站、漁汛站編印，1965年10月），頁5。

5　海水養殖

蠔鑿一響，好過去外洋。（台山縣）

hou^{21} tʃɔk^{2} jɐt^{5} hɔŋ^{35}，hou^{35} kɔ^{33} høy^{33} ɔi^{22} jɔŋ$^{21-35}$

台山一帶很適合養蠔，蠔田也特別多，這一點是與台山一帶的水中的有機物質特多，微生物多有關。蠔是吃微生物的，所以這裡的蠔也就生長得特別好。冬季是蠔收穫的季節，肉又嫩又脆又甜。這時的台山漁村蠔民便家家戶戶下海灘到養蠔場去敲蠔。開蠔時，將生長成熟的蠔從海中撈起，用丁字形鐵質蠔鉤向蠔叮叮咚咚敲下，然後將蠔鑿一孔，再用蠔鉤的另一端打蠔殼，取出蠔肉投入木桶中。蠔肉很有價錢，蠔民生計和收入也特別高，相較於台山家鄉的人移民或跑到北美、南美打工的收入也比得上。

6　其他

三月八，鱧魚成藏蟹成疊。（粵西沿海）

ʃan^{55} jit^{2} pat^{3}，lɐi^{13} ji$^{21-35}$ ʃeŋ^{21} tʃ^{h}ɔŋ^{21} hai^{13} ʃeŋ^{21} tit^{2}

每年的農曆三月初八，鱧魚少則幾條，多則十多條藏在海堤、海灘紅樹林樹頭的泥洞裡，非常好抓。海灘的螃蟹一雙雙，也非常好抓。

（二）海況

1　海流

（1）先風後流。（台山、陽江市）

ʃin^{55} foŋ^{55} hɐu^{22} lɐu^{21}

捕魚特別要注意捕捉的時機，就是要留意好海流、氣溫的變化。一般來說，魚群會在風前或風後，從外海游到內海，這便是捕魚的好時機。如果天一起風，跟著流水就會發生變化。

（2）九月偷食流。（雷州半島）

kɐu^{35} jit^{2} t^{h}ɐu^{55} ʃek^{2} lɐu^{21}

每年農曆九月往往有幾天的潮位較高，或出現高於其他月分的潮位，當地群眾稱為「九月偷食流」。例如一九八四年十月二十九日，在無大風情況下出現少有的較大海潮，雷州半島流沙港最高潮位為二點一五公尺（珠江基面）（國家海洋局等，1989 年）。[136]

2　海浪

霜降有湧，立冬有風。（台山上川島）

ʃɔŋ^{55} kɔŋ^{33} jɐu^{13} joŋ^{35}，lat^{2} toŋ^{55} jɐu^{13} foŋ^{55}

「霜降有湧」即是「霜降浪」，就是霜降節令時，海中會起浪。「立冬有風」是立冬時海面上有巨風，會有湧浪。全句是說要注意捕撈生產安全，因海上有大浪，要小心海上作業安全，但也要抓住風前風後捕魚機會。

3　潮汐

（1）初八廿三，早乾晚乾。（台山）

tʃ^{h}ɔ^{55} pat^{3} jɛ^{22} ʃan^{55}，tʃou^{35} kɔn^{55} man^{13} kɔn^{55}

---

136 趙煥庭、王麗榮、宋朝景、陳北跑著：《廣東徐聞西岸珊瑚礁》（廣州市：廣東科技出版社，2009年10月），頁26。

上川漁民則講「初九廿四，朝滿晚滿」，而初八水乾較廿三水乾較晚，船隻只能進出海灣落網、收網，漁民趕海都須注意。「初八廿三，早乾晚乾」是指平潮。[137]平潮，指在漲潮和落潮之間，有一段短時間水位處於不漲也不落的狀態。[138] 在農曆初八和二十三日（上弦月和下弦月），太陽的引潮力和月球的引潮力互助牴消了一部分，所以發生「小潮」。正如農諺說的「初一十五漲大潮，初八廿三到處見海灘」。[139] 所以到了每月的初八、廿三，潮位又低得出奇，沙灘高出海面，太陽連續暴曬，海灘又硬又白，台山漁民則稱「早乾晚乾」。

（2）初八廿三，退潮是泥灘。（電白、台山）

tʃ^{h}ɔ^{55} pat^{3} jɛ^{22} ʃan^{55}，t^{h}ɵy^{33} tʃ^{h}iu^{21} ʃi^{22} lɐi^{21} t^{h}an^{55}

「初八廿三，退潮是泥灘」與海南的「初八廿三，到處見海灘」、台山的「初八廿三，早乾晚乾」、蘇州的「初八廿三，潮不上灘」漁諺意思相同。

潮汐是沿海地區的一種自然現象，古代稱白天的潮汐為「潮」，稱晚上的潮汐為「汐」，合稱為「潮汐」，它的發生和太陽、月球都有關係，也和中國傳統農曆對應。在農曆每月的初一，即朔點時刻處太陽和月球在地球的一側，因而有最大的引潮力，會引起「大潮」；在農曆每月的十五或十六附近，太陽和月亮在地球的兩側，太陽和月球的引潮力推拉也會引起「大潮」；在月上弦和下弦時，即農曆的初八和二十三日，太陽引潮力和月球引潮力互相抵消了一部分，所以就發

---

137 張憲昌、梁玉磷、馬振坤編：《南海漁諺拾零》（北京市：海洋出版社，1988年4月），頁26。

138 鄒廣嚴主編：《能源大辭典》（成都市：四川科學技術出版社，1997年1月），頁935。

139 王思潮主編：《天文愛好者基礎知識》（南京市：南京出版社，2014年9月），頁11。

生了「小潮」，故漁諺有「初一十五漲大潮，初八廿三到處見海灘」之說。[140]

（三）氣象

1　氣候（天氣）

（1）春分若有報，清明亦有報（風雨）。（台山縣、陽江市）

tʃ^{h}ɐn^{55} fɐn^{55} jɔk^{2} jɐu^{13} pou^{33}，tʃ^{h}eŋ^{55} meŋ^{21} jek^{2} jɐu^{13} pou^{33}

如果當年的春分節令時有漁汛，到清明節令時就一定有好漁汛。也有鬧坡老漁民對這一條漁諺認為「若然春風清明準時有風雨和天氣好，往後一年的節氣都會好。」這裡可以看到即使是同一漁諺，漁民解釋也有高下之別，就構成何以有些漁民捕撈生產漁獲會多出數十個百分比，就是彼此對同一漁諺解釋不同之故。

（2）冷冬至，暖春分；暖冬至，冷春分。（台山縣沙堤港）

laŋ^{13} toŋ^{55} tʃi^{33}，lin^{13} tʃ^{h}ɐn^{55} fɐn^{55}；
lin^{13} toŋ^{55} tʃi^{33}，laŋ^{13} tʃ^{h}ɐn^{55} fɐn^{55}

如果當年冬至節令是寒冷，次年的春分節令一定是暖的。如果冬至是暖的，次年的春分節令時就一定是冷的。

---

140 王志艷編：《天文百科知識博覽》（天津市：天津出版傳媒集團；天津人民出版社，2013年2月），頁184。上海師範大學河口海岸研究室編寫：《潮汐》（北京市：商務印書館，1972年10月），頁31-33。劉文光編著：《多彩的物理世界》（北京市：國家行政學院出版社，2012年6月），頁76。呂華慶主編：《物理海洋學基礎》（北京市：海洋出版社，2012年6月），頁232。

2　冷空氣

（1）十月十二，前三後四。（陽江市）

ʃɐt^{2} jit^{2} ʃɐt^{2} ji^{22}，tʃ^{h}in^{21} ʃan^{55} hɐu^{22} ʃei^{33}

進入十月，閘坡漁民有「十月十二，前三後四」之說，即在十月十二前後，必有強風出現，漁民稱之為「十二朝風」，目的是要大家捕撈時注意安全生產。[141]

（2）雲頭向東走，明朝出南風；雲頭向西走，明朝出東風。（陽江閘坡）

wɐn^{21} t^{h}ɐu^{21} hɔŋ^{33} toŋ^{55} tʃɐu^{35}，meŋ^{21} tʃiu^{55} tʃ^{h}ɐt^{5} lan^{21} foŋ^{55}；wɐn^{21} t^{h}ɐu^{21} hɔŋ^{33} ʃei^{55} tʃɐu^{35}，meŋ^{21} tʃiu^{55} tʃ^{h}ɐt^{5} toŋ^{55} foŋ^{55}

小春梅（五月初五至七月十四）是西南季風盛行時期，但天氣炎熱，又多暴雨，以致風向力不穩定，並常在颱風侵襲。這時天氣變化莫測，因此漁民稱作「生天」（指天氣變化不定）。掌握這段時期的天氣主要有二條，一、根據天氣報告和漁民的天氣諺諺語（漁諺）雙結合，掌握天氣的變化規律。如「雲頭向東走，明朝出南風；雲頭向西走，明朝出東風」，指漁民看天推斷天氣變化後，便要靈活轉移不同漁場生產。同時由於這段時間氣候變化而複雜，為安全起見，大部分漁船不到深海去生產，而轉移到台山上川島沙堤口到陽江陽面縣沙扒口帶中淺海生產。[142]

141　省水產廳、南海水產研究所工作組：〈閘波公社深海拖風漁船是怎樣掌握漁場漁汛〉，見廣東省水產廳技術站、漁汛站編印：《廣東省海洋漁業技術資料彙編（第2輯）》（廣東省水產廳技術站、漁汛站編印，1965年），頁3。

142　省水產廳、南海水產研究所工作組：〈閘波公社深海拖風漁船是怎樣掌握漁場漁

（3）中午起風不過日。（陽江閘坡）

tʃoŋ^{55} m̩^{13} hei^{35} foŋ^{55} pɐt^{5} kɔ^{33}jɐt^{2}

小春梅（五月初五至七月十四）的天氣特點是「中午起風不過日」，稱為「鬼急風」。即在中午風力增大時，至多吹二、三個小時便會減弱。閘坡第三聯生產漁隊也經常掌握這一規律，遇上這樣子的天氣，乾脆下鉤不放網，由於合理安排拖釣作業，全聯隊第一擺海每對船平均釣魚二二一斤（最高280斤），比其他聯隊每對平均釣魚一六九斤，增產百分之三十一。[143]

3　海霧

三日痲霧，四日來風。（陽江市閘坡）

ʃan^{55} jɐt^{2} ma^{21} mou^{22}，ʃei^{33} jɐt^{2} lɔi^{21} foŋ^{55}

農曆十二月後，會出現「三日痲霧四日風」的現象，即是海面有連續三天濃霧後，第四天必定有風。[144]

汛〉，見廣東省水產廳技術站、漁汛站編印：《廣東省海洋漁業技術資料彙編（第2輯）》（廣東省水產廳技術站、漁汛站編印，1965年），頁2。

143 省水產廳、南海水產研究所工作組：〈閘波公社深海拖風漁船是怎樣掌握漁場漁汛〉，見廣東省水產廳技術站、漁汛站編印：《廣東省海洋漁業技術資料彙編（第2輯）》（廣東省水產廳技術站、漁汛站編印，1965年），頁2。

144 省水產廳、南海水產研究所工作組：〈閘波公社深海拖風漁船是怎樣掌握漁場漁汛〉，見廣東省水產廳技術站、漁汛站編印：《廣東省海洋漁業技術資料彙編（第2輯）》（廣東省水產廳技術站、漁汛站編印，1965年），頁3。

4 颱風

（1）六月天行北，七月天行南，西風吹二日，往往有颱風。（台山、陽江市）

lok^{2} jit^{2} t^{h}in^{55} hɐn^{21} pɐt^{5}，tʃ^{h}ɐt^{5} jit^{2} t^{h}in^{55} hɐn^{21} lan^{21}，
ʃɐi^{55} foŋ^{55} tʃ^{h}ɵy^{55} ji^{22} jɐt^{2}，wɔŋ^{13} wɔŋ^{13} jɐu^{13} t^{h}ɔi^{21} foŋ^{55}

台山上川漁民則稱「六月無閒北風」，下川島則稱「六月十二彭祖忌」，[145]都說明六月天吹北風，七月吹南風或西風，必然有颱風。並且颱風很快就到，要做好防颱風的準備。

（2）幾天西風刮，往往颱風發。（台山縣、陽江市）

kei^{35} t^{h}in^{55} ʃɐi^{55} foŋ^{55} kat^{3}，wɔŋ^{13} wɔŋ^{13} t^{h}ɔi^{21} foŋ^{55} fat^{3}

這條漁諺意思跟台山、陽江「六月天行北，七月天行南，西風吹二日，往往有颱風」一致，只是這條漁諺說得簡單，只談西風而已。上下川島漁民則稱「六月無閒北風」、「六月十二彭祖忌」，[146]都說明六月天吹北風，七月吹南風或西風，必然有颱風。並且颱風很快就到，要做好防颱風的準備。

（3）海響東南到東北，颱風侵襲莫遲疑。（雷州半島）

hɔi^{35} hɔŋ^{35} toŋ^{55} lan^{21} tou^{33} toŋ^{55} pɐt^{5}，
t^{h}ɔi^{21} foŋ^{55} tʃ^{h}ɐn^{55} tʃat^{2} mɔk^{2} tʃ^{h}i^{21} ji^{21}

---

145 黃劍雲主編：《台山下川島志》（廣州市：廣東人民出版社，1997年9月），頁234。
146 黃劍雲主編：《台山下川島志》（廣州市：廣東人民出版社，1997年9月），頁234。

「海響東南到東北，颱風侵襲莫遲疑」跟汕尾市的「東風叫，西吼應，颱風來到鼻梁根」意思一致。沿海地區的人們，經常在颱風來到之前一兩天或兩三天聽到海響。這種響聲嗡嗡轟轟，好像號角遠鳴，又像遠處雷聲陣陣，特別是在夜深人靜時，聲音更為響亮。沿海地區的人們還有這樣的經驗，就是颱風來之前發生的海響，和平常風浪引起的響聲不同。颱風侵襲時引起的響聲，往往只在僻靜的地方才能聽到，它的持續時間較長，響聲來的方向也不同。廣東汕尾沿海一帶就有「東風叫，西吼應，颱風來到鼻梁根（指眼前）」的諺語，汕頭一帶的人便有這樣子的經驗。[147] 如果聲響越來越強，說明颱風已經接近；如果聲響漸漸比較遠，或者颱風將轉向其他地方去。很多沿海地區的漁民就是靠這種方法來判斷颱風走勢的。

（4）風欄。（台山上川島沙堤）

foŋ^{55} lan$^{21-55}$

颱風周圍雲的分布是有規律的。如颱風向中國沿海及海島嶼移近時，先有卷雲從東方伸展過來，並在地平線上輻合於一點。這種雲有絲縷結構，早晨陽光通過卷雲的間隙，可發射青藍色的扇形，台山上川島漁民稱它為「風欄」。傍晚時，如發展成大量低雲就被陽光掩成半天「紅霞」。颱風是從東向西或是從東南向西北移向廣東沿海的。[148] 因此「風欄」這漁諺是主風暴，漁民是以此來預測未來的颱風侵襲而提早回涌避風。

---

147 留明編著：《怎樣觀測天氣（上）》（呼和浩特市：遠方出版社，2004年9月），頁77-78。黃立文、文元橋主編：《航海氣象與海洋學》（武漢市：武漢理工大學出版社，2014年2月），頁146。

148 鄔正明：〈中國沿海天氣歌謠分析〉，《大連海運學院學報》第一期（1959年4月2日），頁34。

（5）東邊閃，雨水快來。（台山上川島、下川島）

toŋ^{55} pin^{55} ʃin^{35}，ji^{13} ʃɵy^{35} fai^{33} lɔi^{21}

這條漁諺也有上下川島漁民說成「東邊閃，雨水快快來」。

這條漁諺是指颱風中的雷雨。颱風中積雨雲上升非常強烈，會產生雷電現象。颱風是自東向西或自東南向西北移向廣東沿海，所以東閃就成為風暴的預兆。[149]

（6）天上瓊瓊，龍溝露頂，海響聞見嶺，日頭口閃正，颱風有成。（陽江市海陵島閘坡鎮）

t^{h}in^{55} ʃɔŋ^{22} k^{h}eŋ^{21} k^{h}eŋ^{21}，loŋ^{21} k^{h}ɐu^{55} lou^{22} teŋ^{35}，
hɔi^{35} hɔŋ^{35} mɐn^{21} kin^{33} leŋ^{13}，jɐt^{2} t^{h}ɐu$^{21\text{-}35}$ hɐu^{35} ʃin^{35} tʃeŋ^{33}，
t^{h}ɔi^{21} foŋ^{55} jɐu^{13} ʃeŋ^{21}

陽江也有漁民說成「天上雲瓊瓊，龍高山露頂，海響聞見嶺，日頭閃正頂，颱風有十成」，也有閘坡漁民說成「龍高山頂現，必定要收船；河裡魚打花，天天有魚下；無風起白浪，必有大風刮」。

「雲瓊瓊」指雲少動，即風小。「龍溝」是指陽江閘坡漁港西邊，陽西境內的龍高山。龍高山高聳入雲，山頂不常見到。如果龍高山頂出現時，將會很快有颱風來臨；「聞見嶺」也是山名。陽江市海陵島閘坡工匠非遺傳承人李有國先生認為「聞見嶺」就是閘坡的望瞭嶺，在山海漁莊正門西南側，即是入大角灣右側最盡邊的山頭。「日頭口閃正」指閃電剛好出現在太陽出來的東邊。整句漁諺是說風小，低空的風和地面的風方向相反，海響，東方有閃電，這就是颱風來臨

149 鄔正明：〈中國沿海天氣歌謠分析〉，《大連海運學院學報》第一期（1959年4月2日），頁37。

前的預兆，漁民便應趕快入涌避風，作好安避險工作。[150]

（7）六月北風對時吹，留心颱風跟著來；
六月北風難過午，過午留心颱風災。
西風不過酉，過酉連夜吼。（陽江）

lok^{2} jit^{2} pɐt^{5} foŋ^{55} tɵy^{33} ʃi^{21} tʃ^{h}ɵy^{55}，
lɐu^{21} ʃɐn^{55} t^{h}ɔi^{21} foŋ^{55} kɐn^{55} tʃɔk^{2} lɔi^{21}；
lok^{2} jit^{2} pɐt^{5} foŋ^{55} lan^{21} kɔ^{33} m̩^{13}，
kɔ^{33} m̩^{13} lɐu^{21} ʃɐn^{55} t^{h}ɔi^{21} foŋ^{55} tʃɔi^{55}。
ʃɐi^{55} foŋ^{55} pɐt^{5} kɔ^{33} jɐu^{13}，
kɔ^{33} jɐu^{13} lin^{21} jɛ^{22} hau^{55}

「對時吹」指北風連續吹過一天一夜以上，「午」指中午，「酉」指上半夜。這就是說，在盛夏如果北風、西風吹過中午或吹過上半夜，就是颱風的徵兆。[151]冬日刮西北風，一般到酉時（17點到19點）便停息，是由於對流減弱而使風力減少。但是，如果過了酉時不停息，風力還不減少，就說明有系統性天氣到來，所以還要連續刮大風。[152]

（8）石筍角隆隆響，漁船藏。（台山市上川島）

ʃɛk^{2} ʃɐn^{55} kɔk^{3} loŋ^{21} loŋ^{21} hɔŋ^{35}，ji^{21} ʃin^{21} tʃ^{h}ɔŋ^{21}

上川島石筍角那邊村民，早、晚聽到這裡海邊礁石發出隆隆響的

---

150 韋有暹編著：《民間看天經驗》（廣州市：廣東科技出版社，1984年10月），頁73-74。楊計文：《閘坡印記（下）》（廣州市：嶺南美術出版社，2019年7月），頁108。

151 廣東省氣象臺編：《颱風》（廣州市：廣東人民出版社，1973年10月），頁43。

152 朱振全編著：《氣象諺語精選》（北京市：金盾出版社，2012年9月），頁40。

聲音，這就是與汕頭、汕尾、雷州半島、陽江海陵、閘坡的海響一樣。[153]沿海地區的人們，經常在颱風來到之前一兩天或兩三天聽到海響。這種響聲嗡嗡轟轟，好像號角遠鳴，又像遠處雷聲隆隆，沿海地區的人們還有這樣的經驗，就是颱風來之前發生的海響，如果聲響越來越強，說明颱風已經接近；如果聲響漸漸消失，說明颱風慢慢離開。很多沿海地區的漁民就是靠這種方法來判斷颱風走勢的。台山市上川島沙堤漁民便會把漁船儘早到安全地方避風。

5 風

（1）二月八日東風旱，三月八日水浸缸。（台山縣、陽江市）

ji^{22} jit^{2} pat^{3} jɐt^{2} toŋ^{55} foŋ^{55}hɔn^{13}，
ʃan^{55} jit^{3} pat^{3} jɐt^{2} ʃɵy^{35} tʃɐn^{33} kɔŋ^{55}

如果二月初八左右吹東風，而且天又旱，那麼到三月初八左右就會有大雨到暴雨，要做好防風、防雨、防澇準備。同時，大雨過後，會有好漁汛。

（2）十至十月，北方紅雲，天將擺北。（雷州半島）

ʃɐt^{2} tʃi^{33} ʃɐt^{2} jit^{2}，pɐt^{5} fɔŋ^{55} hoŋ^{21} wɐn^{21}，t^{h}in^{55} tʃɔŋ^{55} pai^{35} pɐt^{5}

這是雷州半島一帶漁民群眾的經驗。「擺北」是轉成了北風的意思。「紅雲」，一般只出現在日出、日落前。農曆十月至十二月，在廣

153 東風叫，西吼應，颱風來到鼻梁根。（汕尾市）
海響東南到東北，颱風侵襲莫遲疑。（雷州半島）
天上瓊瓊，龍溝露頂，海響聞見嶺，日頭口悶正，颱風有成。（海陵島閘坡）

東來說，是屬於秋高氣爽的季節，一般只有冷空氣的前鋒迫近時，才有濃積雲出現。所以，當北方出現紅雲時，說明冷空氣的前鋒已經靠近本地，因而很快就會吹起北風，天氣就要轉冷了。[154]

（3）避風頭，搶風尾。（閘坡）

pei^{22} foŋ^{55} t^{h}ɐu^{21}，tʃ^{h}ɔŋ^{35} foŋ^{55} mei^{13}

陽江閘坡漁民比較喜愛拖釣結合。強風來時，立即回港避風，強風將過，立即出港，爭取風流，無風拖時放釣生產。閘坡大海鷗第五聯隊，由於按天時變化安排生產，因此在小春海期間歷來都獲得高產。如一九六三年小春海（五月初五至七月十四）期間，全聯隊平均每對生產三二八擔，比一般聯隊平均每對生產二二〇擔增產百分之四十九。[155]

（4）朝紅雨，晚紅風。（上川島沙堤漁港高冠漁村）

tʃiu^{55} hoŋ^{21} ji^{13}，man^{13} hoŋ^{21} foŋ^{55}

由於陽光射在低雲的雲幕上，由於光波在水滴中進行速度減小，便產生折射和反射現象，把陽光中各種原色分散開來，構成美麗的光弧，這就是虹。所謂「朝紅」即陽光從東邊照在西邊的雲幕上而產生的，西方既然有低密的雲幕，則這種雲不久就會移到當地，故西虹主

154 韋有暹編著：《民間看天經驗》（廣州市：廣東科技出版社，1984年10月），頁77。

155 省水產廳、南海水產研究所工作組：〈閘波公社深海拖風漁船是怎樣掌握漁場漁汛〉，見廣東省水產廳技術站、漁汛站編印：《廣東省海洋漁業技術資料彙編（第2輯）》（廣東省水產廳技術站、漁汛站編印，1965年），頁2。

雨。傍晚西邊一大片紅色雲彩，是一兩天內起大風的氣象。[156]

6 雨（暴雨）

（1）雲彩吃了火，下雨沒處躲。（粵西沿海）

wɐn^{21} tʃ^{h}ɔi^{35} hɛk^{3} liu^{13} fɔ^{35}，ha^{22} ji^{13} mut^{2} tʃ^{h}i^{33} tɔ^{35}

內蒙古則稱「雲彩吃了火，下雨下的沒處躲」。早晨現霞要降雨，傍晚現霞則示晴。霞是由太陽的白光照射下來時，透過地上的空氣層，被大氣中的灰塵和水滴等微粒分解成七色，就是紅、橙、黃、綠、青、藍、紫色。其中青色和紫色光散射力最強，紅色和橙色光不易散射。日出、日沒時的陽光斜射到地面，光線通過大氣層，這比在天頂時路程遠得多，所遇到的微粒也越多。因此，短的光波幾乎被散射掉，僅餘下一些不易散射的紅色和橙色光波，這兩種光波照到雲上即成「紅雲」，這就是「紅霞」。早晨的稱早霞或朝霞，晚上的稱晚霞或暮霞。天氣將變時，空氣中所含塵埃或水滴較多，白光的散射作用越強，紅色也就越顯明。早上太陽在東方，如有紅霞，必在天頂或西方天頂有低雲出現。大氣的變化，總是自西而東，這種低雲必定漸向本地移近。這表示雨天即將來臨，故有「早霞雨」之說。傍晚太陽將沒時，晚霞必在天頂和東方，這種成霞的低雲則向東移動，離本地漸遠，如有降雨，也降不到本地，故晚霞晴。[157]

---

156 鄔正明：〈中國沿海天氣歌謠分析〉，《大連海運學院學報》（1959年4月2日）第一期，頁35。

157 內蒙古人民出版社主編：《內蒙古農諺選（上輯）》（呼和浩特市：內蒙古人民出版社，1965年5月），頁319。

（2）日月生毛，大雨嘈嘈。（粵西沿海）

jɐt^{2} jit^{2} ʃaŋ^{55} mou^{21}，tai^{22} ji^{13} tʃ^{h}ou^{21} tʃ^{h}ou^{21}

「大雨嘈嘈」是「大雨滔滔」的意思。「月生毛」表示月亮被較厚的卷雲蒙住，天空水氣重，[158]這是反映了雲系已發展加厚為透光高層雲，很快（幾個小時內）就會產生降雨的情況。[159]

（3）難仔岑閃電，水淋面。（陽江沿海）

lan^{21} tʃɐi^{35} ʃɐn^{21} ʃin^{35} tin^{22}，ʃøy^{35} lɐn^{21} min^{22}

「難仔岑」是山名，位於陽江市。如難仔岑其上空閃電，則在東部地區也看到，漁民便作了雷雨將來的預兆。[160]木帆年代的漁船，漁民就要留意雷雨的大小是否要考慮入涌避雷雨。

（三）氣象

1 氣候（天氣）

冬天望山頭，春天望海口。（陽江市）

toŋ^{55} t^{h}in^{55} mɔŋ^{22} ʃan^{55} t^{h}ɐu^{21}，tʃ^{h}ɐn^{55} t^{h}in^{55} mɔŋ^{22} hɔi^{35} hɐu^{35}

也有說「冬望山頭，春望海口」。「冬天望山頭，春天望海口」也見於福建惠安漁港。

---

158 廣東省地理學會科普組主編：《廣東農諺》（北京市：科學普及出版社；廣州分社，1983年2月），頁18-19。

159 黑龍江農墾大學編：《氣象哨天氣預報知識》（北京市：農業出版社，1978年6月），頁55。

160 鄔正明：〈中國沿海天氣歌謠分析〉，《大連海運學院學報》第一期（1959年4月2日），頁37。

春天山頭、冬天海口若有霧，預兆天氣有變化，將會下雨，[161]捕撈時要加以小心。也有一些水平不高的閘坡漁民稱這條漁諺是說出海捕魚時辨別方向要訣，如此說法，這漁民的漁諺掌握水平是不高的，是望文生義。

三　珠江口

（一）漁業

1　漁汛

（1）三月三，鱸魚上沙灘。（珠海市）

ʃan^{55} jit^{2} ʃan^{55}，lou^{21} ji$^{21\text{-}35}$ ʃɔŋ^{13} ʃa^{55} t^{h}an^{55}

南方魚類產卵時期不少是在三月分，除了漁諺「三月三，鱸魚上沙灘」這一句，還有「三月三，黃皮馬�（魚）隨街擔」、「教子教孫，唔忘三月豐（汛）」、「三月打魚，四月閒，五月推艇上沙灘」，這幾條漁諺便是反映與魚群產卵有關。

經過一個冬天的蟄伏，到了農曆三月，春暖花開，是鱸魚游到河岸邊產卵的時節。鱸魚產卵場，一般位於河口灣澳附近及島嶼間的近岸低鹽淺水區，所以稱上沙灘，浙北地方稱「鱸魚上岸灘」，[162]中山有漁民說「三月三，魚兒要上灘」，也是說明到了三月三，不單是鱸魚，不少魚兒也會游到河岸邊產卵，漁民可以進行延繩釣，俗稱鱸魚

161　惠安縣民間文學集成編委會編：《中國諺語集成．福建卷．惠安縣分卷》（惠安縣民間文學集成編委會，1993年12月），頁126。

162　張前方著：《浙北歷史與文化．湖魚文化》（西安市：三秦出版社，2003年10月），頁38。

釣。鱸魚上沙灘，魚群何以會跑到岸邊處產卵，跟魚卵孵化後，岸邊有小草可作掩護小魚，不會讓大魚吃去有關。漁民也掌握魚兒產卵特性，也會在魚兒產卵前進行大捕撈。

湖北省隨州那邊漁諺有「四月八晴，蝦子魚娃上崗嶺」[163]，意思跟珠三角的「三月三，鱸魚上沙灘」漁諺意思很接近。就是指在四月八晴天下，魚群也會隨著暖流而來，在崗嶺邊產卵，就是捕魚蝦好機會。而魚子和蝦子可以躲在崗嶺處躲避大魚的攻擊。

廣東珠海市桂山漁港

（2）三月三，黃皮馬鰟隨街擔。（珠海市、番禺）

ʃan^{55} jit^{2} ʃan^{55}，wɔŋ^{21} p^{h}ei$^{21-35}$ ma^{13} tʃ^{h}ɐi^{13} tʃ^{h}øy^{21} kai^{55} tan^{55}

163　中國民間文學集成全國編輯委員會，中國民間文學集成湖北卷編輯委員會編：《中國諺語集成（湖北卷）》（北京市：中央民族大學出版社，1994年2月），頁584。

這句漁諺也見於番禺。[164]三月三，黃皮馬鱭是指黃皮頭（黃皮獅頭魚）[165]、馬鱭兩種魚類的漁汛期。由於三月三是黃皮、馬鱭的漁汛期，所以在整個街道上販賣的都是黃皮、馬鱭魚，這是反映舉凡魚兒在產卵前一定有大量漁民進行捕撈，因為產卵前的魚是最肥最美最好吃，而中國人最愛吃季節魚，所以捕捉的魚兒便能好價錢出售，整個魚市場的魚便出現隨街擔的現象，不是只有黃皮魚、馬鱭魚方出現這現象。

「三月水」是黃皮頭、馬鱭汛。每年農曆二至三月，春暖花開，鹹淡水交會的珠江口，便成為黃皮頭、馬鱭的繁殖場所。成群結隊的魚到河口附近的草灘產卵，從而形成黃皮頭、馬鱭汛的「三月水」。這是珠江口最大的漁汛，這兩種魚都屬地方性種群，捕撈量很大。另外，因為馬鱭魚和黃皮頭一年產卵兩次，第二次產卵期在農曆八月，所以八月也是捕撈黃皮頭、馬鱭為主的季節。[166]

（3）三月打魚四月閒，五月推艇上沙灘。（珠江口）

ʃan^{55} jit^{2} ta^{35} ji$^{21\text{-}35}$ ʃei^{33} jit^{2} han^{21}，
m̩^{13} jit^{2} t^{h}ɵy^{55} t^{h}ɛŋ^{13} ʃɔŋ^{13} ʃa^{55} t^{h}an^{55}

---

164 廣州市番禺區政協文史資料委員會編：《番禺文史資料（第十六期）．番禺旅遊資料專輯》（廣州市番禺區政協文史資料委員會，2003月12月），頁172。

165 陳再超、劉繼興編：《南海經濟魚類》（廣州市：廣東科技出版社，1982年11月），頁132：棘頭梅童魚屬石首魚科，梅童魚屬。廣東地方俗稱黃皮、黃皮獅頭魚、頭生。中國科學院動物研究所等主編：《南海魚類志》（北京市：科學出版社，1962年），頁409-410記載，南海北部海區戶的梅童魚屬，僅棘頭梅童魚一種。

166 廣州市番禺區政協文史資料委員會編：《番禺文史資料（第十六期）．番禺旅遊資料專輯》（廣州市番禺區政協文史資料委員會，2003月12月），頁172。海洋開發試驗區、中國水產科學研究院南海水產研究所：《萬山海洋開發試驗區人工魚礁建設規劃．2001-2010年》（廣東省珠海萬山海洋開發試驗區、中國水產科學研究院南海水產研究所，2000年11月），頁28。

三月打魚是清明，是很多魚的漁汛，所以漁民掌握好這春分前後的旺汛期，漁船必須爭分奪秒地快速趕去，因為漁汛季節是不等人的，舉凡魚兒有產卵前一定有大量漁民進行捕撈，因為產卵前的魚是最肥最美最好吃，所以捕撈的魚兒便能好價錢出售，整個魚市場的魚便出現隨街擔的現象。產卵後捕撈的魚已不及產卵前的肥美，因此失去市場價值。中山市南朗鎮横門涌口漁村那裡有一句諺語是說「三月魚𠊎狗唔𤜱」（𤜱，[lai^{35}]，南方方言，舔的意思），就是說魚兒產卵（南方人只說散春）後，雌魚便體瘦，只呈魚骨，不單人不吃，連狗也不舔，就是連狗也覺得不好吃，那麼何來有市場價值。過了這個旺汛，海裡便沒有肥美的魚可捕撈，丈八長的小漁艇和木帆船年代的漁民也無魚可打，這時一般剛好是四月了，漁民會在四月期間把魚網來曬，這就是四月閒的原因。要再打魚就須等到六月六了，因此，五月時可以推艇上沙灘休憩。並且端午前後一般都會下大雨，漲端陽水，水變得混沌，混沌的水讓魚眼看不清時，魚就會游到深水處，而那個木帆漁船年代，不少漁船是出不了大海，因此漁民便索性把漁艇推上沙灘休憩，等待六月天的來臨，這就是五月推艇上沙灘的意思。這條漁諺反映出那時使用丈八長的小木漁船打魚年代的情況。

（4）清明早，來得早；清明遲，來得遲。（珠海斗門縣）

tʃ^{h}eŋ^{55} meŋ^{21} tʃou^{35}　，lɔi^{21} tɐt^{5} tʃou^{35}；
tʃ^{h}eŋ^{55} meŋ^{21} tʃ^{h}i^{21}，lɔi^{21} tɐt^{5} tʃ^{h}i^{21}

這條漁諺也見於浙江舟山漁場。這條漁諺在廣東，都是以赤魚為例作出說明，而舟山漁場方面，則以小黃魚為例。赤魚每年有三次漁汛，最大量的是清明期間漁汛期。如果清明早（指清明在農曆二月），水溫低，魚群產卵期便會推遲，汛期一旦延長，對於漁民來說，就能多捕撈魚群；反之，清明遲（指清明在農曆三月），水溫便會高，魚群產卵後迅速離去，汛期就短，可捕的魚便相對少了。[167]

（5）四月八，三黎隨街撻。（珠海市）

ʃei^{33} jit^{2} pat^{3}，ʃan^{55} lɐi^{21} tʃ^{h}ɵy^{21} ka^{55} tat^{3}

這條漁諺也見於中山。這條漁諺，中山橫門有漁民稱作「四月八，三黎到處撻」。清明前後，市場便有大量三黎魚上市。三黎，學名叫鰣魚，珠三角一帶的人把鰣魚叫作三黎、三鯠，浙江一帶稱作三犁。鰣魚屬暖水中上層魚類，也是溯河性魚類（既能在淡水中生長，又能在海中生活的魚類），具有深入江河索餌和集群產卵的習性。鰣魚每年兩次洄游於珠江口。二至四月，鹽度開始下降，魚群自珠江口南水、蒲台（在香港水域）、九澳角向珠江河口區洄游移動，先到達香洲、白排、九洲外等處，在水深五至八公尺，水質較清處產卵。如遇水質、風向適合時，便繼續向北洄游至內伶仃、龍穴一帶生殖。四至七月雨水季節，水質過淡，不適其生長，魚群退向外海棲息。八至十一月，魚群又沿著上述路線向珠江口內洄游索餌。[168]

「四月八，三黎隨街撻」就是指每年初夏時節，三黎魚從海洋開始溯江進入珠江進行產卵繁殖，珠江口是三黎溯江而上的首站，[169] 涌口門漁民吳桂友稱，每年這個三黎漁汛期，數以千計三黎漁船集中的珠江河口。這種現象，跟上面所稱「三月三，黃皮馬�隨街擔」同一

167 浙江省水產志編纂委員會編：《浙江省水產志》（北京市：中華書局，1999年），頁111。

168 海洋開發試驗區、中國水產科學研究院南海水產研究所：《萬山海洋開發試驗區人工魚礁建設規劃．2001-2010年》（廣東省珠海萬山海洋開發試驗區、中國水產科學研究院南海水產研究所，2000年11月），頁27。

169 吳瑞榮著：《漁夫》（北京市：中國農業出版社，2003年6月），頁222。

道理。鰣魚的產卵環境條件要求江底為砂質卵石……幼鰣喜棲息於清澈多沙的平坦湖底或河灣緩流的江邊。[170] 可惜的，現在灘塗大量圍墾、漁場減少，影響魚類洄游棲息，海產品資源逐年下降，鰣魚（三黎）已瀕臨絕跡。[171] 或許有一天大家都吃不到美味的三黎魚了。

（6）七月正值休漁期，趕緊補網和修機。（珠江口）

tʃ^{h}ɐt^{5} jit^{2} tʃeŋ^{33} tʃek^{2} jɐu^{55} ji^{21} k^{h}ei^{21}，
kɔn^{35} kɐn^{35} pou^{35} mɔŋ^{13} wɔ^{21} ʃɐu^{55} kei^{55}

休漁期制度是規定在每年的一定時間、一定水域不得從事捕撈作業。因該制度所確定的休漁時間剛好處於每年的三伏季節，所以又稱伏季休漁。到了這個休漁期，不論木漁船、鐵漁船都在這段休魚期間進行補網具和修理漁船。

（7）冬至前後，池汛來到。（珠江口）

toŋ^{55} tʃi^{33} tʃ^{h}in^{21} hɐu^{22}，tʃ^{h}i^{21} ʃɐn^{33} lɔi^{21} tou^{33}

每年的十二月二十三日左右，池魚、澤魚從外海洄游進入萬山漁場，形成了約三個月左右的萬山春汛圍網漁汛期。[172]中山涌口門吳桂友稱池魚不會像三黎魚跑到鹹淡水交界處產卵，甚至沿珠江向上游去產卵，池魚一般會在萬山群島一帶對出外海鹹水區產卵。胡傑、吳教

170 徐恭紹、鄭澄偉主編：《海產魚類養殖與增殖》（濟南市：山東科學技術出版社，1987年4月），頁575。

171 中山市南朗鎮志編纂委員會編：《中山市南朗鎮志》（廣州市：廣東人民出版社，2015年10月），頁400。

172 張憲昌、梁玉磷、馬振坤編：《南海漁諺拾零》（北京市：海洋出版社，1988年4月），頁4。

東〈珠江口池魚漁場的初步調查〉這篇學會年會論文交代「冬至前後，池汛來到」最清楚。論文稱池魚在每年農曆十一月至翌年三月，為珠江口擔杆島至荷包島一帶海區池魚的漁汛期。過去漁民都使用風帆漁船進行捕撈。自一九六〇年開始，發展了一種捕撈池魚的機帆圍網漁業，這是珠江口比較重要的漁業。池魚在分類學上屬於鰺科，這種魚，粵東叫巴浪魚，北部灣叫棍子魚，是常游泳在上層的溫、熱帶魚類，但有時也生活在底層。池魚游泳迅速。在珠江口、粵東、北部灣一帶均有分布，是廣東海洋漁業的主要捕撈對象之一。[173]

2　漁場

（1）春鮫西來東往。（珠江口）

tʃʰɐn⁵⁵ kau⁵⁵ ʃɐi⁵⁵ lɔi²¹ toŋ⁵⁵ wɔŋ¹³

南海北部大陸架的這些經濟魚類的區域分布和洄游都有一定規律，是漁場形成和開發利用的基礎。馬鮫是中上層結群洄游魚類，產卵期較早，一至三月從外海分批向水溫漸升的沿海港灣一帶作生殖和索餌洄游。[174] 這裡所稱的外海是指南海，南海是中國最大的外海。[175] 中山吳桂友漁民稱鮫魚的漁汛期是在春天，當初春到來，鮫魚便從西邊深海鹹水區陸續向到珠江市西南端的淺海荷包島內灣鹹淡水處交界處產卵，荷包島是良好產卵場，因此鮫魚的產卵場愛在河口灣澳附近及島嶼間的近岸低鹽淺水區進行。中山南朗鎮涌口門漁民吳桂友稱西

173 胡傑、吳教東：〈珠江口池魚漁場的初步調查〉，收入廣東海洋湖沼學會編：《廣東海洋湖沼學會年會論文選集．1962》（廣東海洋湖沼學會，1963年12月），頁80。

174 司徒尚紀著：《中國南海海洋國土》（廣州市：廣東經濟出版社，2007年4月），頁137。

175 林靜編著：《資源豐富的海洋》（北京市：中國社會出版社，2012年3月），頁52。

邊的湛江、陽江沒有珠江的淡水河水出海，所以魚群會游到珠江沿海港灣，包括到澳門、台山廣海那邊鹹淡水區。這區沿岸漁民便會開始用流網捕撈。鮫魚產卵後便向東邊分散附近漁場。

廣東中山市南朗鎮涌口門漁村

（2）要食黃花大澳口，要食赤魚九洲頭。（珠海市）

jiu^{33} ʃek^{2} wɔŋ^{21} fa^{55} tai^{22} ou^{33} hɐu^{35}，jiu^{33} ʃek^{2} tʃ^{h}ɛk^{3} ji$^{21-35}$ kɐu^{55} tʃɐu^{55} t^{h}ɐu^{21}

「口」，水上人會說風口、水口。口就是最邊皮、最深水地方。

屈大均《廣東新語》稱「黃花魚惟大澳有之……漁者必伺暮取之。聽其聲稚，則知其未出大澳也。聲老則知將出大澳也。」[176] 嘉慶《新安縣志》卷三稱：「黃花魚周身金鱗，頭有石瑩，潔似玉，長尺許，採於大澳，海中自九月至十一月，漁者暮聽其聲，用罟合圍，以取則曰打黃花。色白者名曰白花，細小者名曰黃花。從其膠甚美。

176 （明遺民）屈大均：〈魚語．魚〉，《廣東新語》（北京市：北京愛如生數字化技術研究中心據（清）康熙庚辰三十九年〔1700〕水天閣刻本影印，2009年），卷二十二，頁9上。（清）嘉慶二十五年舒懋官修、王崇熙等纂：〈輿地二．物產．鱗〉，語曰：黃白花味勝南嘉。」[177]光緒《香山縣志》卷五〈輿地略〉：「石首魚，黃花與白花皆鱸屬，黃花魚惟大澳海有之。」[178]於此足見香港大澳的黃花魚是最出名，與大澳是黃花魚最理想的漁場有關，[179]所以珠三角的人也愛吃大澳黃花魚，因其味勝過嶺南肇慶端州西江河一帶出產的嘉魚（嘉魚之名，最早見於《詩經・小雅・南有嘉魚》。一直以來，端州民間就有春鯿、秋鯉、夏三鯬、冬嘉魚之說。嘉魚，乃西江著名的特產。（唐）劉恂《嶺表錄異》云：「嘉魚，形如鱒。出梧州戎城縣江水口，甚肥美，眾魚莫可與比。」[180]此後，西江嘉魚成為地方官員進貢朝廷的珍品，因而被譽為皇帝魚。〈西江特有的漁具——嘉魚刺網〉：「嘉魚漁期為每年農曆十月至翌年二、三月。西江上、中游嘉魚活動範圍也有別。盛漁期：上游以二、三月為盛漁期，中游以二月為盛漁期。據調查，嘉魚在西江隨處皆有蹤跡，由西江下游三水直至上游桂平均有，肇慶羚羊峽以下嘉魚稀少，羚羊峽以嘉魚漸多，中游以大葵角、二葵角、三葵角為嘉魚最大棲息場……嘉魚行動最活躍，四出活動，所以西江漁民多在農曆初一、二、三、四、五、六和十五、十六、十七、十八、十九、二十漲潮時放網，產量往往倍增。」[181]這條漁諺實是食諺，但放在漁諺也行，這條漁諺反映出香港大澳是黃花魚產卵區，就是指導漁民在大澳是捕撈黃花魚最理想的漁場。

《新安縣志》（廣州市：嶺南美術出版社，2009年，據廣東省立中山圖書館鳳岡書院刻本藏本影印），卷三，頁13下。

178 （清）光緒五年田明曜修、陳澧纂：〈輿地下・物產・魚〉，《香山縣志》（上海市：上海書店出版社，2013年），卷五，頁27上。

179 Chu, C.Y. (1960).“The Yellow Croaker Fishery of Hong Kong and Preliminary Notes on Biology of Pseudosciaena Crocea (Richardson).” *Hong Kong University Fisheries Journal*, 3:111-164.

180 （唐）劉恂撰；商壁、潘博校補：〈嘉魚〉，《嶺表錄異校補》（南寧市：廣西民族出版社，1988年5月），卷下，頁140。

181 黃永明：〈西江特有的漁具——嘉魚刺網〉，《珠江水產》第5期（珠江水產編輯部出版，1984年），頁35-41。

廣東中山市坦洲鎮大涌口漁村

「九洲頭」就是九洲頭島，該島在香洲東南部六公里，大九洲北一百米，北距雞籠山島七五〇米，東距茶壺蓋九十米，西距香洲大陸二點二五公里。九洲頭在九洲之北，稱上洲頭。後來為便於記憶，改稱九洲頭，[182]島上無居民和水源。[183]

「要食赤魚九洲頭」不是專指，只是泛稱吃「赤魚」就要吃珠海九洲洋對出一帶的赤魚，因珠海盛產赤魚。如珠海的大西礁、暗礁，在萬山列島北部，黃茅島之北。周圍水深八至九米，盛產帶魚、丁魚、赤魚等。[184]珠海的黃茅島位於萬山列島北偏西，東距萬山島七公里，西北距澳門半島十九點六公里。周圍海域水深五至十米，盛產帶

182 九洲島是九個島嶼的總稱，據（明）鄧遷纂、黃佐纂：《香山縣志》（日本國會圖書館藏明嘉靖二十七年刻本影印本，日本藏中國罕見地方志叢刊），卷一，頁16下；（清）光緒五年田明曜修、陳澧纂：〈輿地上．山川〉，《香山縣志》（上海市：上海書店出版社，2013年），卷四，頁24下記載：「九洲星洋在城東南海中，有九島如星，稱九星洲山」。九洲島是九個島嶼的總稱，包括大九洲、九洲頭、雞籠洲、橫山、橫檔、海獺洲、茶罐洲、大尾灣、龍眼洲東灣九個島嶼。

183 《廣東省珠海市地名志》編纂委員會編：《廣東省珠海市地名志》（廣州市：廣東科技出版社，1989年1月），頁127。

184 珠海市地名志編委會編：《珠海市海島志》（珠海市：珠海市地名志編委會，1987年5月），頁137。

魚、赤魚、青磷等。[185] 珠海的大烈島位於珠江口外萬山列島之北，黃茅島之東。南與小烈島相距一百六十米，西北與澳門半島相距二十一點五公里。周圍水深八至九米，盛產黃花魚、帶魚，赤魚等。[186]

整條漁諺就是說吃最好的黃花魚，就要吃香港新界離島區大澳捕撈的黃花魚；要吃最好的赤魚，就要吃珠海市一帶捕捉的赤魚。

（3）一場風來一場色，打魚要在清水側。（珠海市萬山港）

$j\text{ɐ}t^{5}\ t\text{ʃ}^{h}\text{ɔŋ}^{21}\ f\text{oŋ}^{55}\ l\text{ɔ}i^{21}\ j\text{ɐ}t^{5}\ t\text{ʃ}^{h}\text{ɔŋ}^{21}\ \text{ʃ}ek^{5}$，
$ta^{35}\ ji^{21\text{-}35}\ jiu^{33}\ t\text{ʃɔ}i^{22}\ t\text{ʃ}^{h}e\text{ŋ}^{55}\ \text{ʃɵ}y^{35}\ t\text{ʃ}ak^{5}$

有風來的時候，水就會混沌，混沌的水，魚眼便看不清，所以魚便要跑到清水區的一側去。《捕魷魚》稱「北流開始向南移動，這時的東南季風還未全部消失，在不同流向的衝擊下，沿岸水混濁，中國槍烏賊逐漸向外較深水區移動，隨著海況變化呈時偏內，時偏外狀況」，[187]水混濁確實會影響漁類改變移動方向。

（4）池魚埋沙，澤魚靠泥。（珠江口）

$t\text{ʃ}^{h}i^{21}\ ji^{21\text{-}35}\ mai^{21}\ \text{ʃ}a^{55}$，$t\text{ʃ}ak^{2}\ ji^{21\text{-}35}\ k^{h}ai^{33}\ l\text{ɐ}i^{21}$

春汛（1-5月）是全年的第一大汛期，汛期長，漁汛好。由於春天雨水多，氣溫轉暖，近岸水溫回升，餌料多，是魚類洄游到粵東沿岸漁場覓食、產卵繁殖的主要季節，成為漁船捕撈作業的旺汛期，捕

185 珠海市地名志編委會編：《珠海市海島志》（珠海市：珠海市地名志編委會，1987年5月），頁12。

186 珠海市地名志編委會編：《珠海市海島志》（珠海市：珠海市地名志編委會，1987年5月），頁13。

187 蘇龍編著：《捕魷魚》（福州市：福建科學技術出版社，1989年7月），頁16。

撈量一般占全年的百分之四十至百分之四十五。主要漁獲有帶魚、馬鮫、澤魚、池魚及蝦蟹等，其中尤以池魚、澤魚較為大宗。[188] 藍圓鰺（池魚）為水性中上層魚類，具洄游習性，喜結群。當天氣晴朗、流緩並有東南風時易起群。白天魚群沿表層起群上浮時，在海面呈灰黑色水塊，出現波紋式漩渦。大風期間，魚群分散，打雷時潛伏海底，易受音響而驚動，[189] 故此稱「池魚埋沙」。澤魚，學名是金色小沙丁魚，鯡科。一般在閩南至臺灣淺灘漁場，它是最重要的中上層魚類之一，也是燈光圍網作業的主要漁獲物。在中國，一般分布於東海至南海沿岸。[190] 但澤魚到了珠江口一帶，因珠江口一帶灘塗多，澤魚跟流水上落時不及時逃跑，只能鑽泥，也有部分澤魚追小魚吃時一直追至泥灘，出現澤魚靠泥的現象。澤魚都是成群的，帶頭的魚衝上去泥灘，其他魚群也照樣上去，上了泥灘就出不來了，故珠江口漁民稱「澤魚靠泥」。

（5）白天看起水，晚上拉夜紅。（珠海市）

pak^{2} t^{h}in^{55} hɔn^{33} hei^{35} ʃøy^{35}，man^{13} ʃɔŋ^{22} lai^{55} jɛ^{22} hoŋ^{21}

珠江口是池魚（巴浪魚，學名是藍圓鰺）漁場。池魚是珠江區海洋捕撈中的一種主要經濟魚類。池魚屬水性中上層魚類，性喜光，結群洄游。池魚的群體中混有同種類的竹池（長體圓鰺）、石池（竹莢魚）、黃尾池（達中鰺），還有混了不同種類的橫澤魚（沙丁魚）。春

188 海豐縣地方志編纂委員會：《海豐縣志（上）》（廣州市：廣東人民出版社，2005年8月），頁359-360。

189 伍漢霖等編著：《中國有毒魚類和藥用魚類》（上海市：上海科學技術出版社，1978年4月），頁103。

190 王鵬、陳積明、劉維編著：《海南主要水生生物》（北京市：海洋出版社，2014年6月），頁9。

汛產卵群的池魚對環境的要求，是喜歡東南或南風、霧天，稍有微波，水溫於攝氏十八至三十二度的沙泥處。產卵群在春汛期間，不同性成熟度個體的攝食強度也不同。但不管牠的性成熟度如何，或將產卵和正在產卵的池魚個體仍繼續進行攝食，只不過是攝食量下降而已。也就是說，在這一期間，餌料生物的分布將是影響池魚（也包括同游的澤魚）起群（「起水」）移動的重要原因之一。珠海的漁民利用池魚（包括澤魚）起水機會進行圍捕。[191] 因此，珠海一帶漁民便有「白天看起水，晚上拉夜紅」這一漁諺。這是說珠海市漁民在白天便觀看珠江口一帶池魚魚群在沿岸表層起群（「起水」）上浮時，在海面呈灰黑色水塊，出現波紋式漩渦，[192] 便利用池魚、澤魚魚群性喜光特性決定是否晚上進行燈光圍網捕撈，這就是「晚上拉夜紅」的意思。

3 洄游

二月初二，魚頭相間；二月十五，魚頭相鑒。（珠海市）

ji^{22} jit^{2} tʃ^{h}ɔ^{55} ji^{22}，ji^{21} t^{h}ɐu^{21} ʃɔŋ^{55} kan^{33}；
ji^{22} jit^{2} ʃɐt^{2} m̩^{13} ，ji^{21} t^{h}ɐu^{21} ʃɔŋ^{55} kan^{33}

在二月初二這時間，每年各有一批魚群向東和向西移動，於三浪橫漁場（在萬山西至三浪橫）相遇，形成每年較旺的漁汛，[193] 這便是「二月初二，魚頭相間」；在二月十五期間，魚兒會分叉向珠江口東西兩邊洄游而去，這便是「二月十五，魚頭相鑒」。[194]

---

191 施主佑著：《科技興漁》（廣州市：中山大學出版社，1995年2月），頁52-55。

192 伍漢霖等編著：《中國有毒魚類和藥用魚類》（上海市：上海科學技術出版社，1978年4月），頁103。

193 施主佑著：《科技興漁》（廣州市：中山大學出版社，1995年2月），頁58。

194 張憲昌、梁玉磷、馬振坤編：《南海漁諺拾零》（北京市：海洋出版社，1988年4月），頁7。

4　漁獲量

（1）三、四月晚上，南邊看月光，鱠白倒滿艙。（珠海市）

ʃan55 ʃei33 jit2 man13 ʃɔŋ22，
lan21 pin55 hɔn33 jit2 kɔŋ55，
tʃhou21 pak2 tou35 mun13 tʃhɔŋ55

農曆三、四月分是鱠白魚的春汛，是產鱠白魚的旺季，一般捕撈鱠白都是在傍晚放網，捕完後月光剛出來。

（2）十冷九豐收。（珠江口）

ʃɐt2 laŋ13 kɐu35 foŋ55 ʃɐu55

解釋「十冷九豐收」之說，我們先行看春汛下的小黃魚情況。春汛時，小黃魚在山東煙威漁場適溫範圍較窄，對溫度要求嚴格。五十年代資源好的時候，在底層攝氏五度等溫線和百分之三十二鹽線附近形成中心漁場。低於攝氏四點七度魚群較少。因而，四月分當攝氏五度等溫線由東向西推移時，海場也隨之由東而西移動。當攝氏四點五度等溫線消失，攝氏七度等溫線出現時，漁期即告結束。由此可見，每年攝氏五度等溫線在煙威漁場出現時間的早晚就決定了小黃魚的漁期。一般水溫偏高的年分，攝氏五度等溫線出現的早，漁期提前。反之，則推後。另外，北海冷水團低溫中心的強弱對中心漁場的影響也很明顯。凡是冷冬的年分，冷水團勢力強，範圍大，與沿岸水的交會區靠近岸，魚群洄游也靠岸，漁場偏南。一般而言，冷水強的年分，水溫低，漁期則晚。若冷水團和沿岸水勢力都強，其混合水範圍窄，溫度和鹽度水平梯度大，因而魚群活動範圍小，最容易形成生產旺汛。相反，如果冬暖或冷水團和沿岸水勢力均很弱時，水溫偏高。這樣，漁期雖早，但因水溫梯度小，魚群分散，不利於捕撈（各種魚均存在這種情況）。所以漁民有「十冷九豐收」之說。[195]同一情況，中國四大漁場之一珠江口萬山漁場的春汛，對池魚、澤魚也存在「十冷九豐收」漁獲量產量的預測。

5　漁撈

（1）魚頂流，網順流，兩下一齊湊。（珠海市）

ji$^{21-35}$ teŋ^{35} lɐu^{21}，mɔŋ^{13} ʃɐn^{22} lɐu^{21}，
lɔŋ^{13} ha^{33} jɐt^{5} tʃʰɐi^{21} tʃʰɐu^{33}

「魚頂流，網順流」這句漁諺不是珠海漁民得出的生產總結，全國海洋生產作業和內河作業生產的漁民也有這種生產作業時的總結出來相同的經驗。網具流刺網是長帶形，船繫在網一端，船隨網隨流漂動，魚頂流而上，刺纏於網目便達到捕撈目的。網目大小根據漁獲物群體組成確定，網線規格根據漁穫物個體大小、活動能力及網具耐用性而定。[196]這是海洋捕撈作業的漁諺。每年一般在七月漲水，魚頂流而上，到上游泡沼廣闊水域中產卵、育肥。到了八月，水溫開始下降，水位也要下降，魚就要順流而下，到深水區準備越冬，這是魚類對環境的適應。[197] 這是內河捕魚作業總結的漁諺。海洋拖網生產作業同樣也有「魚頂流、網順流」的獲高產經驗。如春汛期間，煙威漁場的魚群向西游去，此時拖網應從西向東拖迎頭魚才能獲高產，叫姑

195 李繁華等編著：《山東近海水文狀況》（濟南市：山東省地圖出版社，1989年8月），頁80。

196 《科教興國叢書》編輯委員會編：《中國現代農業文集》（北京市：中國書籍出版社，1997年9月），頁833。

197 中國人民政治協商會議大安縣委員會文史辦公室編：《大安文史資料》（第3輯）（缺出版資料，1986年12月），頁83。

魚在大汛期間，如潮流方向和魚群游向一致時，則魚群起水移動快，漁場變化大；當流向和魚群游向不一致時，剛魚群貼底，游動緩慢，漁場穩定，小汛期的漁場也較穩定。[198]

（2）巧拉慢起流。（珠江口）

hau^{35} lai^{55} man^{22} hei^{35} lɐu^{21}

這是海洋拖網生產作業的總結經驗，也是全國性捕魚的總經驗，並不是珠江口捕撈的獨有總結經驗。《南海漁諺拾零》書裡稱流為憩流，這是水利專業名詞，憩流是可以分成漲潮憩流和落潮憩流。[199] 當海洋潮波侵入河口之初，河口水位開始上升，河道入海水流流速（落潮流）漸減；但水流方向仍指向海洋，稱此水流為漲潮落潮流（即水位已上漲而水流仍流向海洋），此時，在海水（鹹水）與河水（淡水）交界處會發生異重流，上層為淡水流向海洋，下層為鹹水流向內陸。該處的流速垂直分布。隨著水位的不斷上升，河水的落潮流速漸漸為海水漲潮流速所平衡，繼而出現憩流，稱為落潮憩流……河口水位繼續下降，河水水流又出現了暫時的憩流，叫作漲潮憩流，此後不久流向指向下游，水面比降亦轉向海洋傾斜，稱此時的水流為落潮落潮流，直至再出現落潮憩流為止。[200] 因此憩流就是實際是潮汛與漁汛的關係。潮汛與漁汛的關係，漁民們也有著豐富的經驗，如捕撈太平洋鯡，膠東漁民總結了「大潮進魚、小潮起群、平流出大網頭」，即圍網漁業的高產時間主要出現在大潮和小潮之間的潮流較小

---

198 陳大剛編著：《黃渤海漁業生態學》（北京市：海洋出版社，1991年2月），頁20。

199 張憲昌、梁玉磷、馬振坤編：《南海漁諺拾零》（北京市：海洋出版社，1988年4月），頁10。

200 揚州水利學校主編：《水文測驗》（北京市：水利出版社，1980年6月），頁306-307。

的日子裡。一天中最佳生產時間，主要是抓緊四個「慢起流」，即抓緊晝夜兩漲兩落時出現的四個緩流階段，便能獲得高產、穩產，因為此時流速較小，魚群集群產卵或索餌，同時網具在水中較平穩，所以網獲率大大提高。[201]

6　魚與氣象

（1）春海大霧到，池魚結成堆。（珠江口）

tʃ^{h}ɐn^{55} hɔi^{35} tai^{22} mou^{22} tou^{33}，tʃ^{h}i^{21} ji$^{21-35}$ kit^{3} ʃeŋ^{21} tɵy^{55}

池魚（學名是藍圓鰺）的群體中常混著同種類的竹池（長體圓鰺）、石池（竹莢魚）、黃尾池（達中鰺），還有混了不同種類的橫澤魚（沙丁魚），所以，有池魚出現，就有橫澤魚出現。橫澤魚，學名是金色小沙丁魚，鯡科。一般在閩南至臺灣淺灘漁場，牠是最重要的中上層魚類之一，也是燈光圍網作業的主要漁獲物，年產量曾高達 20×10^{4} t。一般分布於東海至南海沿岸。[202] 夏天的氣候會影響水中的含氧量，特別是在大霧或悶熱時，氣壓低及濕度大都會影響水中的含氧量。自然界中氣壓高，水中含氧量就高，反之則低。如果空氣的濕度大，則水蒸氣的張力亦大，水中溶氧量減少；空氣濕度小，水蒸氣張力亦小，溶氧量增加。因此，悶熱天黎明時常看到大量出現浮頭現象。[203]「春海大霧到，池魚結成堆」是說春天時遇上海霧的天氣下，氣壓往往較低，會影響水中的含氧量，使大量群集在珠江口一帶的藍圓鰺（池魚）、橫澤魚浮頭於海面呼吸，這便是漁民捕撈的好時機。

201 陳大剛編著：《黃渤海漁業生態學》（北京市：海洋出版社，1991年2月），頁20。

202 王鵬，陳積明，劉維編著：《海南主要水生生物》（北京市：海洋出版社，2014年6月），頁9。

203 秦偉編著：《魚類學》（蘇州市：蘇州大學出版社，2000年5月），頁109。

（2）春雨早來，春魚早到。（珠江口）

tʃ^{h}ɐn^{55} ji^{13} tʃou^{35} lɔi^{21}，tʃ^{h}ɐn^{55} ji$^{21-35}$ tʃou^{35} tou^{33}

春魚是春汛期的魚統稱。春天若然出現了降雨適時，再加上是春雨適量的，這樣子對於漁汛（春汛）會有提早產生作用，對魚兒的早發極為有利。若然出現久旱無雨，或者春雨過多，直接會影響水質變化，直接會影響漁汛出現延遲，春汛延遲，對幼魚繁殖生長和生產極之不利。[204]

（3）四月初八起東風，今年漁汛就落空。（珠江口）

ʃei^{33} jit^{2} tʃ^{h}ɔ^{55} pat^{3} hei^{35} toŋ^{55} foŋ^{55}，
kɐn^{55} lin$^{21-35}$ ji^{21} ʃɐn^{33} tʃɐu^{22} lɔk^{2} hoŋ^{55}

「四月初八起東風，今年漁汛就落空」這條漁諺跟「穀雨風，山空海也空」（華南）、「穀雨吹東風，山空海也空」（南澳）、「不怕西南風大，只怕刮東風」（海南）意思一致。就是說東風風勢是特大的，即使是魚蝦春汛期，因風大，所有魚蝦未能接近岸邊產卵繁殖，就是這個原因，便構成不利於捕撈，捕不成魚蝦機會很大，所以漁諺說成「今年漁汛就落空」、「山空海也空」。中山市老漁民稱「清明穀雨，凍死老鼠」、「清明穀雨，凍死老家公」、「清明要晴，穀雨要淋」、「清明要宜晴，穀雨宜雨」，所以穀雨時，不宜有風，應該是下雨，若然起風，天氣便轉冷，連老家公、老鼠也會凍死。「清明穀雨風」不單跟漁獲量有關，也與農作物有關，如「大豆最怕穀雨風」（福建寧

---

204 陳再超、劉繼興編：《南海經濟魚類》（廣州市：廣東科技出版社，1982年11月），頁110。

化），就是大豆作物也受不起春寒之風。[205]

（4）出北回頭東，餓死大貓公。（珠江口）

tʃ^{h}ɐt^{5} pɐt^{5} wui^{22} t^{h}ɐu^{21} toŋ^{55}，ɔ^{22} ʃei^{35} tai^{22} mau^{55} koŋ^{55}

「出北」是指吹北風；「回頭東」是指忽然轉吹起東風。海南省那邊有一條漁諺說「不怕西南風大，只怕刮東風」，廣東南澳縣有一條漁諺稱「穀雨吹東風，山空海也空」，珠江口一帶漁民有「四月初八起東風，今年漁汛就落空」這樣子漁諺。原因是東風風勢是特大的，即使是魚蝦春汛期，因風大，所以魚蝦未能接近岸邊產卵繁殖，就是這個原因，便構成不利於捕撈，捕不成魚蝦機會很大，所以漁諺說成「山空海也空」。中山市老漁民稱「清明穀雨，凍死老鼠」、「清明穀雨，凍死老家公」、「清明要晴，穀雨要淋」、「清明要宜晴，穀雨宜雨」，所以穀雨時，不宜有風，應該是下雨，若然起風，天氣便轉冷，連老家公、老鼠也會凍死。「清明穀雨風」不單跟漁獲量有關，也與農作物有關，如「大豆最怕穀雨風」（福建寧化），就是大豆作物也受不起春寒之風。[206] 所以這條漁諺是說，當珠江口由吹著北風，忽然吹起東風，就打擾了漁汛，打亂漁汛，就影響了漁獲量，大貓公連一口小魚也吃不上，甚至要餓死。所以這一條漁諺是跟漁汛不好有關。與此雷同就是廣東也有如此接近的農諺，「七月吹西風，餓死大貓公」、[207]也是與風有關的。陸上吹西風，會影響農作物收成，而海

205 中國民間文學集成全國編輯委員會、中國民間文學集成廣西卷編輯委員會編：《中國諺語集成（福建卷）》（北京市：中國ISBN中心，2001年6月），頁910。

206 中國民間文學集成全國編輯委員會、中國民間文學集成廣西卷編輯委員會編：《中國諺語集成（福建卷）》（北京市：中國ISBN中心，2001年6月），頁910。

207 《東莞市厚街鎮志》編纂委員會編：《東莞市厚街鎮志》（廣州市：廣東人民出版社，2015年1月），頁226。東莞市中堂鎮潢涌村志編纂委員會編：《東莞市中堂鎮

洋捕撈遇上東風，就破壞了漁汛期，進而影響漁獲量。

（5）天氣暖柔柔，池魚向內游。（珠江口）

t^{h}in^{55} hei^{33} lin^{13} jɐu^{21} jɐu^{21}，tʃ^{h}i^{21} ji$^{21-35}$ hɔŋ^{33} lɔi^{22} jɐu^{21}

藍圓鰺在福建沿海俗稱巴浪魚、緹呫，江浙一帶稱黃占，廣東叫池魚。藍圓鰺為典型的暖水性中上層泅游魚類，在南海北部海區分布廣泛，但平時棲息於底層的群體，其洄游移動不甚明顯。但冬春季期間，由於淡水範圍退縮，而外海水直迫近岸，此時產卵魚群大量結集，自外海洄游至沿岸海區行產卵活動。在珠江口附近海區，自十一月下旬至十二月初，首批游來的藍圓鰺出現於擔杆列島東南水深五十至七十米範圍內，形成該海區的冬、春漁汛。隨後魚群由東向西，由深向淺移動。三月中旬至四月中旬，魚群再西移至荷包島和高欄島以南，在水深二十至四十米處進行產卵。四月中旬以後，表層水溫較快回升，平均達攝氏二十四度以上，產卵活動也告結束，集結魚群漸趨分散。[208] 這一條漁諺交代池魚在冬春期間，在南方相對天氣較暖柔柔之際，便會從水深處「向內游」，即是說接近珠江口近岸地方進行產卵，因內河淡水範圍退縮，所以藍圓鰺可以直迫近岸，因淡水退縮，便讓人覺得藍圓鰺「向內游」。

（潢涌村志）》（廣州市：嶺南美術出版社年2010年1月），頁406。廣東省地理學會科普組主編：《廣東農諺》（北京市：科學普及出版社；廣州分社，1983年2月），頁4。

208 陳再超、劉繼興編：《南海經濟魚類》（廣州市：廣州市：廣東科技出版社，1982年11月），頁105-108。

（6）十月東北吼，毛蟹要豐收。（珠江口）

ʃɐt^{2} jit^{2} toŋ^{55} pɐt^{5} hau^{55}，mou^{21} hai^{13} jiu^{33} foŋ^{55}ʃɐu^{55}

「十月東北吼，毛蟹要豐收」跟「十月旱，毛蟹斷擔杆」（深圳）意思相同。就是農曆十月是毛蟹的汛期，蟹洄游，便出現毛蟹肥大豐收現象，深圳那邊則誇張說成要斷擔杆以形容出現大豐收。[209]

（7）十月旱，毛蟹斷擔杆。（深圳）

ʃɐt^{2} jit^{2} hɔn^{13}，mou^{21} hai^{13} t^{h}in^{13} tan^{33} kɔn^{55}

意思與「十月東北吼，毛蟹要豐收」一致。就是說農曆十月是毛蟹的汛期，蟹洄游，便出現毛蟹肥大豐收現象。

（8）南風天澇海水清，魚群食水清；北風天陰海水濁，只有魚頭粥。（珠江口）

lan^{21} foŋ^{55} t^{h}in^{55} lou^{13} hɔi^{35} ʃɵy^{35} tʃ^{h}eŋ^{55}，
ji^{21} k^{h}ɐn^{21} ʃek^{2} ʃɵy^{35} tʃ^{h}eŋ^{55}；
pɐt^{5} foŋ^{55} t^{h}in^{55} jɐn^{55} hɔi^{35} ʃɵy^{35} ʃok^{2}，
tʃi^{35} jɐu^{13} ji^{21} t^{h}ɐu^{21} tʃok^{5}

吹起南風時，又遇上大雨，漁場的海洋餌料隨水流漂到別處去而變少了，魚群也因無餌料可進食便不到來，漁民就不能進行捕撈；北風起時，加上天陰，海水混濁，也不好捕撈，漁民只能吃魚頭充饑，故稱「只有魚頭粥」，寓意能捕撈起的魚不多。

209 廖虹雷著：《深圳民間熟語》（深圳市：深圳報業集團出版社，2013年4月），頁80。

（9）南風南霧，池魚浮露。（珠海市）

lan^{21} foŋ^{55} lan^{21} mou^{22}，tʃ^{h}i^{21} ji$^{21\text{-}35}$ fɐu^{21} lou^{22}

就廣東的氣候分析，南風南霧是氣溫較高，濕度較大的晴暖而濕潤的天時，池魚就會上浮露頭呼吸，這是有利於捕撈。

（10）池水面跳，會有大風到。（珠海市）

tʃ^{h}i^{21} ʃøy^{35} min^{22} t^{h}iu^{33}，wui^{33} jɐu^{13} tai^{22} foŋ^{55} tou^{33}

這條漁諺跟「魚蝦翻水面，大雨得浸田」有密切關係，都是與氣壓低有關。每逢大雨之前，溶水裡面的氧氣也比少，池仔都會翻水面而跳，目的也是多呼吸一些氧氣，就是表示氣壓正在下降，低氣壓風暴或氣旋風暴正在迫近，天便將會有大雨或暴雨，也會出現暴風。

7　魚與海況

（1）三月西南流，食魚唔食頭。（珠江口）

ʃan^{55} jit^{2} ʃɐi^{55} lan^{21} lɐu^{21}，ʃek^{2} ji$^{21\text{-}35}$ m̩^{21} ʃek^{2} t^{h}ɐu^{21}

拖網漁船作業，合風合流，產量必高。[210]意思跟粵西沿岸漁民的「正二月東風逢南流，食魚唔食頭」漁諺意思相同。

（2）五月初五起南浪，魚群漁汛有曬行。（珠江口）

m̩^{13} jit^{2} tʃ^{h}ɔ^{55} m̩^{13} hei^{35} lan^{21} lɔŋ^{22}，
ji^{21} k^{h}ɐn^{21} ji^{21} ʃɐn^{33} mou^{13} ʃai^{33} hɔŋ^{21}

---

210 張憲昌、梁玉磷、馬振坤編：《南海漁諺拾零》（北京市：海洋出版社，1988年4月），頁15。

每逢端午時總會起南風，風是吹得很急，所以會引起大浪，漁民便稱作「五月初五起南浪」，大浪會讓海洋餌料多隨海浪漂流到別處，因此海面餌料便不多。此時還是汛期，魚群洄游到南方索餌育肥和產卵或者在外海洄游到近岸育肥和產卵，但漁場卻因「南浪」導致餌料變少，讓魚群也因不能進行索餌料而無法在產卵期前進食，所以便出現漁汛失效，故珠江口漁民稱「魚群漁汛冇曬行」。

（3）南湧一聲嘩，帶魚山上爬。（珠海市）

lan^{21} joŋ^{35} jɐt^{5} ʃeŋ^{55} wa^{55}，tai^{33} ji$^{21-35}$ ʃan^{55} ʃɔŋ^{22} p^{h}a^{21}

當南湧風浪大時，帶魚此時往往洄游到岸邊岩礁一帶棲息。

（4）清流一把水，海底無魚游。（珠江口）

tʃ^{h}eŋ^{55} lɐu^{21} jɐt^{5} pa^{35} ʃɵy^{35}，hɔi^{35} tɐi^{35} mou^{13} ji$^{21-35}$ jɐu^{21}

清流是漁民分析和觀測到無浮游生物棲息的海區，因而往往餌料缺乏，魚不能在此集群索餌。這是指導漁民這時候不會出現漁汛，若然要捕撈也不會有好漁獲。

8 海水養殖

水淡則蠔死，太鹹則蠔瘦，淡水少處蠔易生，鹹水多處蠔易肥。（珠江口）

ʃɵy^{35} t^{h}an^{13} tʃɐt^{5} hou^{21} ʃei^{35}，t^{h}ai^{33} han^{21} tʃɐt^{5} hou^{21} ʃɐu^{33}，

t^{h}an^{13} ʃɵy^{35} ʃiu^{35} tʃ^{h}i^{33} hou^{21} ji^{22} ʃaŋ^{55}，
han^{21} ʃɵy^{35} tɔ^{55} tʃ^{h}i^{33} hou^{21} ji^{22} fei^{21}

蠔的生活環境要求的水溫、海水的比重、混濁度、鹽度以及營養物質很是嚴格，[211]「水淡則蠔死，太鹹則蠔瘦，淡水少處蠔易生，鹹水多處蠔易肥」說明了蠔只適宜於鹹淡水交會地區生長的水生生物。

9　其他

（1）南海經濟魚，丁三線立池。（珠江口）

lan^{21} hɔi^{35} keŋ^{55} tʃɐi^{33} ji$^{21\text{-}35}$，teŋ^{55} ʃan^{55} ʃin^{33} lat^{2} tʃ^{h}i^{21}

丁三線立池是蛇鯔魚、金線魚、緋鯉魚、二長刺鯛魚和藍圓鰺魚，[212] 這幾種魚全是南海一帶的一些經濟魚（具有開發利用價值）。

（2）張口黃花閉口池。（珠海市萬山）

tʃɔŋ^{55} hɐu^{35} wɔŋ^{21} fa^{55} pɐi^{33} hɐu^{35} tʃ^{h}i^{21}

當魚捕上後揀取吃時，要注意漁獲物是張口或閉口，以分辨其新鮮程度。[213]

（3）一鯇、二鯧、第三馬鮫郎；一鯧、二鯇、三馬鮫。（珠江口）

jɐt^{5} mɔŋ^{55}、ji^{22} tʃ^{h}ɔŋ^{55} tɐi^{22} ʃan^{55} ma^{13} kau^{55} lɔŋ^{21}；
jɐt^{5} tʃ^{h}ɔŋ^{55} ji^{22} mɔŋ^{55} ʃan^{55} ma^{13} kau^{55}

---

211 湯開建，馬明達主編：《中國古代史論集（第2集）》（上海市：上海古籍出版社，2006年6月），頁354。

212 張憲昌、梁玉磷、馬振坤編：《南海漁諺拾零》（北京市：海洋出版社，1988年4月），頁18。

213 張憲昌、梁玉磷、馬振坤編：《南海漁諺拾零》（北京市：海洋出版社，1988年4月），頁18。

以上是一些品味海鮮的順口溜，不同地區有不同看法。深圳認為是「頭鯧、二鮏、三馬鮫」，[214] 廣西方面有「一鰱、二鯧、三馬鮫」的說法。[215]

（4）沙井蠔，龍崗雞。（寶安縣）

ʃa⁵⁵ tʃɛŋ³⁵ hou²¹，loŋ²¹ kɔŋ⁵⁵ kɐi⁵⁵

「沙井蠔」是像香港九龍「深井燒鵝」一樣用地方命名的深圳著名特產。[216]沙井蠔的歷史可以追溯到宋朝沙井蠔產地分布在深圳市沙井、福永、鹽田、前海、後海和香港流浮山一帶。沙井蠔業從宋代開始插杆養蠔，距今一千多年，是世界上最早人工養蠔的地區。至明清，沙井蠔業有較大發展。新中國成立後，沙井蠔業合作社一九五六年被國家評為「模範合作社」，一九五七年評為「全國勞模集體單位」。此後，沙井蠔發展迅速，產品遠銷海內外，蘇聯、日本、越南等專家紛紛前來考察，沙井蠔民也到各地傳授生產技術。[217] 深圳寶安縣龍崗、坪山一帶所產的「龍崗雞」，毛黃、嘴黃、腳黃，故稱「三黃雞」，是廣東優良的雞種。這種雞肉質細嫩，皮鬆骨脆，味道鮮美，為席筵佳品，在港九市場深受歡迎。[218]

---

214 廖虹雷著：《深圳民間熟語》（深圳市：深圳報業集團出版社，2013年4月），頁334-335。

215 中國農業百科全書編輯部：《中國農業百科全書・水產業卷（上）》（北京市：農業出版社，1994年12月），頁323。

216 廖虹雷著：《深圳風物志・民間美味卷》（深圳市：海天出版社，2016年11月），頁22。

217 温友平著：《文化的力量・深圳寶安文化紀事》（深圳市：海天出版社，2012年1月），頁237。

218 許自策、蔡人群編著：《中國的經濟特區》（廣州市：廣州市：廣東科技出版社，1990年7月），頁111。

（5）五月無閒人，六月無閒北。（珠江口）

m̩^{13} jit^{2} mou^{21} han^{21} jɐn^{21}，lok^{2} jit^{2} mou^{21} han^{21} pɐt^{5}

「五月無閒人」，是與漁汛大旺有關。至於「六月無閒北」，是指夏天的時候，廣東地區一般多吹偏南風，如果突然刮起北風，而且刮的時間又很長，這就有颱風發生，是表示太平洋的颱風侵入南海。當太平洋颱風入侵南海的時候，廣東便處於颱風中心的外圍，又在它的北方或西北方，因受到颱風的影響，由吹偏南風變成刮北風，向颱風中心流動。所以，夏季吹北風，都意味著颱風要到來，應該及早做好防備工作。[219]

（二）海況

1　海溫

（1）海水發臭，海冒氣泡，颱風不出一兩天。（珠海市）

hɔi^{35} ʃøy^{35} fat^{3} tʃ^{h}ɐu^{33}，hɔi^{35} mou^{22} hei^{33} p^{h}au^{55}，
t^{h}ɔi^{21} foŋ^{55} pɐt^{5} tʃ^{h}ɐt^{5} jɐt^{5} lɔŋ^{13} t^{h}in^{55}

與此漁諺相近的有「海水發臭天將變」（浙）、「海泥發臭，海水發紅，海生物不安，二至三天；內有大風」（桂）；「水冒泡大風到」（冀、遼、魯）、「海底冒泡，必是風兆」（魯）、「水裡冒泡，海裡有風」（冀）。[220]

「海水發臭天將變」。這是因為海水中本來含有一些氣體・天氣

219　留明編著：《怎樣觀測天氣（上）》（呼和浩特市：遠方出版社，2004年9月），頁27-28。

220　熊第恕主編：《中國氣象諺語》（北京市：氣象出版社，1991年3月），頁496。

晴朗時，氣壓較高，這些氣體能夠溶解在水中，而當天氣變壞時，氣壓降低，水中容納不了較多的氣體，形成氣泡浮到水面上來。另外，淺海的海底，原來沉積有魚蝦等腐敗物，當氣泡浮到水面上來時，會把這些淺海海底的髒穢物帶到水面，所以，海水發臭、冒泡說明附近海面將有颱風或風暴。[221]

（2）水皮冷，春東南，南海霧，日綿綿。（珠江口）

ʃøy^{35} p^{h}ɐi^{21} laŋ^{13}，tʃ^{h}ɐn^{55} toŋ^{55} lan^{21}，
lan^{21} hɔi^{35} mou^{22}，jɐt^{2} min^{21} min^{21}

諺語有「春東南，多雨水；夏東南，燥烘烘」。在南海海區，由於是來自海洋的風，濕度大，天氣還是因此而較寒，陰雨天氣連綿，所以「水皮冷」。

（廣東）十二月至五月為南海霧季，其中以三月分霧日最多……多霧海區和多霧季節，海面上能見度較差，所以漁民作業時要留意，以免漁船相碰撞。[222]然而，在全國而言，南海霧日較少，僅在廣東省沿岸一至四月分有海霧日出現，海霧日最多的月分有十天左右，[223]所以大部分日子中，天空依然是強盛的日光，這就是「日綿綿」，故廣東沿海有諺曰「春霧日頭夏霧雨」。[224]

221 廈門水產學院、江仁主編：《氣象學》（北京市：農業出版社，1980年9月），頁149。

222 廣東省地方史志編纂委員會編：《廣東省志．地理志》（廣州市：廣東人民出版社，1999年12月），頁173。

223 虞積耀、王正國主編；錢陽明、賴西南、陳伯華副主編：《海戰外科學》（北京市：人民軍醫出版社，2013年1月），頁61。

224 廣東省地理學會科普組主編：《廣東農諺》（北京市：科學普及出版社；廣州分社，1983年2月），頁22。廖虹雷著：《深圳民間熟語》（深圳市：深圳報業集團出版社，2013年4月），頁118。廣東省氣象局編寫：《看天經驗》（廣州市：廣東人民出版社，1975年11月），頁18。

2　海流

朝北晚南午來東，駛船打漁好流風。（珠江口）

tʃiu^{55} pɐt^{5} man^{13} lan^{21} m̩^{13} lɔi^{21} toŋ^{55}，
ʃɐi^{35} ʃin^{21} ta^{35} ji$^{21\text{-}35}$ hou^{35} lɐu^{21} foŋ^{55}

「駛船打漁好流風」是指在秋風頭這季度，是拖網船一年生產中的黃金時代。與此相近有「朝北晚南晏晝（午）東，天天都見日紅」，意指到了秋天季節，如果每天早吹北風，中午時分吹東風，傍晚吹南風，即屬乾旱象，天天可見紅日當頭。[225] 至於跟此漁諺意思一致的是「朝北晚南晏時東」，也是講述秋天的作業。秋風頭（七月十五至十二月底）是東北風盛行季節，風力大，漁船有足夠的拖速，是一年生產中的黃金時代。初期天氣的特點是「朝北晚南晏時東」，即早上吹北風，傍晚吹南風，中午吹東風。漁船在上東航行途中，可在適宜的漁場爭取沿途作業，若在泥口側等漁場，最好拖橫篷（直拖），使船易回步（回原來作業漁場）。到了八月間，東北風已開始到來，早上風力較大，傍晚即趨減弱，整天有風生產。[226]

3　海浪

鹽田風，平沙浪。（寶安縣）

jin^{21} t^{h}in^{21} foŋ^{55}，p^{h}eŋ^{21} ʃa^{55} lɔŋ^{22}

---

225 中山市坦洲鎮志編纂委員會編：《中山市坦洲鎮志》（廣州市：廣東人民出版社，2014年12月），頁698。

226 省水產廳、南海水產研究所工作組：〈閘波公社深海拖風漁船是怎樣掌握漁場漁汛〉，見廣東省水產廳技術站、漁汛站編印：《廣東省海洋漁業技術資料彙編（第2輯）》（廣東省水產廳技術站、漁汛站編印，1965年），頁3。

鹽田和平沙兩地位於深圳市的西部沿海地區，此兩地以風浪著明。[227]

4 潮汐

（1）十一行，十二走，十三十四大潮流。（珠江口）

ʃɐt^{5} jɐt^{5} hɐn^{21}，ʃɐt^{2} ji^{22} tʃɐu^{35}，
jɐt^{2} ʃan^{55} ʃɐt^{2} ʃei^{33} tai^{22} tʃ^{h}iu^{21} lɐu^{21}

每月流水時間，十一日開始增大，十二日更大；到十三、十四日是最大潮流。[228]

（2）水頭魚多，水尾魚少，不如沓潮，魚無大小。（廣州）

ʃɵy^{35} t^{h}ɐu^{21} ji$^{21\text{-}35}$ tɔ^{55}，ʃɵy^{35} mei^{13} ji$^{21\text{-}35}$ ʃiu^{35}，
pɐt^{5} ji^{21} tat^{2} tʃ^{h}iu^{21}， ji$^{21\text{-}35}$ mou^{21} tai^{22} ʃiu^{35}

廣州城瀕海，珠江每天都有漲潮和落潮現象。古代人們對於廣州潮汐觀察卻很深入細緻。如《羊城古鈔》卷二：「以溯日長至初四而漸消，以望日長至十八而消，謂之水頭。以初四消至十四，以十八消至廿九三十，謂之水尾。春夏水頭盛於晝，秋冬盛於夜。春夏水頭大，秋冬小」。由這段嘉慶前的記載可知：第一，一日有兩次高潮和兩次低潮，每次相隔約六小時。這和月球近天頂有關。第二，兩次高潮，有一次高些，一次低些。故被為非正規半日混合潮，反映了廣州

227 張憲昌、梁玉磷、馬振坤編：《南海漁諺拾零》（北京市：海洋出版社，1988年4月），頁25。

228 張憲昌、梁玉磷、馬振坤編：《南海漁諺拾零》（北京市：海洋出版社，1988年4月），頁28。

受離海洋遠，進潮退潮路徑複雜影響結果。第三，潮汐分水頭（即大潮）和水尾（即小潮）。即一日中有朔望大潮的存在。水頭即大潮，初一到初四潮水特大，十五到十八又來一次特大潮水期。一在朔，一在望，都是因為這時太陽和月亮正好位於同一直線上，引力為日、月合力，故漲潮特大。水尾是在上、下弦時。這時，日和月正好成直角位置，故它們對地球所起潮力是互相抵消的，所以漲潮不大。第四，春夏水頭大，秋冬小。在朔望大潮中，尤其在春分、秋分時，因日月同時運行於地球的赤道上方，故起潮力比一般朔望大潮要高，稱為「二分大潮」。故沿海一帶「三月三觀潮」和「八月十八觀潮」是很有名的。這種精密的觀測是由於人們生產上的實際需要。俗稱「水頭魚多，水尾魚少，不如沓潮，魚無大小」。這是因為漲潮特大時，大的魚才能進入珠江，數量也多的緣故。廣州潮還有一特殊的「沓潮」，是北方少見的。「沓潮」即「潮之盛也」。一名合沓水，即謂「水之新舊者去來相逆」。「沓者重沓也。故重沓時，舊潮之勢微劣不能進退。」為什麼潮水應退不退，反而新漲潮又可以漲上來？這多是由於颱風在珠江口吹襲時引起的。沓潮時，漲水期長，江河成大海，魚退而復來，漁人最喜歡。[229]

（三）氣象

1　氣候（天氣）

十月十六天色晴，無風無雨到清明。（珠江口）

ʃɐt^{2} jit^{2} ʃɐt^{2} lok^{2} t^{h}in^{55} ʃek^{5} tʃ^{h}eŋ^{21}，
mou^{21} foŋ^{55} mou^{21} ji^{13} tou^{33} tʃ^{h}eŋ^{55} meŋ^{21}

229 曾昭璇著：《廣州歷史地理》（廣州市：廣東人民出版社，1991年5月），頁197-199。

農曆十月以後轉入旱季，以後直至清明難得有雨。[230]

2　冷空氣

未食裹蒸粽，天氣還會凍。（珠江口）

mei^{22} ʃek^{2} kɔ^{35} tʃeŋ^{55} tʃoŋ^{35}，t^{h}in^{55} hei^{33} wan^{21} wui^{33} toŋ^{33}

即五月前出海捕魚時，還會遇上冷空氣，故不能不帶上防寒衣物。[231]

3　海霧

一朝大霧三朝風，三朝大霧冷攣躬。（珠江口）

jɐt^{5} tʃiu^{55} tai^{22} mou^{22} ʃan^{55} tʃiu^{55} foŋ^{55}，
ʃan^{55} tʃiu^{55} tai^{22} mou^{22} laŋ^{13} lin^{55} koŋ^{55}

《南海漁諺拾零》寫作「三朝大霧起北風」[232]，意思與「一朝大霧三朝風，三朝大霧冷攣躬」相同。廣東中山市小欖鎮、惠州市稱作「三朝大霧一朝風」，[233]廣東鶴山說「一朝大霧三朝風，三朝大霧冷無窮」，[234]廣東佛山順德區、南海區九江鎮稱「一朝大霧三朝風，三

230 廣東省地理學會科普組主編：《廣東農諺》（北京市：科學普及出版社；廣州分社，1983年2月），頁39。

231 張憲昌、梁玉磷、馬振坤編：《南海漁諺拾零》（北京市：海洋出版社，1988年4月），頁33。

232 張憲昌、梁玉磷、馬振坤編：《南海漁諺拾零》（北京市：海洋出版社，1988年4月），頁35。

233 《小欖鎮東區社區志》編纂組編：《小欖鎮東區社區志．1152-2009》（廣州市：廣東人民出版社，2012年5月），頁48。林慧文著：《惠州方言俗語評析》（北京市：中國文聯出版社，2004年6月），頁124。

234 鶴山縣民間文學「三套集成」編委會編：《中國民間文學「三套集成」廣東卷．鶴山縣資料本》（鶴山縣民間文學「三套集成」編委會，1989年3月），頁238。

朝大霧冷攣躬」，[235]順德也有人說「一朝大霧三朝風，三朝大霧雨重重」，[236]南海有人說「一朝大霧三朝風，三朝霧揾窿攻」等。[237] 這漁諺是說秋冬季節，如果連續幾天起大霧，跟著刮起風，天氣就會馬上變得很寒冷，冷得使人都要彎著身子，甚至要找窿躲起來，不單如此，還會重重下起寒雨來，讓天氣更寒起來。

4　颱風

（1）六月北風，水浸雞籠。（珠江口）

lok^{2} jit^{2} pɐt^{5} foŋ^{55}，ʃøy^{35} tʃɐn^{33} kɐi^{55} loŋ^{21}

「六月北風，水浸雞籠」是群眾看風暴颱風的經驗，在沿海漁民中廣泛流傳。因為颱風多自東南方向而來，當受到前半圈外圍氣流影響時，就常出現西—北—東這些方位範圍的風向。這些風向出現並持續半天到一天以上時，即成為颱風的預兆。[238]

（2）回南唔回西，唔夠三日又打回。（寶安縣）

wui^{21} lan^{21} m̩^{21} wui^{21} ʃɐi^{55}，m̩^{21} kɐu^{33} ʃan^{55} jɐt^{2} jɐu^{22} ta^{35} wui^{21}

颱風接近，多數吹西北風；颱風離去，多數吹西南風。如颱風過

235 順德市地方志編纂委員會編；招汝基主編：《順德縣志》（北京市：中華書局，1996年12月），頁1167。佛山市南海區九江鎮地方志編纂委員會編：《南海市九江鎮志》（廣州市：廣東經濟出版社，2009年9月），頁957。

236 順德區龍江鎮坦西社區居民委員會編：《坦西村志》（缺出版資料），頁59。

237 廣東省土壤普查鑑定委員會編：《廣東農諺集》（缺出版資料，1962年），頁32。

238 《氣象知識》編寫組編著：《氣象知識》（上海市：上海人民出版社，1974年12月），頁212。

境，未見吹回西南風，則表示颱風尚未離去。[239]

（3）紅雲蓋頂，找艇撇錠。（珠海市）

hoŋ^{21} wɐn^{21} k^{h}ɔi^{33} teŋ^{35}，tʃau^{35} t^{h}ɛŋ^{13} pun^{55} teŋ^{22}

「紅雲蓋頂，找艇撇錠」跟海南的「紅雲過頂，趕快收船，有颱風」（海南）意思一致。熱帶氣旋來臨前幾天，一般是晴朗少雲，陽光猛烈照射，感到悶熱，熱帶氣旋外圍接近時，天空出現輻射狀卷雲，並逐漸變厚變密，輻射中心的方向就是熱帶氣旋中心所在方向。在中緯度地區，高雲隨熱帶氣候自偏東向偏西方向移動。此時，早晚還可以看到紅色或紫銅色的雲霞。[240]

5　風

送年南。（珠海市）

ʃoŋ^{33} lin^{21} lan^{21}

這是旺發期預報，主要是根據漁民生產經驗，如漁民有所謂「送年南」之經驗談，即每年春汛前後，若刮幾次南風，則會出現漁汛旺發。[241]

---

239 廣東省地理學會科普組主編：《廣東農諺》（北京市：科學普及出版社；廣州分社，1983年2月），頁30。

240 郝瑞著：《解放海南島》（北京市：解放軍出版社，2007年1月），頁229。

241 鄧景耀、趙傳絪等著：《海洋漁業生物學》（北京市：農業出版社，1991年10月），頁514。

6　雨（暴雨）

有雨山戴帽，無雨雲拱腰。（珠江口）

jɐu^{13} ji^{13} ʃan^{55} tai^{33} mou$^{22\text{-}35}$，mou^{13} ji^{13} wɐn^{21} koŋ^{35} jiu^{55}

雲蓋住山頂叫「山戴頂」。雲層繞住山腰，可見山頂，叫「雲拱腰」。當陰雨天氣來臨時，雲層比較低，雲蓋住山頂，故兆雨；拱腰的雲，一般都是由於夜間冷卻生成的地方性雲，雲層不厚，故兆晴。[242]

四　廣東沿海

（一）漁業

1　漁汛

（1）半年辛苦半年閒，照完魚仔船泊灣。（台山縣上川島）（珠海）

pun^{33} lin^{21} ʃɐn^{55} fu^{35} pun^{33} lin^{21} han^{21}，
tʃiu^{33} jin^{21} ji^{21} tɐi^{35} ʃin^{21} p^{h}ak^{3} wan^{55}

「半年辛苦半年閒」，也是見於農業生產情況，許多農諺也有這樣子說。一般農村農民除了農業生產外，農民家庭一般還從事少量副業，如養雞等，另外，還要抽時間放牛。[243]其實農民在農閒時會上山砍柴，還自己養牛、割草、養鴨、養豬，還可以做手藝或挑擔做生

242 廣東省水產學校主編：《氣象與海洋》（北京市：農業出版社，1983年5月），頁335。
243 喻葵著：《中國農業勞動力的重新配置》（北京市：企業管理出版社，2016年3月），頁35。

意，這是寫出有苦有樂的莊稼漢。以上是指北方的一年一熟現象，方出現半年閒，南方會有兩熟甚至三熟。山區的土家族人在入冬之後，就由「管山」而去「趕山」、「攆肉」，漢語稱為「打獵」。[244]至於苗族人，在農閒時從事紡麻、織布、蠟染、刺繡、挑花等活動。[245]但是，漁民是沒有田地，也沒有山頭可讓其打獵，只能照完魚仔後把漁船在灘邊泊灣等待明年的漁汛期的來臨。魚仔是指小公魚，全身白色，不會進入淡水區產卵，即是說小公魚的產卵場，不會跑到位於河口灣澳附近及島嶼間的近岸低鹽淺水區進行產卵。小公魚就是鯤魚，[246] 不是只有台山上川島那邊的漁民方捕撈小公魚，深圳龍崗區大鵬灣漁場的漁民也捕撈，[247]中山漁民也會捕撈小公魚，一般是到珠海桂山和香港對出海面捕撈，《珠海市海島志》也稱珠海一門水道和二門水道、擔杆水道、細碌門水道、萬山群島對出的外伶仃島附近海面盛產公魚仔、池魚等雜魚，[248]所以這條海諺也見於珠海。關於魚仔（小公魚），可參看上文提及的「清明晴，江魚仔，掛倒桁」，江魚仔就是這條漁諺所稱的魚仔。「照完魚仔」的意思是指捕撈小公魚是以燈光小圍網作業，一至四月是小公魚漁汛期，漁民便會進行捕浮水性小公魚，小公魚是海洋低價魚類。當到了七月，魚仔（小公魚）產卵完了，便向上游，漁民便沒魚可照了，也因產卵後的魚不好吃，不肥

244 楊昌鑫編著：《土家族風俗志》（北京市：中央民族學院出版社，1989年5月），頁121。

245 貴州省苗學會編：《苗學研究．8．苗族文化保護與利用研究》（北京市：中國言實出版社，2011年6月），頁247。

深圳市地方志編纂委員會編：《深圳市志．第一二產業卷》（北京市：北京市：方志出版社，2008年11月），頁66。

247 深圳市龍崗區地方志編纂委員會編：《深圳市龍崗區志．1993-2003（上）》（北京市：方志出版社，2012年12月），頁288。

248 珠海市地名志編委會編：《珠海市海島志》（珠海市：珠海市地名志編委會，1987年5月），頁91、160-162。

美，再沒有捕撈價值，中山横門吳桂友稱也與七月是鬼節有關，漁民是不敢到海邊照魚，因此七月便開始休息。這條漁諺也反映出漁業生產是季節性強的行業，一般工作集中在春汛和夏汛。

（2）六月黃魚當三黎（珠海、湛江一帶）

lok^{3} jit^{2} wɔŋ^{21} ji$^{21\text{-}35}$ tɔŋ^{33} ʃan^{55} lɐi^{21}

這裡的黃魚是指黃花魚，是廣東人的叫法。清初屈大均在《廣東新語》卷二十二〈魚語〉稱「黃者，黃花魚；白者，白花魚也；春曰黃花，秋曰石首也。」[249] 李玉尚〈明清以來中國沿海大黃魚資源的分布、開發與變遷〉，這是一篇國家社科基金項目論文，文裡稱黃花魚會在廣東近海越冬群，每年二月開始向南澳、汕尾、硇洲島附近淺海洄游產卵，[250] 因大黃魚產卵場，一般位於河口灣澳附近及島嶼間的近岸低鹽淺水區，[251]大黃魚在夏、秋季分散於島嶼、河口及產卵場外圍海區索餌，形成漁汛。以廣東湛江為例，湛江地區漁民在硇洲島附近捕撈大黃魚的經驗是秋汛捕大潮，春汛捕小潮。[252] 這條漁諺交代以黃魚秋汛期捕撈出來的黃魚最甘香肥美，味道與三黎相同好吃。這條雖是廣東的食諺，其實也可以歸入漁諺。

---

249 （明遺民）屈大均：〈魚語・魚〉，《廣東新語》（北京市：北京愛如生數字化技術研究中心據（清）康熙庚辰三十九年〔1700〕水天閣刻本影印，2009年），卷二十二，頁9上。

250 夏明方、侯深主編：《生態史研究（第1輯）》（北京市：商務印書館，2016年6月），頁114。

251 夏明方、侯深主編：《生態史研究（第1輯）》（北京市：商務印書館，2016年6月），頁123。

252 陳再超、劉繼興編：《南海經濟魚類》（廣州市：廣東科技出版社，1982年11月），頁139-141。

2 漁場

一看羅經二看鐘，三看泥沙水混清。（汕頭地區、陽江閘坡）

jɐt5 hɔn33 lɔ21 keŋ55 ji22 hɔn33 tʃoŋ55，
ʃan55 hɔn33 lɐi21 ʃa55 ʃɵy35 wɐn22 tʃhеŋ55

這條漁諺除了見於汕頭地區，也見於陽江閘坡。羅經是漁船上最主要的航海儀器。船舶在茫茫大海上航行，海員就要端靠磁羅經（磁羅經又稱磁羅盤，是一種測定方向基準的儀器，用於確定航向和觀測物標方位）和鐘錶來辨識方向和看時間。時至今日，即使最先進的電子航儀也無法取代磁羅經。此諺語是說捕撈前要分析水深、底質的特點，以確定船位，然後方結合當時的風向和流水情況，找尋最適宜作業的漁場位置。[253]

3 漁撈

一早一晚釣深水，中午時分釣淺水。（廣東沿海）

jɐt5 tʃou35 jɐt5 man13 tiu33 ʃɐn55 ʃɵy35，
tʃoŋ55 m̩13 ʃi21 fɐn22 tiu33 tʃhin35 ʃɵy35

釣深水魚與釣淺水魚應根據當時的實際情況具體分析，死守通常的規律，反而釣不到魚。

253 省水產廳、南海水產研究所工作組：〈閘波公社深海拖風漁船是怎樣掌握漁場漁汛〉，見廣東省水產廳技術站、漁汛站編印：《廣東省海洋漁業技術資料彙編（第2輯）》（廣東省水產廳技術站、漁汛站編印，1965年10月），頁3-4。

4　魚與氣象

撈魚有個竅，抓住落山照。（廣東沿海）

lau[55] ji[21-35] jɐu[13] kɔ[33] hiu[33]，tʃau[35] tʃi[22] lɔk[2] ʃan[55] tʃiu[33]

「撈魚有個竅，抓住落山照」是與海水溫度有關。小魚受不了日間高溫，很少浮上上層或浮頭，但到夕落之時，表層水溫較低，適合上水面上層浮頭呼吸，這正是最好撈小魚、魚苗的時機。就是說，這條漁諺是指出撈魚苗要有一個訣竅，就是要抓住太陽偏西時分，太陽西沉方是適合時間。這一條漁諺的道理跟「朝起打魚，夕落下種」是有密切關係。

5　魚與海況

夜靜水寒，魚不索餌。（廣東沿海）

jɛ[22] tʃeŋ[22] ʃɵy[35] hɔn[21]，ji[21] pɐt[5] ʃɔk[3] lei[22]

夜靜水寒，魚類基本不進行索餌進食，漁船基本只能「滿船空載月明歸」。

6　其他

（1）南鯔北梭。（廣東沿海）

lan[21] tʃi[55] pɐt[5] ʃɔ[55]

鯔魚為溫熱帶近海岸魚類，棲息於淺海或海口鹹淡水交界處，珠江口就是最多鯔魚的地方。每年立春後，鯔魚便游入近海產卵，魚卵在海水中孵化，孵化後的魚苗飄游到近海或江河入海處，每年三至四月為鯔魚苗旺汛期，人們趁機大量捕撈進行人工養殖。梭魚的生活習性與鯔魚相似，但魚汛期比鯔魚稍遲，一般為五至六月。[254]鯔、梭魚是中國沿海地區養殖對象之一，從養殖來看，北方以養殖梭魚為主，南方以養殖鯔魚為主，故有「南鯔北梭」之稱。

（2）行船做海，早看東南，晚望西北。（廣東沿海）

haŋ^{21} ʃin^{21} tʃou^{22} hɔi^{35}，tʃou^{35} hɔn^{33} toŋ^{55} lan^{21}，
man^{13} mɔŋ^{22} ʃɐi^{55} pɐt^{5}

做海是打漁的意思。這是一條氣象諺語。漁民在海上，通常會根據天空中的朝霞出現，便知道當天會下雨；若然晚間有朝霞，便知道明天會是天氣晴朗。預兆方法是早上看東南方是否有朝霞，晚間則要從西北方看是否有晚霞。

揚州那邊也有雷同的氣象諺語，「早上燒霞，等水燒茶；晚上燒霞，熱得吽吽」是言早上有朝霞，當日便有雨；晚霞則預兆第二天天氣晴朗。這條漁諺跟「早看東南，晚看西北」、「朝霞不出門，晚霞行千里」同義。[255] 這一條諺語很有普遍性，不單只是適用漁諺，在整個廣東和內陸也有雷同諺語。

254 湖南省水產科學研究所編：《淡水漁業實用手冊》（長沙市：湖南科學技術出版社，1984年4月），頁399。

255 陳鍇竑、姜龍、盧桂平主編：《 揚州歷史文化大辭典（上）》（揚州市：廣陵書社，2017年12月），頁257。郭藏璞編著：《深圳市前磨頭村志》（石家莊市：河北美術出版社，2016年5月），頁108稱「早看東南，晚望西北」。廣東省海市南莊鎮地方志編纂委員會編：《南海市南莊鎮志》（廣州市：廣東人民出版社，2009年9月），頁697稱「早看東南，晚望西北」。《南沙鎮志》編纂委員會編：《南沙鎮志》（揚州市：廣陵書社，2016年11月），頁430稱「早看東南，晚望西北」。林立芳、莊初升著：《南雄珠璣方言志》（廣州市：暨南大學出版社，1995年10月），頁146稱「早看東南，晚望西北」。趙海山主編；：《科爾沁左翼中旗志》編纂委員會編：《科爾沁左翼中旗志》（海拉爾市：內蒙古文化出版社，2003年11月），頁991稱「早看東南，晚望西北」。

（二）海況

1　海溫

（1）漲潮水溫低，退潮水溫高。（廣東沿海）

tʃɔŋ^{33} tʃ^{h}iu^{21} ʃɵy^{35} wɐn^{55} tɐi^{55}，t^{h}ɵy^{33} tʃ^{h}iu^{21} ʃɵy^{35} wɐn^{55} kou^{55}

水溫日變化受潮汐、氣溫的制約。表層水溫日變化隨著氣溫的升高而增高。不論是表層或底層，水溫日變化隨潮汐的變化，「漲潮水溫低，落潮水溫高」。一天具有兩高、兩低的水溫變化特點。[256]

（2）海氣臭，颱風來。（廣東沿海）

hɔi^{35} hei^{33} tʃ^{h}ɐu^{33}，t^{h}ɔi^{21} foŋ^{55} lɔi^{21}

意思跟「海水發臭，海冒氣泡，颱風不出（一）二天」相同。

2　海流

（1）未起風，先行流。（廣東沿海）

mei^{22} hei^{35} foŋ^{55}，ʃin^{55} hɐn^{21} lɐu^{21}

「未起風，先行流」也有說成「未浮風，先行流」。颱風到來之前，潮汐、潮流會出現一些異常的現象，如流向變亂、流速變急、潮位急增或急降，以及潮汐漲落時間和平常不同等，這些都可以用來預測颱風。在南海上航行的船員們，更有許多這方面的經驗。如：「未浮風，先行流」、「潮流亂，大風將來到」、「什麼流向急，要刮什麼

256 李純厚等編著：《南澎列島海洋生態及生物多樣性》（北京市：海洋出版社，2009年12月），頁26。

風」、「南湧東北流轉東湧，將有颱風」、「湧浪來，流水亂，大風大雨眼前看」。這些諺語，說的是在颱風到來之前，往往出現海流異常現象。在颱風中心附近，風力很大（常常達到十二級以上），而且風向變化劇烈。海水受到猛烈風力的作用，其流向和流速都會發生很大的變化。一般來說，這種由於颱風的大風而引起的海流（叫作「風海流」），是從颱風中心向外流出的。它可以到達一百到幾千米以外，和那裡來的海流互相沖擊會合，把原來的海流攪亂。所以，根據海流的異常情況，有經驗海員、漁民等，就可以預測颱風將要到來。一些科學研究的結果說明，強颱風到來之前一至二天，就可以觀察到海流、水等的異常現象。[257]

（2）立夏小滿，江河易滿。（廣東沿海）

lat^{2} ha^{22} ʃiu^{35} mun^{13}，kɔŋ^{55} hɔ^{21} ji^{22} mun^{13}

立夏開始後，沿海徑流（雨水或雪水除了被蒸發、被土地吸收、被阻擋的以外，沿著地面流動的水稱為「徑流」）不斷增大，沿岸海流增強。[258]

3　潮汐

（1）初三十八，高低盡刮。（廣東沿海）

tʃ^{h}ɔ^{55} ʃan^{55} ʃɐt^{2} pat^{3}，kou^{55} tɐi^{55} tʃɐn^{22} kat^{3}

---

257 留明編著：《怎樣觀測天氣（上）》（呼和浩特市：遠方出版社，2004年9月），頁71-72。廣東省地理學會科普組主編：《廣東農諺》（北京市：科學普及出版社；廣州分社，1983年2月），頁30。張強編著：《一葉落而知秋．簡易測天》（北京市：中國建材工業出版社，1998年9月），頁67-68。

258 張憲昌、梁玉磷、馬振坤編：《南海漁諺拾零》（北京市：海洋出版社，1988年4月），頁24。

意思是指珠江三角洲沿海地區每月兩次天文半月週期的海洋潮汐規律，[259]農曆初三和十八便是兩次大潮時，外海潮水正處於最高位，沿岸的高處和低處都會因為潮水上漲而淹沒。這說明了珠三角沿岸的海洋潮汐漲退對當地居民的日常生活和習俗有著極大影響。

「西水大，水浸街，屋樑變作水流柴，早禾穀爛塘魚散，望天打卦好難挨」。在順德傳了一代又一代的這首民謠，今天已沒幾人記得了。史載順德「田廣而腴，魚稻之饒甲於他邑」（金先祖《廣東通志》），歷史上順德以河網縱橫土地肥沃備受世人艷羨。但外人往往忽略了「西接滸洄，沮洳難居」（屈大均《廣東新語》）的順德一直被洪澇隱患威脅著。正是那遍布順德的包括西江幹流在內的幾條主要河道，上彙西、北二江，下接南海潮汐，上游一場大雨，三幾天後這裡就有汛情，倘若同時遇上「初三十八，高低盡刮」的海潮或者東風的頂托，順德便會淪為澤國。[260]

（2）潮流亂，風可算。（廣東沿海）

$t\int^{h}iu^{21}\ l\text{ɐ}u^{21}\ lin^{22}$，$fo\eta^{55}\ h\text{ɔ}^{35}\ \int in^{33}$

「潮流亂」也見於浙江。浙江那邊說得更清楚，稱「潮流亂，大風來」，這就是廣東沿海所言「風可算」的原因。[261] 這一條漁諺是說颱風到來之前，往往出現海流異常現象。這是因為颱風中心附近，風力很大，常常達到十二級以上，而且風向化劇烈。海水受到猛烈風力的作用，其流向和流速都會發生很大的變化。一般來說，這種由於颱

259 黃婷：〈淺析珠江三角洲鹹潮危害與防治對策〉，《廣東水利水電》第一期（2009年1月），頁10。

260 蘇禹著：《蘇禹選集》（廣州市：新世紀出版社，2001年7月），頁140-141。

261 熊第恕主編：《中國氣象諺語》（北京市：氣象出版社，1991年3月），頁500。

風的大風而引起的海流叫作風海流，是從颱心向外流出的。它可以到達一百到幾千米以外，和那裡原來的海流互沖擊彙合，把原來的海流攪亂。所以，根據海流的異常情況，有經驗的漁民就可以預測颱風將要來到。[262]

（3）十一茶，十二飯，十三十四吃晚飯。（廣東沿海）

ʃɐt^{5} jɐt^{5} tʃ^{h}a^{21}，ʃɐt^{2} ji^{22} fan^{22}，
jɐt^{2} ʃan^{55} ʃɐt^{2} ʃei^{33} hɛk^{3} man^{13} fan^{22}

每月漲潮時間，十一日是在飲早茶的七點鐘左右；十二日吃中午飯的十二點鐘左右；而十三、十四日則推遲到晚飯的六、七點鐘左右。[263]

（三）氣象

1　氣候（天氣）

（1）東閃雨重重，北閃擺南風；西閃日頭紅，南閃快入涌。（廣東沿海，如陽江、香港）

toŋ^{55} ʃin^{35} ji^{13} tʃ^{h}oŋ^{21} tʃ^{h}oŋ^{21}，pɐt^{5} ʃin^{35} pai^{35} lan^{21} foŋ^{55}；
ʃɐi^{55} ʃin^{35} jɐt^{2} t^{h}ɐu$^{21\text{-}35}$ hoŋ^{21}，lan^{21} ʃin^{35} fai^{33} jɐt^{2} tʃ^{h}oŋ^{55}

也見於陽江和香港。在採訪中，陽江有部分漁民稱是「東閃雨重重，西閃日頭紅，北閃晚南風，南閃走無功」,「走無功」是指颱風即

262 留明編著：《怎樣觀測天氣（上）》（呼和浩特市：遠方出版社，2004年9月），頁71-72。

263 張憲昌、梁玉磷、馬振坤編：《南海漁諺拾零》（北京市：海洋出版社，1988年4月），頁28。

來。「涌」，指小河溝，南方地方名詞。「入涌」，目的是避風。香港西貢布袋澳則說「東攝雨重重，南攝長流水，西攝熱頭紅，北攝晚南風」，意思與「東閃雨重重，北閃擺南風；西閃日頭紅，南閃快入涌」是一致的。

「東閃雨重重，北閃擺南風；西閃日頭紅，南閃快入涌」是指漁民看天推斷天氣變化後，便要靈活轉移不同漁場作產，遇上惡劣天氣，便要入涌避風雨雷暴。同時由於這段時間氣候變化而複雜，為安全起見，大部分漁船不到深海去生產作業，若然是在陽江外海一帶生產，便要馬上而轉移到台山市上川島沙堤口到陽江市陽西縣沙扒口一帶中淺海生產。[264]

（2）東攝雨重重，南攝長流水，西攝熱頭紅，北攝晚南風（如香港西貢布袋澳）

toŋ^{55} ʃit^{3} ji^{13} tʃ^{h}oŋ^{21} tʃ^{h}oŋ^{21}，lan^{21} ʃit^{3} tʃ^{h}ɔŋ^{21} lɐu^{21} ʃɵy^{35}，ʃɐi^{55} ʃit^{3} jit^{2} t^{h}ɐu$^{21-35}$ hoŋ^{21}，pɐt^{5} ʃit^{3} man^{13} lan^{21} foŋ^{55}

攝，指閃電。意思與「東閃雨重重，北閃擺南風；西閃日頭紅，南閃快入涌」是一致的。

2　冷空氣

（1）未吃五月粽，寒衣不好送。（廣東沿海）

mei^{22} hɛk^{3} m̩^{13} jit^{2} tʃoŋ^{35}，hɔn^{21} ji^{55} pɐt^{5} hou^{35} ʃoŋ^{33}

264 省水產廳、南海水產研究所工作組：〈閘波公社深海拖風漁船是怎樣掌握漁場漁汛〉，見廣東省水產廳技術站、漁汛站編印：《廣東省海洋漁業技術資料彙編（第2輯）》（廣東省水產廳技術站、漁汛站編印，1965年），頁2。

即五月前出海捕魚時，還會有機會遇上冷空氣，故不能不帶上防寒衣物。[265]

（2）七宿報，十九不來，二十準到；黎尾報，廿三不來廿四到。（陽江市閘坡港、海豐）

tʃʰɐt⁵ ʃok⁵ pou³³，ʃɐt² kɐu³⁵ pɐt⁵ lɔi²¹，ji²² ʃɐt² tʃɐn³⁵ tou³³；lɐi²¹ mei¹³ pou³³，jɛ²² ʃan⁵⁵ pɐt⁵ lɔi²¹ jɛ²² ʃei³³ tou³³

「宿」，是指天上的星宿。香港石排灣的金喜叔把「星宿」讀作「星叔」。

「黎尾報，廿三不來廿四就到」常見於海豐、陽江閘坡。即十月十九至廿三這幾天時間會有強風出現，要注意安全生產。[266]

3 海霧

（1）朝霧延，雨連綿。（廣東沿海）

tʃiu⁵⁵ mou²² jin²¹，ji¹³ lin²¹ min²¹

如朝霧延續不散，即表示平流霧（由暖濕空氣流到較冷的地面或水面而凝結而成），有水氣繼續侵入，故有雨。[267]

---

265 張憲昌、梁玉磷、馬振坤編：《南海漁諺拾零》（北京市：海洋出版社，1988年4月），頁33。

266 省水產廳、南海水產研究所工作組：〈閘波公社深海拖風漁船是怎樣掌握漁場漁汛〉，見廣東省水產廳技術站、漁汛站編印：《廣東省海洋漁業技術資料彙編（第2輯）》（廣東省水產廳技術站、漁汛站編印，1965年），頁3。

267 廣東省地理學會科普組主編：《廣東農諺》（北京市：科學普及出版社；廣州分社，1983年2月），頁21。

（2）春霧日頭夏霧雨，秋霧涼風冬霧雪。（廣東沿海）

tʃ^{h}ɐn^{55} mou^{22} jɐt^{2} t^{h}ɐu$^{21-35}$ ha^{22} mou^{22} ji^{13}，
tʃ^{h}ɐu^{55} mou^{22} lɔŋ^{21} foŋ^{55} toŋ^{55} mou^{22} ʃit^{3}

春季，天氣還不太暖和。在雲小風弱的夜間和清晨，因為地面散熱的結果，靠近地面的一層空氣很快變冷，在清晨達到最低溫度。這時候，空氣容納水蒸氣的能力大大減小，就有一部分水蒸氣凝結出來，變成了霧。等太陽出來以後，地面曬到太陽，就會逐漸變熱，也就慢慢把空氣烘暖了。當空氣溫度升高到一定程度，霧滴又重新蒸發成水蒸氣，隱藏在空氣裡，於是霧就消散了，這就是「春霧日頭」的道理。夏天卻不同。不僅因為晝長夜短，而且因為陽光強烈，地面和空氣在白天吸收的熱多，溫度也高。夜裡，貼近地面的空氣往往還沒冷卻到生成霧的程度，太陽就又升起來了。因此，盛夏時節很少會見到霧。這時候，如果出現了霧，那一定是地面潮濕，空氣裡含的水蒸氣特多。這種情形往往發生在有壞天氣移來的時候，而且很可能看見的霧就是一部分很低的雲。因此，盛夏時候出現霧，往往是陰雨天氣的徵兆。秋冬兩季，天氣都已經不熱了，起霧的情況和春季差不多。因此，起霧的日子大都是好天氣。不同的是，秋冬兩季，特別是深秋以後，太陽光不如春季強，跟中國西北接境的大陸一帶來的冷空氣又常常南下侵襲中國，所以地面的溫度經常比較低。這時候如果有暖濕空氣流過地面附近，也可能形成霧。特別是在冷空氣的前邊部分更是這樣。這種霧既是發生在冷暖空氣交接的地方，並且由於冷空氣的氣壓比較高，所以常常會吹起偏北的「涼風」。冬天，冷空氣的勢力更加強大，來勢更加凶猛，常常會把暖空氣抬到高空。暖空氣上升遇冷後，裡面的水蒸氣就會凝結成雪花落下來。因而有「秋霧涼風，冬霧雪」的說法。[268]

4　颱風

（1）東方斷虹現，颱風就來見。（廣東沿海）

toŋ⁵⁵ foŋ⁵⁵ tʰin¹³ hoŋ²¹ jin²²，tʰɔi²¹ foŋ⁵⁵ tʃɐu²² lɔi²¹ kin³³

斷虹即是短虹，它是出現於東南方海面上的半截虹，通常在黃昏出現。斷虹是由於颱風外圍低空中的水滴折射陽光而形成，[269]所以當漁民看到斷虹，便是預示颱風即將來臨，要採取入涌入避風港準備。所以有漁諺說「東方現短虹，不出三日有大風」，意思與「天邊有斷虹，將要來颱風」一致的。

（2）天南地北，颱風得發。（廣東沿海）

tʰin²¹ lan²¹ tei²² pɐt⁵，tʰɔi²¹ foŋ⁵⁵ tɐt⁵ fat³

這一條漁諺也會說成「天南地北，將發颱風」。

「天南地北」是說高空吹的是南風，地面吹的卻是北風。夏秋季如果遇到這樣的情況，颱風有可能影響本地。原因是颱風漩渦的中心，在高空和在地面並不是垂直的，它有一定的偏斜，特別是到了南海西部，更常常向前傾。也就是說，高的中心，往往跑在地面中心的前頭。所以當高空吹南風，地面吹北風的時候，很可能是高空的颱風中心已到達本地的西面或北面，但因為颱風中心不是垂直的關係，地

268　齊觀天著：《青年天文氣象常識·2》（北京市：中國青年出版社，1965年12月），頁83-84。

269　《「海洋夢」系列叢書》編委會編：《四海鼎沸·海洋災害》（合肥市：合肥工業大學出版社，2015年），頁29-30。

面的颱風中心暫時還未到來。[270]不過，它已給漁民發出了警報，地面的颱風中心不久就要到了，應該及早做好準備，漁船入涌入避風塘預防颱風侵襲。

（3）無風起橫浪。（廣東沿海）

mou^{21} foŋ^{55} hei^{35} waŋ^{21} lɔŋ^{22}

這一條漁諺，廣東沿海也說成「無風起草席浪」、「無風現長浪，不久狂風降」、「海出長浪有颱風」意思也一致的。

這些漁諺都是說颱風即將來臨的徵兆。因為在海面上，颱風掀起的狂濤駭浪，常常向外擴展，它離颱風中心越遠，受颱風影響就越小，因此，波峰逐漸變小，以至消失，剩下的只是長波浪，也就是上面所說的「草席浪」、「橫浪」。這種浪，浪勢低平，浪波與浪波的間隙很寬，一排排像草席一樣，很有規則，所以叫它「草席浪」、「橫浪」。長浪離颱風心約四百里左右，便會明顯出現。[271]因此，廣東沿海的漁民便可以根據長浪的方向和速度來推測颱風到來的方向、速度和時間。

（4）未浮風，先行流。（廣東沿海）

mei^{22} fɐu^{21} foŋ^{55}，ʃin^{55} hɐn^{21} lɐu^{21}

「未浮風，先行流」意思跟「浪來，流水亂，大風大雨眼前看」、「潮流，風將來到」、「未起風，先行流」是一致的。

---

270 韋有暹編著：《民間看天經驗》（廣州市：廣東科技出版社，1984年10月），頁63。

271 韋有暹編著：《民間看天經驗》（廣州市：廣東科技出版社，1984年10月），頁64。

在颱風中心附近，風力很大，常常達到十二級或上，而且風向變化劇烈。海水受猛烈風力的作用，其流向和流速都發生很大變化。一般來說，這種由於颱風的大風而引起的海流叫作「風海流」，是從颱風中心向外流出的。它可以到達一百到幾百公里以外，和那裡原來的海流互相沖擊彙合，把原來的海流攪亂，這就是「流水亂」了。[272] 所以，根據海的異常況，漁民就可以預測颱風將要到來。這一條諺很清楚說明颱風到來之前便會出現海流亂，這便是「未浮風，先行流」。

（5）海鳥來歸。（廣東沿海）

hɔi^{35} liu^{13} lɔi^{21} kɐi^{55}

在海上打魚的漁民常遇到一件事，就是遇上一大群海鳥飛來停歇在漁船上，甚至驅逐也不肯開船隻，這樣子便是預示了遠海地方已有颱風發生了。漁民就要留意氣象變化，隨時要入避風港或入涌避風。

（6）紅雲上頂，無處搵艇。（廣東沿海，如珠江口、陽江）

hoŋ^{21} wɐn^{21} ʃɔŋ^{13} tɛŋ^{35}，mou^{21} tʃ^{h}i^{33} wɐn^{35} t^{h}ɛŋ^{13}

「紅雲上頂，無處搵艇」跟海南的「紅雲過頂，趕快收船，有颱風」、陽江的「紅雲上頂兩三天，局熱雲瓊扎好船」意思一致。

這裡說的「紅雲」，是指出現東南海面上空的雲的顏色。颱風侵襲前，氣壓低、濕度大，大氣層中的水滴、灰塵大大增加，陽光透過大氣層的時候，碰到很多水滴和灰塵，這時候容易被反射的顏色光線都被射掉，只有不易被反射掉的紅、橙、黃等顏色光線能夠透過，所

272 韋有暹編著：《民間看天經驗》（廣州市：廣東科技出版社，1984年10月），頁64-65。

以看上去天空就是紅色。這種現象大都是出現日出和日落的時候。[273] 因此，漁民當看到天頂滿布紅雲，便是颱風來臨預示，要作入涌的防風準備。

（7）天白虹，多有颱風。（廣東沿海）

$t^{h}in^{55}$ pak^{2} $hoŋ^{21}$，$tɔ^{55}$ $jɐu^{13}$ $t^{h}ɔi^{21}$ $foŋ^{55}$

也有漁民說成「天掛白虹，多有颱風」。「白虹」是指傍晚的時候，從東直掛向西的白雲，這種雲可能是卷雲。颱風範圍內的卷雲，是從颱風中心向外散開的。所以，當它從東掛向西時，就表明了它的位置還在本地區以東。侵襲廣東的颱風，大都由東向西而來的，所以，當這種白虹出現時，也是颱風來臨的預示。[274]

（8）東虹風。（廣東沿海）

$toŋ^{55}$ $hoŋ^{21}$ $foŋ^{55}$

虹，是由於陽光照射在水滴上，經過反射和折射而成的現象。在東方出現虹的時候，說明東方水蒸氣比較豐富，雲裡水滴大，量多。颱風是靠水蒸氣凝結，放出大量的熱來加速它的發展。因此，水蒸氣豐富或水滴多，對颱風的發生和發展特別有利。所以當東方有虹出現時，便可能是颱風的預示了。[275]因此，漁民便要開始留意天氣變化，準備入涌避風。

---

273 韋有暹編著：《民間看天經驗》（廣州市：廣東科技出版社，1984年10月），頁61。

274 韋有暹編著：《民間看天經驗》（廣州市：廣東科技出版社，1984年10月），頁61-62。

275 韋有暹編著：《民間看天經驗》（廣州市：廣東科技出版社，1984年10月），頁70。

（9）月擔枷。（廣東沿海）

jit^{2} tan^{55} ka^{55}

跟「月擔枷」同樣意思是「日月打傘」、「日月生珥」。「月擔枷」是指日暈、月暈。在壞天氣到來之前，許多時候都有日暈、月暈這種現象。所以，在颱風季節裡，如果出現日暈、月暈，就要注意颱風的到來。這是因為在颱風前進方的前部，常常會發生卷層雲，這種卷雲離開地面很高，形狀就像毛玻璃一樣。當卷層雲遮蔽住日、月的時候，就會出現暈。因此，在日暈、月暈出現時，常常也是颱風到來的徵兆，[276]漁民就應該密切注意颱風的行蹤。

5 風

（1）春天北，海裡不吹外。（汕尾市、陽江閘坡）

tʃ^{h}ɐn^{55} t^{h}in^{55} pɐt^{5}，hɔi^{35} lei^{13} pɐt^{5} tʃ^{h}øy^{55} ɔi^{22}

「春天北，海裡不吹外」這漁諺見於汕尾市和陽江閘坡。大春海（正月初一至五月初四）期間是由東北風逐漸轉向東南風及南風，風力逐漸減弱。大春梅的天氣特點是「春天北，吹裡不吹外」，即近海風力大，外海風力小。如遇強風預報，漁船還可考慮駛往外海生產。如閘坡漁隊於一九六四年一月第一擺海每天都有五至六級強風預報，三聯隊抓住了這條規律，將全部漁船駛到深海漁場生產，獲得了二十一流風的好風流，平均每對船獲魚三五六擔（鹹魚），比少到深海生產的六、七聯隊平均每對二八三擔增產百分之二十六。[277]

276 韋有暹編著：《民間看天經驗》（廣州市：廣東科技出版社，1984年10月），頁71。

277 省水產廳、南海水產研究所工作組：〈閘波公社深海拖風漁船是怎樣掌握漁場漁汛〉，見廣東省水產廳技術站、漁汛站編印：《廣東省海洋漁業技術資料彙編（第2輯）》（廣東省水產廳技術站、漁汛站編印，1965年），頁1。

（2）二八東南大天旱。（惠陽縣、廣州、博羅、南海）

ji²² pat² toŋ⁵⁵ lan²¹ tai²² tʰin⁵⁵ hɔn¹³

春季三月及秋季八、九月吹南風，偏南氣流強，是副熱帶高熱乾氣流，華南處於單一的暖氣流控制之下，少雨。[278]

（3）秋前北風易下，秋後北風乾底。（廣東沿海）

tʃʰɐu⁵⁵ tʃʰin²¹ pɐt⁵ foŋ⁵⁵ ji²² ha²²，
tʃʰɐu⁵⁵ hɐu²² pɐt⁵ foŋ⁵⁵ kɔn⁵⁵ tɐi³⁵

秋前北風指颱風，秋後北風指冷高壓脊控制下的風。[279]

（4）五月南風下大雨，六月南風晴到死。（廣東沿海）

m̩¹³ jit² lan²¹ foŋ⁵⁵ ha²² tai²² ji¹³，
lok² jit² lan²¹ foŋ⁵⁵ tʃʰeŋ²¹ tou³³ ʃei³⁵

在長江中下游一帶很流行「五月南風下大雨，六月南風飄飄晴」，夏曆五月刮南風，常常下大雨，六月刮南風，多半是晴天，所以當地流行著「五月南風下大雨，六月南風飄飄晴」。夏曆五月（陽曆六月），正值春末夏初時節，冷暖空氣碰頭的機會最多。一方面一小股一小股的冷空氣不斷地從北來到長江北岸，甚至到達廣東沿海，並且每一股冷空氣南下都不可避免地要同暖空氣相遇。另一方面，隨

278 廣東省地理學會科普組主編：《廣東農諺》（北京市：科學普及出版社；廣州分社，1983年2月），頁38。

279 張憲昌、梁玉磷、馬振坤編：《南海漁諺拾零》（北京市：海洋出版社，1988年4月），頁39。

著太陽的北移，南方暖而濕的空氣也早已占據了長江以南的大片地方，並且不斷地向北擴展。又因為大陸表面的溫度比海水升高得快，所以大陸上空氣的溫度比海洋上的高，氣壓卻比海洋上低，所以經常有空氣從海上流向大陸。中國東南部的海岸線是從東北向西南的，因此，這時候，這一帶地區就經常刮東南風，也就是諺語說的南風。同時，冷暖空氣一交鋒，冷空氣就會把暖空氣抬到高空去。暖空氣上升到高空遇冷之後，裡面的水蒸氣就會凝結成雲和雨。如果南風持續不斷地吹，交戰的次數也就越頻繁，陰雨天氣也就會連綿不斷。這時候，長江中下游一帶就進入梅雨季節了。夏曆六月（陽曆七月），已是盛夏時候了，地面曬到的太陽強，溫度高，也就把南方的暖空氣烘烤得更加熱了，所以它的勢力大振。相反地，北方冷空氣卻更虛弱，再也不能像春末夏初那樣，時時侵犯長江流域，退守到黃河以北的地方去了。這時候，華北和東北南部一帶就成了冷暖空氣交鋒的戰場，那裡開始了雨季。而長江流域一帶，因為只受一種暖空氣的控制，儘管常刮偏南風，卻很難有使暖空氣大規模上升冷卻的條件，所以就出現了久晴乾熱的天氣。[280]這裡分析「五月南風下大雨，六月南風飄飄晴」的道理，也能應用於「五月南風下大雨，六月南風晴到死」，道理也是一致。

6 雨（暴雨）

（1）日落海裡雲吃火，明日下雨無處躲。（廣東沿海）

jɐt^{2} lɔk^{2} hɔi^{35} lei^{13} wɐn^{21} hɛk^{3} fɔ^{35}，
meŋ^{21} jɐt^{2} ha^{22} ji^{13} mou^{21} tʃ^{h}i^{33} tɔ^{35}

---

280 齊觀天著：《青年天文氣象常識‧2》（北京市：中國青年出版社，1965年12月），頁12-13。

「雲吃火」，是指雲層吞沒了太陽，也即是太陽下山的意思。這一條漁諺是說太陽下山的時候，西邊有雲層發展過來，天氣要轉壞，快一點在半夜，慢一點在第二天。當日落時，雲層上漲，說明西邊的壞天氣系統已開始侵入到本地，因此過不了幾個小時就可能下雨。這一條漁諺在春秋兩季使用，準確率很高。[281]

（2）烏雲串河溪，人人守堤圍。（廣東沿海）

wu^{55} wɐn^{21} tʃ^{h}in^{33} hɔ^{21} k^{h}ɐi^{55}，jɐn^{21} jɐn^{21} ʃɐu^{35} t^{h}ɐi^{21} wɐi^{21}

這句漁諺指發生於秋季時。「河溪」，指銀河。「烏雲串河溪」，就是在沒有其他雲的晚上，碎積雲較快地在天空橫過的意思。這種情況都發生在颱風快要來臨之前，因此，這是有雨的預兆，[282]故此，人人要預防洪水並守堤圍。

（3）火煙筆直上，雨水不用想。（粵東沿海）

fɔ^{35} jin^{55} pɐt^{5} tʃek^{2} ʃɔŋ^{13}，ji^{13} ʃɵy^{35} pɐt^{5} joŋ^{22} ʃɔŋ^{35}

「火煙筆直上，雨水不用想」是指煙柱直升天空，表明氣層穩定，空氣濕度小，氣壓高，燃燒後的氣體可靜穩直上。這是高壓天氣系統控制下的現象，它表明天氣晴好和預示天氣繼續晴好。所以群眾中有「火煙筆直上，望雨卻妄想」的經驗。[283]

281 熊第恕編著：《氣象諺語淺釋》（南昌市：江西人民出版社，1983年9月），頁71-72。

282 廣東省氣象臺編寫：《廣東民間看天經驗》（廣州市：廣東人民出版社，1966年5月），頁11-12。

283 廣東省地理學會科普組主編：《廣東農諺》（北京市：科學普及出版社；廣州分社，1983年2月），頁50。

（4）水底起青苔，將有大雨來；海翻水泡，雨水將到。（廣東沿海）

ʃɵy^{35} tɐi^{35} hei^{35} tʃ^{h}eŋ^{55} t^{h}ɔi^{21}，tʃɔŋ^{55} jɐu^{13} tai^{22} ji^{13} lɔi^{21}；

hɔi^{35} fan^{55} ʃɵy^{35} p^{h}ou^{13}，ji^{13} ʃɵy^{35} tʃɔŋ^{55} tʃou^{33}

廣州從化區也有此說[284]。「起青苔」和「翻水泡」現象，都是現在氣壓低、溫度高、濕度大、天氣特別悶熱。因為空溫度高，水的溫度和水的密度會發生變化。水的溫度高了，會使水的廢物很快腐爛，藻類菌物（如青苔等）迅速繁殖。腐爛的廢物，因為發酵作用和水中密度不同，便翻泡和上浮了。簡單來說，「翻水泡」和「起青苔」都和氣壓、氣溫以及濕度變化有關。[285]所以，漁民在海中生產作業時，便可以以這種現象來預測天氣的變化。

（5）東閃日頭紅，西閃雨重重，南閃火門開，北閃有雨來。（廣東沿海，如寶安縣、陽江）

toŋ^{55} ʃin^{35} jɐt^{2} t^{h}ɐu$^{21\text{-}35}$ hoŋ^{21}，ʃɐi^{55} ʃin^{35} ji^{13} tʃ^{h}oŋ^{21} tʃ^{h}oŋ^{21}

lan^{21} ʃin^{35} fɔ^{35} mun^{21} hɔi^{55}，pɐt^{5} ʃin^{35} jɐu^{13} ji^{13} lɔi^{21}

陽江的漁諺是「東閃日頭紅，西閃雨重重，南閃閃三夜，北閃雨就射」，意思與「東閃日頭紅，西閃雨重重，南閃火門開，北閃有雨來」是一致的。這諺語是根據閃電的方向來判斷未來的晴雨，有一定道理。這是因為閃電是天空中帶電的雲和雲之間，或者是帶電的雲和地面之間，由於陰電和陽電互相吸引而產生的放電現象。一般的雲是不帶電的，只有積雨雲才帶電，所以從閃電的方向，也就是從積雨雲

284 楊子明著：《從化大寫意》（廣州市：羊城晚報出版社，2015年7月），頁329。

285 廣東省氣象局編寫：《看天經驗》（廣州市：廣東人民出版社，1975年11月），頁60-61。

所在的方向，以及它的移動，來判斷本地區未來的晴雨，是科學的。當東方出現閃電時，東方的積雨雲會隨著高空的偏西氣流逐漸離開本地，所以，一般都不會下雨，第二天仍然是「日頭紅」的晴天。當南方出現閃電時，也不會馬上有雨，最多是帶來一般比較大的南風。這是因為廣東省南面是海洋，水蒸氣充沛，南方有積雲，一般都是水蒸氣受熱猛烈上升形成的。在入夜以後，空氣會逐漸穩定，積雨雲也會逐漸消散。西方閃電時，西方的積雨雲常常會隨著高空的偏西氣流逐漸迫近本地，所以便會下雨。北方閃電時，也就是積雨雲在北方，這時候往往是北方有冷空氣南下，積雨雲也就是產生在冷鋒的鋒面上。因此，它說明冷鋒快要到達本地，很快會下雨，而且下雨的時間也比較長久。但是要注意，有時也會有例外的情況。比如沿海地區東閃、南閃也可能有雨，因為高空的氣流不是固定不變的，如果高空氣流適合的話，東面和南面的積雨雲，也可能受高空氣流的影響移過來而造成下雨。[286]

（6）早上雲如山，黃昏雨連連。（廣東沿海）

$\text{tʃou}^{35}\ \text{ʃɔŋ}^{22}\ \text{wɐn}^{21}\ \text{ji}^{21}\ \text{ʃan}^{55}$，$\text{wɔŋ}^{21}\ \text{fɐn}^{55}\ \text{ji}^{13}\ \text{lin}^{21}\ \text{lin}^{21}$

早晨，東方如果出現烏雲，當天將會刮風下雨。因為夏天晝熱夜涼，早晨天空中一般沒有雲層。如果太陽剛出來時，天空中已經有許多烏雲出現，那麼，到了中午前後，空氣上下對流最旺盛的時候，地面受熱加強，水蒸氣繼續上升，天氣就更不穩定了，於是就會形成雲致雨。如果空氣中上下對流特別強烈，那還會形成雷雨雲。所以除了

286 廣東省氣象局編寫：《看天經驗》（廣州市：廣東人民出版社，1975年11月），頁39-40。

下雨以外，還可能出現大風。[287]

（7）天上灰布點，細雨定連綿。（廣東沿海）

t^{h}in^{55} ʃɔŋ^{22} fui^{55} pou^{33} tin^{35}，ʃɐi^{33} ji^{13} teŋ^{22} lin^{21} min^{21}

「灰布點」指的是暗灰色的層狀雲，這種雲在氣象學上叫「雨層雲」。當北方的冷空氣和海洋上吹來的暖空氣在廣東沿海相遇，而雙方勢均力敵、互不退讓時，暖空氣常常沿著冷空氣而上升，就形成範圍較寬廣的雨層雲。一般來說，天上出現雨層雲，多降連綿細雨。但是，有時候這種雲的底部很低，而且它的上部又伸展得很高，整個雲層非常厚。在這樣的情況下，也能下比較大的雨，而且是持續性大雨。[288]漁民生產時便要多加留意。

（8）鬼頭雲，易下雷雨。（廣東沿海）

kɐi^{35} t^{h}ɐu^{21} wɐn^{21}，ji^{22} ha^{22} lei^{21} ji^{13}

「鬼頭雲」，氣象學上叫它「積雨雲」或稱「雷雨雲」。積雨雲是天上唯一有雷電暴雨和降落冰雹的雲。它下的雨很陡很急，常常下一陣，停一停，然後再下。積雨雲也是由於空氣受熱，猛烈上升，到了高空，遇冷凝結，同時又受強風的影響和氣流的輻散，向外伸出一絲一絲的雲，從地面看去，就好像掃帚一樣。因此，有的人把它叫作掃

---

287 廣東省氣象臺編寫：《廣東民間看天經驗》（廣州市：廣東人民出版社，1966年5月），頁5-6

288 留明編著：《怎樣觀測天氣（上）》（呼和浩特市：遠方出版社，2004年9月），頁10-11。

帚雲。[289]這漁諺是指出出現了雷雨雲，就是雷雨天來臨的預兆，漁民在海上生產便要留意。

（9）朝紅雨，夕虹晴。（廣東沿海）

tʃiu^{55} hoŋ^{21} ji^{13}，tʃek^{2} hoŋ^{21} tʃ^{h}eŋ^{21}

陽光射在低雲的雲幕上，由於光波在水滴中進行速度減小，便產生折射和反射現象，把陽光中各種原色分散開來，構成美麗的光弧，這就是虹。所謂「朝紅」即陽光從東邊照在西邊的雲幕上而產生的，西方既然有低密的雲幕，則這種雲不久就會移到當地，故西虹主雨，這便是「朝紅雨」了。不過，大雨過後，雲在消散的時候也會出現虹，這時即使是西虹，也不一定會有雨。所謂「夕虹」，即陽光從西邊照在東邊的雲幕上而產生的，西邊既露太陽，可見西邊已是晴天，為壞天氣系統正過或是已過的景象，故主晴，故稱「夕虹晴」。[290]

---

289 廣東省氣象局編寫：《看天經驗》（廣州市：廣東人民出版社，1975年11月），頁17。留明編著：《怎樣觀測天氣（上）》（呼和浩特市：遠方出版社，2004年9月），頁19。

290 鄔正明：〈中國沿海天氣歌謠分析〉，《大連海運學院學報》第一期（1959年4月2日），頁35。

第二節　廣西和海南

一　廣西

（一）漁業

1　漁汛

（1）西南起大，親蝦死（北部灣）

ʃɐi⁵⁵ lan²¹ hei³⁵ tai²²，tʃʰɐn⁵⁵ ha⁵⁵ ʃei³⁵

「西南起大」是指西南起大風，這個大風就是颱風。這條漁諺見於北部灣一帶。關於西南風問題，見「西南起風，赤魚游空」該條漁諺，那裡作了解釋。再者，整個中國南海岸段，均以西南風為主，東南次之。[291]北部灣西南風五、六月便會有颱風，而這時幼蝦退海時也正好是五六月分，與幼蝦一起退海時的親蝦也受不了大風大浪的折磨而大量死亡。[292]

（2）西南起，魚沉底（自找：廣西北海、合浦）

ʃɐi⁵⁵ lan²¹ hei³⁵，ji²¹⁻³⁵ tʃʰɐn⁵⁵ tɐi³⁵

這條漁諺見於北海、合浦一帶。關於西南風問題，見「西南起風，赤魚游空」該條漁諺，那裡作了解釋。《中國海岸帶和海塗資源

291 全國海岸帶和海塗資源綜合調查成果編委會編著：《中國海岸帶和海塗資源綜合調查報告》（北京市：海洋出版社，1991年8月），頁27。孫湘平：《中國近海及毗鄰海域水文概況》（北京市：海洋出版社，2016年9月），頁76。

292 鍾振如、江紀煬、閔信愛編：《南海北部近海蝦類資源調查報告》（廣州市：中國水產科學研究院南海水產研究所，1982年12月），頁198。

綜合調查報告》稱夏季時，整個中國南海岸段，均以西南風為主，東南次之。[293]「起」，指起大風而引發的大潮。就是指北部灣一帶起西南風，引發大潮，魚群便會退到較深水區處躲避。

（3）四月八，蝦芒發。（廣西北海）

ʃei^{33} jit^{2} pat^{3}，ha^{55} moŋ^{55} fat^{3}

這條漁諺，北部灣一帶的漁民也稱「四月磷蝦發」，也會稱作「四月八，蝦魴發」。[294] 整句漁諺是指清明前後正是一批親蝦（用作繁殖蝦苗的已達性成熟的雄蝦和雌蝦）產卵季節，如果天氣突然變冷，吹起北風，蝦的幼體便會大量死亡。[295]

（4）魟魚趕立冬。（海南島、廣西北海市）

lat^{2} ji$^{21\text{-}35}$ kɔn^{35} lat^{2} toŋ^{55}

魟魚又寫作鱲魚，學術上叫鯛科。是活動於北部灣北部漁場的二長棘鯛魚。魟魚在南海北部海區產量大宗，為底網拖網漁業主要捕撈對象。廣西淺海經濟魚類有很多，其中之一是二長棘鯛魚（魟魚）。

293 全國海岸帶和海塗資源綜合調查成果編委會編著：《中國海岸帶和海塗資源綜合調查報告》（北京市：海洋出版社，1991年8月），頁27。孫湘平：《中國近海及毗鄰海域水文概況》（北京市：海洋出版社，2016年9月），頁76。

294 鍾振如、江紀煬、閔信愛編：《南海北部近海蝦類資源調查報告》（廣州市：中國水產科學研究院南海水產研究所，1982年12月）第五章第一節小題是：〈北部灣北部蝦類資源狀況〉，頁175、198。中國民間文學集成全國編輯委員會、中國民間文學集成廣西卷編輯委員會編：《中國諺語集成（廣西卷）》（北京市：中國ISBN中心，2008年2月），頁515。

295 鍾振如、江紀煬、閔信愛編：《南海北部近海蝦類資源調查報告》（廣州市：中國水產科學研究院南海水產研究所，1982年12月），頁198。

廣西沿岸淺海是多二長棘鯛魚的洄游、棲息和繁殖的場所。廣西沿岸淺海區魚類產卵區可分為東西兩海區，東海區的魚類天然產卵場位於北海市至潿洲島之間的淺海，是二長棘鯛魚的主要產卵場之一。每年從十一月開始，二長棘鯛魚從深海向該海域作生殖洄游，十二月開始產卵，次年一至二月幼魚出現，三至四月魚苗大量出現，五月底至六月開始退出該海區。[296]「鯇魚趕立冬」這條漁諺是指鯇魚趕在立冬期間進入廣西沿岸淺海區進行生殖洄游。

廣西北海市外沙漁村
（南寧師範大學音樂舞蹈學院院長黃妙教授提供）

（5）三月黃瓜，四月瘦蟹。（廣西欽州）

ʃan^{55} jit^{2} wɔŋ^{21} ka^{55}，ʃei^{33} jit^{2} ʃɐu^{33} hai^{13}

廣西海蟹品種有花蟹、紅蟹、青蟹、梭子蟹、石蟹等，常見的是

296 廣西壯族自治區地方志編纂委員會編、莫大同主編：《廣西通志・自然地理志》（南寧市：廣西人民出版社，1994年6月），頁271。

花蟹和青蟹。青蟹，學名鋸緣青蟹，是廣西欽州四大海產之一。在欽州沿海鹹淡水交會的河流入海口區出產的青蟹，其體色、味道都優於其他地區，素以個大、體肥、肉嫩、色澤鮮美而名揚粵港澳，有「蟹中之王」的美譽。蟹的肥瘦受季節影響較大，春節前後的冬蟹「膏滿殼，子滿臍」。清明後，蟹產卵後最瘦，欽州當地有「三月黃瓜，四月瘦蟹」的說法。[297]

（6）清明早，漁汛好。（廣西北海、合浦）

tʃ^{h}eŋ^{55} meŋ^{21} tʃou^{35}，ji^{21} ʃɐn^{33} hou^{35}

清明若然提早到農曆二月分左右，天便會暖得早，魚發得好，漁汛便提早，形成漁汛好。漁汛好，便會春色滿漁鄉，效益高、魚價高、捕撈產量高。

2　漁場

生在老鴨洲，死於冠頭嶺。（廣西北海市）

ʃɐn^{55} tʃɔi^{22} lou^{13} at^{3} tʃɐu^{55}，ʃei^{35} ji^{55} kun^{55} t^{h}ɐu^{21} lɛŋ^{13}

《南海漁諺拾零》弄錯此句，應是指對蝦「生在老鴨洲，死於冠頭嶺」，卻寫作「坐在老鴨洲，死於冠頭嶺」。

蝦絕多數為一週年生，生命力極短，但其繁殖力卻是十分強的。一尾親蝦，可以懷卵三十至五十萬粒。不過，蝦卵的增減波動與環境因素關係極為密切。如當年天氣是否正常，對蝦類的繁殖、生長特別重要，氣溫的變化直接影響水溫的變化，降雨量的多少影響海水的鹽

297　：《中國海洋文化》編委會編：《中國海洋文化（廣西卷）》（北京市：海洋出版社，2016年7月），頁84-85。

度和蝦餌料的豐歉，便足以影響對蝦類的繁殖和生長。再者，蝦的繁殖場所的污染，人為讓河水斷流，加上漁民過度捕撈親蝦和幼蝦，都足以影響蝦的資源。最明顯一個例子，就是鐵山港。鐵山港是廣西的天然深水大港，位於北海市東部，是世界著名的「南珠」產地，有白龍珍珠城等眾多古蹟。鐵山港自古以來是蝦的優良繁殖場所和天然養蠔場所，俗稱大明蝦（墨吉對蝦）「生在老鴨洲，死在冠頭嶺」（冠頭嶺位於北海市西盡端，全長3公里）之稱。可惜，北海市當地政府大量進行圍海造田，讓淡水斷流，再加上發展化工，讓上游化肥廠排污，直接污染了整個鐵山港水源，讓鐵生港生態受到嚴重破壞，造成魚蝦產量下降。一九五八年，在鐵山港的石頭埠附近，蝦汛期時一網可圍一百至一百五十公斤大蝦，一個竹排拖網一天可達三十至三十五公斤大蝦，而至今捕獲很少，甚至幾乎沒有。[298]「生在老鴨洲，死在冠頭嶺」是這裡的對蝦生命歷程，是其生與死之地，但是此漁諺已成絕響。這條漁諺只能流傳於老漁民口裡，成了他們的追憶而已。

3 魚與氣象

三月北風發，凍死魚蝦芒。（北部灣）

$\int an^{55}$ jit^{2} $pɐt^{5}$ $foŋ^{55}$ fat^{3}，$toŋ^{33}$ $\int ei^{35}$ ji^{21} ha^{55} $moŋ^{55}$

廣西北海一帶漁民稱小魚為魚芒。南寧師範大學音樂舞蹈學院院長黃妙秋教授稱北部演一帶的人一般稱小魚作魚仔，偶然也會講成魚芒[ji^{21} $moŋ^{55}$]，但稱小蝦一定講成蝦芒[ha^{55} $moŋ^{55}$]。

漁諺云：「三月之北風發，凍死蝦芒」、「三月三無風，四月八無魚，養好身體捕蝦仔」、「四月八蝦芒發」、「四月磷蝦發」。清明前後

298 鍾振如、江紀煬、閔信愛編：《南海北部近海蝦類資源調查報告》（中國水產科學研究院南海水產研究所，1982年12月），頁196。

正是一批親蝦產卵季節，如果天氣突然變冷，吹北風，蝦的幼體即大量死亡。三月三無北風冷空氣，經一個月左右，四月八幼魚少蝦即多，可以養好身體進行捕魚捕蝦。根據對長毛對蝦孵化分析，北部灣長毛對蝦二至五月上旬均產卵，盛期是三月下旬至四月下旬（7-8月也有少數產卵）親蝦產卵後水溫在攝氏二十四至二十五時，蝦卵胚胎發育，經十八小時後成蚤狀幼體，再經三天三夜即成無節幼體，再經十五至十八天即成糠蝦幼體。但水溫在攝氏二十七點五至二十八度胎發育經過十三至十四小時成蚤狀幼體，再經過十二次脫皮，又經十一至十四天發育成糠蝦幼體，又再經過八至十天，即可長成二至三公分孵蝦苗。如水溫在攝氏二十三度以下，則胚胎發育不良，水溫在攝氏二十度以下即大量死亡。由此說明三月三如果冷空氣侵入北部灣，水溫突然下降至攝氏二十至二十三度以下，蝦苗發育不正常發生大量死亡。這樣四月八蝦苗很少，嚴重影響今年蝦的產量。[299]「三月北風發，凍死魚蝦芒」是指三月本是魚汛、蝦汛，是魚、蝦的春汛期，孵出的小魚、小蝦卻遇上寒潮，刮起北風，就如此把小魚、小蝦全部凍死。

（2）帶魚要捕兩頭紅。（廣西北海、合浦）

tai^{33} ji$^{21\text{-}35}$ jiu^{33} pou^{22} lɔŋ^{13} t^{h}ɐu^{21} hoŋ^{21}

這一條漁諺也見於浙江舟山。「兩頭紅」是指早晨旭日初升和傍晚紅日快落山的兩段時間。因為每一種魚都有各自的生活習性，帶魚喜愛弱光，討厭強光，所以有明顯的晝夜垂直移動的特點。白天來臨，陽光燦爛，帶魚就沉到海底深處，清晨或黃昏，光線暗淡，正適合它的要求，這時候就浮到海中的中上層來。漁民就會用一種有囊的

299 鍾振如、江紀煬、閔信愛編：《南海北部近海蝦類資源調查報告》（中國水產科學研究院南海水產研究所，1982年12月），頁198。

圍網，在清晨或黃昏帶魚上浮到海面的時候，正好用圍網把帶魚圍住，收曳底網，帶魚就鑽入囊網裡被大量捕獲。[300]

這是廣西北海、合浦，浙江舟山漁民捕撈帶魚的成功經驗。

4 海水養殖

西珠不如東珠，東珠不如南珠。（合浦）

ʃɐi[55] tʃi[55] pɐt[5] ji[21] toŋ[55] tʃi[55]，toŋ[55] tʃi[55] pɐt[55] ji[21] lan[21] tʃi[55]

合浦是中國著名南珠之鄉。合浦珍珠，也叫南珠、廉珠、白龍珠，是世界珍珠中的極品。歷史上有合浦珠名曰南珠，出歐洲西洋者為西珠，出東洋者為東珠，之說。東珠是日本的養殖珍珠，而南珠則是南海養殖的珍珠。在國際上普遍認為「西珠不如東珠，東珠不如南珠」。

（二）氣象

1 氣候（天氣）

（1）四月八，南風發。（廣西北海市潿洲島）

ʃei[33] jit[2] pat[3]，lan[21] foŋ[55] fat[3]

位於潿洲島北面、東面及西南面發育的珊瑚岸礁，面積二十六平方千米。本礁區最重要的特徵之一是季節性生長的褐藻特別發育，在礁坪的靠岸一側和潮間帶，以囊藻和網胰藻為主，而在礁坪向海一側和珊瑚生長帶上部，則以馬尾藻占優勢，它們在春季開始瘋狂生長，

300 譚玉鈞、邵源編著：《養魚知識問答》（北京市：中國青年出版社，1984年3月），頁101-102。

在珊瑚礁岩和海底的覆蓋率可高達百分之八十至九十，局部地帶褐藻稠密生長竟至船隻無法通過。褐藻的瘋狂生長，侵占了水中的光能和養料，造成珊瑚群體大量死亡。好在逆境不常，「四月八，南風發」，是會讓水溫升高，藻類成熟，被夏季西南季風吹走，珊瑚礁劫後餘生，漸漸恢復生機。[301] 珊瑚恢復生機生長，對珊瑚魚的生存有密切關係，也有利漁民的捕撈。

（2）六月北風，高吊船篷。（廣西北部灣）

lok^{2} jit^{2} pɐt^{5} foŋ^{55}，kou^{55} tiu^{33} ʃin^{21} p^{h}oŋ^{21}

「吊船篷」是主旱的意思。這一條漁諺的正確時間是在陰曆六月寒潮幾乎在廣西沿海絕跡的緣故。寒潮既然幾乎絕跡，則北風來自大陸，顯然難以致雨。[302]

這一條漁諺是屬於木帆和篷船小漁船年代漁諺。

（3）二月清明魚似草，三月清明魚是寶。（廣西北海、合浦）

ji^{22} jit^{2} tʃ^{h}eŋ^{55} meŋ^{21} ji^{21} tʃ^{h}i^{13} tʃ^{h}ou^{35}，
ʃan^{55} jit^{2} tʃ^{h}eŋ^{55} meŋ^{21} ji^{21} ʃi^{22} pou^{35}

這一條漁諺也見於浙江舟山。舟山那邊稱：「二月清明魚似草，三月清明魚似寶」、「二月清明魚疊街，三月清明斷魚賣」。清明是在

301 廣西地質學會編著：《廣西地質之最》（南寧市：廣西科學技術出版社，2014年12月），頁160-161。王國忠著：《南海珊瑚礁區沉積學》（北京市：海洋出版社，2001年6月），頁82。

302 鄔正明：〈中國沿海天氣歌謠分析〉，《大連海運學院學報》第一期（1959年4月2日），頁21。

農曆二月分，天暖得早，魚發得好，捕的魚多得像草一樣疊滿街；如果清明節是在三月裡，捕點春魚就像寶貝一樣，街上便「斷魚賣」。[303]

（4）春霧當日晴，船家好漁汛。（廣西北海、合浦）

tʃʰɐn^{55} mou^{22} tɔŋ^{55} jɐt^{2} tʃʰeŋ^{55}，ʃin^{21} ka^{55} hou^{35} ji^{21} ʃɐn^{33}

此霧是指輻射霧。如在冬季出現這種霧，則晴的時間更長些。如春季三至四月分出現這種霧，如上午八時以前不下雨，則一般當天無雨，[304]漁家在好天氣下捕撈量高。

（5）鳥叫山到，浪叫有礁；混水泛泡，趁早拋錨。（廣西北海、合浦）

liu^{13} kiu^{33} ʃan^{55} tou^{33}，lɔŋ^{22} kiu^{33} jɐu^{13} tʃiu^{55}，
wɐn^{22} ʃøy^{35} fan^{22} pʰou^{13}，tʃʰɐn^{33} tʃou^{35} pʰau^{55} mau^{21}

前二句指霧海行舟，第三、四句指有大風來臨跡象，選擇停航。[305]

2 颱風

海泥發出臭味。（廣西北部灣潿洲島）

hɔi^{35} lɐi^{21} fat^{3} tʃʰɐt^{5} tʃʰɐu^{33} mei^{22}

風暴移來，氣壓往往先見降低，失去了海水表層上下壓力原來平

303 王文洪編著：《舟山群島文化地圖》（北京市：海洋出版社，2009年3月），頁159。

304 上海市園林學校主編：《園林氣象學》（北京市：中國林業出版社，1989年5月），頁139。

305 勵江岸村志編纂小組編；勵明康主編：《勵江岸村志》（勵江岸村，2012年4月），頁318。

衡的狀態。這種失調，可促使海底沉積物，特別是生物死體的腐敗物隨海水中的氣體逸出海面，擴散到空氣裡，使人們會感覺到海水頻發臭味。[306]這便是不久時候將會有風暴和雨水。

3　雨（暴雨）

（1）夏季四郊都有閃，雖則有雨亦不致過站。（廣西北部灣）

ha^{22} kɐi^{33} ʃei^{33} kau^{55} tou^{55} jɐu^{13} ʃin^{35}，
ʃɵy^{55} tʃɐt^{5} jɐu^{13} ji^{13} jek^{2} pɐt^{5} tʃi^{33} kɔ^{33} tʃan^{22}

「夏季四郊都有閃」是說明當地四周的地表受熱過甚，產生了熱雷雨。熱雷雨是低氣壓，有上升氣流。因此，在移行的過程中，往往消滅於缺乏熱源的大江大海中，又往往為高山擋住或繞道而過。由此可見，遠處四周（「四郊」）閃電，即使包括西北方在內，但由於離當地遠了，中有大江大山擋道，移至當地的機會就少了。如閃電出於近處，即使是四郊都有，也就未必是無風無雨。熱雷雨，多發生在熱帶海洋氣團與赤道海洋氣團內部，此時，溫濕逾恆，故未來天氣都甚悶熱。既然無雨，必是赤日炎炎。[307]

---

306 鄔正明：〈中國沿海天氣歌謠分析〉，《大連海運學院學報》第一期（1959年4月2日），頁41。

307 鄔正明：〈中國沿海天氣歌謠分析〉，《大連海運學院學報》第一期（1959年4月2日），頁38。

廣西北海僑港漁港

（2）蟹浮水面。（廣西北部灣沿岸）

hai^{13} fɐu^{21} ʃɵy^{35} min^{22}

雨前氣壓一般都變低。氣壓變低，水中氧氣便減少了。而水中動物，例如魚等，也是需要氧氣的。如遇水中缺少氧氣時便把頭探出水面，進行呼吸。[308]因此這一條漁諺是告知漁民很快會來一場雨水。

二　海南

（一）漁業

1　漁汛

（1）教子教孫，唔忘三月豐。（海南省）

kau^{33} tʃi^{35} kau^{33} ʃin^{55} ，m̩^{21} mɔŋ^{22} ʃan^{55} jit^{2} foŋ^{55}

308 鄔正明：〈中國沿海天氣歌謠分析〉，《大連海運學院學報》第一期（1959年4月2日），頁42。

《南海漁諺拾零》者稱「豐」就是指汛的意思。汛是汛期。這一句漁諺海南那邊也有說成「教子教孫，唔忘三月春」。

三月豐就是農曆三月汛，是三月的漁汛期的開始，就是南方魚產卵時期，魚群會結隊而出。不同的地區，舉凡是漁汛期，就是漁民駕船出海捕魚的好時機，每一次出海都能滿載而歸。

（2）三月三，西刀洋離無人擔。（海南樂東、通什）

ʃan^{55} jit^{2} ʃan^{55}，ʃɐi^{55} tou^{55} jɔŋ^{21} lei^{21} mou^{13} jɐn^{21} tan^{55}

是指三月三汛期的魚群在產卵後，便馬上不復見。再者，散春後的魚便不好吃，所以西刀魚、洋離魚便不見漁民再把這些魚打上來出售市場。關於魚類在散春後便不好吃，魚不肥美，原因是魚類在生殖洄游期間，魚便會停止攝食，牠們的洄游完全是依靠其有機體內的貯存物質，產卵後捕撈的魚已不及產卵前的肥美，因此失去市場價值。

（3）三月三，鯧魚鰲魚無人擔。（海南）

ʃan^{55} jit^{2} ʃan^{55}，tʃɔŋ^{55} ji$^{21-35}$ ou^{21} ji$^{21-35}$ mou^{13} jɐn^{21} tan^{55}

跟「三月三，西刀洋離無人擔」同一意思。

（4）南風吹得早，漁汛必然好。（海南）

lan^{21} foŋ^{55} tʃ^{h}ɵy^{55} tɐt^{5} tʃou^{35}，ji^{21} ʃɐn^{33} pit^{5} jin^{21} hou^{35}

這條漁諺是交代了氣候與魚情的關係。這漁諺稱南風出現，便會帶來暖氣流與水流，魚群也會隨著暖流而來。中山橫門漁民吳桂友強調南風不一定指春風，但每年的春天，刮南風卻是比較多的。吹南風時，魚蝦便會從深水區層游到河岸邊產卵，出海捕魚就比較容易豐收，所以說「南風吹得早，漁汛必然好」。吳桂友補充說「春水忌北風」，就是說魚蝦怕冷，便藏在水裡較深處，這樣子也會影響汛期。所以「南風吹得早，漁汛必然好」與「三月三，鱸魚上沙灘」道理相同。

2　漁場

清明穀雨水，魚游近山邊。（海南）

tʃ^{h}eŋ^{55} meŋ^{21} kok^{55} ji^{13} ʃøy^{35}，ji$^{21-35}$ jɐu^{21} kɐn^{22} ʃan^{55} pin^{55}

清明和穀雨兩個節氣是春季最後的階段，到了這時候，海南省一帶的魚到了春汛期，便靠山邊淺水區進行產卵，這是交代了有不少魚群的產卵場愛在河口灣澳附近及島嶼間的近岸低鹽淺水區進行，這樣子最方便漁民進行捕撈。

3　洄游

三月清明四月八，魚仔魚兒走光光。（海南瓊山）

ʃan^{55} jit^{2} tʃ^{h}eŋ^{55} meŋ^{21} ʃei^{33} jit^{2} pat^{33}，
ji^{21} tʃɐi^{35} ji^{21} ji^{21} tʃɐu^{35} kɔŋ^{55} kɔŋ^{55}

這條漁諺有海南漁民說成「三月清明四月八，魚仔魚兒走潔潔」，[309]這句漁諺跟「清明過三日，帶魚走得尾直直」意思一致。意思是指在春汛清明到四月八期間，魚群在瓊山一帶漁場產卵後，老魚與新魚魚群就立刻離開，直往東北方索餌洄游。

---

309 陳智勇著：《海南海洋文化》（海口市：南方出版社；海口市：海南出版社，2008年4月），頁134。

4　漁獲量

（1）正二月，南風吹，自背冷，上升流，春汛旺，魚收穫。（海南昌化）

tʃeŋ^{55} ji^{22} jit^{2}，lan^{21} foŋ^{55} tʃ^{h}øy^{55}，
tʃi^{22} pui^{33} laŋ^{13} ，ʃɔŋ^{22} ʃeŋ^{55} lɐu^{21}，
tʃ^{h}ɐn^{55} ʃɐn^{33} wɔŋ^{22}，ji^{21} ʃɐu^{55} wɔk^{2}

正二月，南風吹時，海洋之中會出現從表層以下沿著直線上升的海流，被稱為「上升流」。會出現這樣的現象，是因為表層流場所產生的水平輻散。由於表層流場會出現水平輻散，從而可以導致表層以下的海水呈直線上升的流動；與之相反，由於表層流場會發生水平輻合，令海水由海面呈直線下降的流動，被人們稱為下降流。將上升流與下降流聯合到一起便是升降流，這種海洋現象屬於環流的重要組成部分，升降流與水平流動一起組成了海洋環流。[310] 正二月，南風吹時就是漁民俗稱的「春汛」。春汛旺期，廣東、廣西等地漁船紛紛雲集於昌化海區各漁場，進行捕撈作業，僅昌化漁港每年就有三千艘。據昌化水產站統計，海產品平均年收購量三十萬擔，一九七一年高達四十三點八萬擔。[311] 這就是漁諺所稱「春汛旺，魚收穫」。

（2）三月清明四月八，魚仔走得光刮刮。（海南）

ʃan^{55} jit^{2} tʃ^{h}eŋ^{55} meŋ^{21} ʃei^{33} jit^{2} pat^{3}，
ji^{21} tʃɐi^{35} tʃɐu^{35} tɐt^{5} kɔŋ^{55} kat^{3} kat^{3}

310　蘇山編著：《海洋開發技術知識入門》（北京市：北京工業大學出版社，2013年2月），頁83。

311　海南省昌江黎族自治縣地方志編纂委員會編：《昌江縣志》（北京市：新華出版社，1998年6月），頁201。

在海南，這句漁諺也有漁民說成「三月清明四月八，魚仔魚兒走潔潔」，[312] 而海南瓊山則說「三月清明四月八，魚仔魚兒走光光」。[313] 這句漁諺跟「清明過三日，帶魚走得尾直直」意思一致。意思是指在春汛清明到四月八期間，魚群在漁場產卵後，老魚與新魚魚群就立刻離開，直往東北方索餌洄游。

（3）不怕西南風大，只怕刮東風。（海南島）

pɐt^{5} p^{h}a^{33} ʃɐi^{55} lan^{21} foŋ^{55} tai^{22}，tʃi^{35} p^{h}a^{3} kat^{3} toŋ^{55} foŋ^{55}

意思跟「穀雨風，山空海也空」相同。

（4）朝立秋，晚裝油。（海南島）

tʃiu^{55} lat^{2} tʃ^{h}ɐu^{55}，man^{13} tʃɔŋ^{55} jɐu^{21}

「朝立秋」是指立秋之日在早晨，晚上會有秋風，天氣涼爽外，也表示秋已來了，就馬上進入秋汛，那麼就會有大量外海魚群和洄游索餌的魚來進行近岸產卵，漁民就能有魚可以捕撈，收入便增加，可以在日間出賣漁獲後，晚間便能馬上購買食油供生活之用。若然是暮立秋，就會熱到冬天，不利秋汛，便會影響漁民的收成。

---

312 陳智勇著：《海南海洋文化》（海口市：南方出版社；海口市：海南出版社，2008年4月），頁134。

313 洪壽祥主編：《中國諺語集成（海南卷）》（北京市：中國ISBN中心，2002年12月），頁671。

5　魚與氣象

（1）一輪風，一輪魚。（海南島）

jɐt^{5} lɐn^{21} foŋ^{55}，jɐt^{5} lɐn^{21} ji$^{21-35}$

在不同的漁場和不同的季節，漁發的情況往往與某種風向、風力有關。例如持久而強勁的東南風有利於海蜇的豐收，帶魚在向南越冬洄游時如遇偏南風，其南下速度就會減慢。長期的定向風不僅影響海流的流向，而且影響魚類餌料的分布。浮游生物隨風漂移，彙集於下風海區，魚群為攝取餌料往往也集中於下風海區。生產實踐也表明，一般風暴前魚群較集中，當風力大於六級時，魚群就會迅速分散。所謂「一輪風，一輪魚」就是這個道理。若大風和小風相間出現，不僅有利於魚群集結，而且有利於出海生產。[314]

（2）風吹流才動，魚是隨流來。（海南島）

foŋ^{55} tʃʰɵy^{55} lɐu^{21} tʃʰɔi^{21} toŋ^{22}，ji$^{21-35}$ ʃi^{22} tʃʰɵy^{21} lɐu^{21} lɔi^{21}

洋流（Ocean Current）即是海流，也稱作洋面流。按成因而分，洋流可分為風吹流、傾斜流、補償流及密度流。這一條漁諺指出洋流因風流動而來南海，魚也是隨著海流而來到南海。此漁諺是稱漁民要多留意「風吹流」，然後決定魚從哪方向而來，這樣子方能進行捕撈。

6　魚與海況

（1）魚看流水，人看時餐。（海南島陵水縣）

ji$^{21-35}$ hɔn^{33} lɐu^{21} ʃɵy^{35}，jɐn^{21} hɔn^{33} ʃi^{21} tʃʰan^{55}

314 陳連寶等編著：《廣東海島氣候》（廣州市：廣東科技出版社，1995年8月），頁59。

時餐，指不是正餐。要捕撈甚麼魚，則要看當時是流著甚麼洋流而決定，人吃時餐也一樣，也是看當時預設了甚麼菜。

（2）南流南風頭，一切魚易浮。（海南島東部）

lan^{21} lɐu^{21} lan^{21} foŋ^{55} t^{h}ɐu^{21}，jɐt^{5} tʃ^{h}ɐi^{33} ji$^{21\text{-}35}$ ji^{22} fɐu^{21}

「南風頭」，一般說來，南風初起時，風力大，後來越刮越小。[315]在這種「南流」與「南風頭」相合的海況下，魚類往往有上升海面或游離海底的現象，[316]這便是下網捕撈的好時機。這個與「南風頭，北

文昌鋪前鎮漁港
（海南大學音樂學院的劉鋒副教授提供）

---

315 林仲凡：《東北農諺彙釋》（長春市：吉林文史出版社，1992年11月），頁24：「春風頭，秋風尾。南風頭，北風尾。」一般說來，南風初起時，風力大，後來越刮越小。北風初起時，往往風力平穩，但後勁足，越刮越強。「春風」即南風、「秋風」即北風。苗得雨著：《文談詩話》（濟南市：山東人民出版社，1961年12月），頁242：「南風頭，北風尾」（南風頭小，北風尾小）、「北風頭，南風尾」（北風頭大，南風尾大）。

316 張憲昌、梁玉磷、馬振坤編：《南海漁諺拾零》（北京市：海洋出版社，1988年4月），頁15。

風尾」這兩種時候是下網打魚的好時機意思相近。[317] 這一條漁諺的意思也跟「南流埋，魚靠街」一致。

（3）南流南風糠，北流清水湯。（海南島東部）

lan^{21} lɐu^{21} lan^{21} foŋ^{55} hɔŋ^{55}，pɐt^{5} lɐu^{21} tʃ^{h}eŋ^{55} ʃɵy^{35} t^{h}ɔŋ^{55}

「南風糠」是一秤浮游植物，由於形態像米糠又隨南流南風而來，故稱「南風糠」。[318]因此，「南流南風糠」表示洄游索餌的魚群便有餌料可進食，漁汛便能形成，漁民便能進行捕撈；若然是出現北流現象，便會引起海洋餌料少，就不好捕撈，跟餌料少引不起漁群進漁場有關。

（4）天怕暗，海怕靚。（海南島）

t^{h}in^{55} p^{h}a^{33} ɐn^{33}，hɔi^{35} p^{h}a^{33} lɛŋ^{33}

「靚」是指海平如鏡的海況，過去舊式的風帆漁船怕暴風與海平如鏡的無風天氣。[319]

7　其他

搶風頭，追風尾，網網魚蝦捉不起。（海南儋縣）

tʃ^{h}ɔŋ^{35} foŋ^{55} t^{h}ɐu^{21}，tʃɵy^{55} foŋ^{55} mei^{13}，
mɔŋ^{13} mɔŋ^{13} ji^{21} ha^{55} tʃok^{5} pɐt^{5} hei^{35}

---

317 丁石慶、周國炎主編：《語言學及應用語言學研究生論壇 2013》（北京市：中央民族大學出版社，2014年1月）。頁388。

318 張憲昌、梁玉磷、馬振坤編：《南海漁諺拾零》（北京市：海洋出版社，1988年4月），頁16。

319 張憲昌、梁玉磷、馬振坤編：《南海漁諺拾零》（北京市：海洋出版社，1988年4月），頁16。

一般在風暴之前，魚群比較集中，例如大黃魚喜歡生活在急流水裡邊。大風到來之前，海面水流一般比較急，這時候大黃魚就集中上游，所以搶風頭下網就能捕到大黃魚。又如黑魚，當牠們從南方向北方游動的時候，一旦碰到礁石或者海藻就會停留下來，直到等刮起大風才又繼續向北方游去，所以刮大風之前是圍捕黑魚的良好時機，這就是「搶風頭」。[320]「追風尾」是指颱風快將過去，海面上風浪減弱，馬上出海作短暫的生產。「網網魚蝦捉不起」是指網網魚蝦提不起的意思。大風來臨之前和大風浪過後，往往可獲高產。這條漁諺就是這個道理。漁民為了獲取高產，便會利用大風期間奪取漁業生產的豐收。

（二）海況

1 海溫

（1）西南吹，起黃水，冷入骨。（海南島清欄港）

ʃɐi^{55} lan^{21} tʃ^{h}ɵy^{55}，hei^{35} wɔŋ^{21} ʃɵy^{35}，laŋ^{13} jɐt^{2} kɐt^{5}

南海環流的作用。南海夏季五至八月分是環流模式。在海南島本島東部外海面，夏季南海暖流方向是從西南向東北向流動的，亦與海岸線平行。根據海流右手定則原理，這種穩定的單向活動的結果，必然在前方左側海岸線一帶引起海水的上升運動。由於這兩種力量的共同作用結果，因此，於四至八月間，在東部近海的沿岸區便產生沿岸上升流，特別是在西南風的穩定作用下，大大加強了它的形成和發展過程。海水的上升運動結果，把底層豐富的有機質及無機質帶上表層，

320 中央人民廣播電臺科技組、中國農學會等編：《科學廣播．現代農業科學知識（第3集）》（北京市：科學普及出版社，1986年8月），頁16-17。

底棲浮游生物亦隨之上升，使水色變濁（俗稱「起黃水」、「翻牛尿」）表層和沿岸線出現低溫高鹽——「冷入骨」的特有冷水現象，構成了良好的漁場環境。於是，在此期間，四八六漁區和七洲列島附近海區形成了良好的上中層魚類（鮐鰺魚）及其幼魚漁場。[321] 簡單地說，意即多吹西南風，湧升流隨之而起，海水呈黃色，水溫偏低，魚群將隨流進入漁場。即是說，海南漁場的藍圓鰺汛的豐歉和漁期的早遲，與西南風（風頻、風力、風時和風區）呈正相關，而與偏東南風呈負相關。因此，如果能夠正確地預知風情，就不難作出該漁汛的趨勢預報。[322]

（2）五月苦水，魚群散海。（海南島昌化港）

m̩^{13} jit^{2} fu^{35} ʃøy^{35}，ji^{21} k^{h}ɐn^{21} ʃan^{33} hɔi^{35}

五月海水鹽度較大（「苦水」），不利於魚群，魚群便散於外海以外低鹽水系，漁民捕撈便出現淡季，漁獲量少。以南海北部陸架區魚類為例。在水深四十米以淺海海域，通常分布著一些適應於低鹽生境的魚種，如海鯰，鰳魚、四指馬鮁、中華青鱗魚、鯆魚、七絲鱭、棘頭梅童、斑、康馬氏鮁、狼鰕虎魚、大黃魚等，上述魚類的分布範圍較窄，通常出現在河口、海灣及島礁一帶。[323] 這一類的魚群就會在「五月苦水」下，「魚群散海」了。[324]

---

321 海南行政區水產研究所、廣東省水產研究所、廣東省水產學校編輯：《1974年清瀾浮水魚魚訊鮐鰺魚類資源調查小結．1974年8月》（海南行政區水產研究所，1974年12月），頁21。

322 沈金敖：〈怎樣作海洋漁業漁獲量趨勢預報〉，《海洋漁業》第六期（上海市：海洋漁業編輯部，1982年），頁270。

323 廣西壯族自治區水產局：《廣西農業志水產資料長篇》（廣西區水產局，1990年12月），頁49。

324 宋正傑主編：《捕撈基礎》（山東教育出版社，2016年3月），頁16-17。

（三）氣象

1　氣候（天氣）

五月初三四，六月十一二，勢必壞天氣。（海南島萬寧）

m̩^{13} jit^{2} tʃ^{h}ɔ^{55} ʃan^{55} ʃei^{33}，lok^{2} jit^{2} ʃɐt^{2} jɐt^{5} ji^{22} ，
ʃɐi^{33} pit^{5} wai^{22} t^{h}in^{55} hei^{33}

這一條是海南島萬寧漁港的漁諺。這句漁諺反映了農曆五月初三、初四，及打後的六月十一、十二這些日子前後會常有風雨，一九九四年的《萬寧縣志》稱這段時間是大潮期。原因在這期間，南方暖濕氣流活躍，從北方南下的冷空氣在廣東、廣西、海南一帶交會，結果出現了持續大範圍的強降水，影響漁獲量。魚群因天氣變壞，下起大雨，海水混沌，讓魚眼便看不清，魚群便會游到深水處。關於這一點，珠江口一帶的漁諺有一條是「三月打魚，四月閒，五月推艇上沙灘」，也是與天下起大雨，水就會混沌，混沌的水，魚眼便看不清，便會游到深水處。珠海市萬山港一帶水域的一條漁諺是「一場風來一場色，打魚要在清水側」，也是說有風來的時候，水就會混沌，混沌的水，魚眼便看不請，所以魚會跑到清水一側去。「五月初三、四，六月十一、二，勢必壞天氣」這條諺語也見於海南島的萬寧市烏場鄉、琉川村，指出這段時期，是天要下雨時間。[325]

2　颱風

（1）東北不回南，趕狗都唔行。（海南島）

toŋ^{55} pɐt^{5} pɐt^{5} wui^{21} lan^{21}，kɔn^{35} kɐu^{35} tou^{55} m̩^{21} haŋ^{21}

---

325 海南省萬寧縣地方志編纂委員會編：《萬寧縣志》（海口市：南海出版公司，1994年），頁83。。

「東北」指東北風帶來冷空氣；「行」，跑也；「不回南」是表示冷空氣不減弱，或者它的性質沒有改變。「東北不回南，趕狗都唔行」這種情況大多發生於冬春季節，屬於靜止鋒後面的天氣，所以陰雨連綿不斷，連狗都不願意跑出屋外去。[326]

（2）紅雲過頂，趕快收船，有颱風。（海南）

hoŋ^{55} wɐn^{21} kɔ^{33} tɛŋ^{35}，kɔn^{35} fai^{33} ʃɐu^{55} ʃin^{21}，jɐu^{13} t^{h}ɔi^{21} foŋ^{55}

也有漁民說成「紅雲過頂，趕快收艇」，是南海地區三亞魚漁民說法，因廣東人是說「收艇」的，海南閩語漁民則說「收船」，這是廣東與海南同一漁諺卻用詞的差異。熱帶氣旋來臨前幾天，一般是晴朗少雲，陽光猛烈照射，感到悶熱，熱帶氣旋外圍接近時，天空出現輻射狀卷雲，並逐漸變厚變密，輻射中心的方向就是熱帶氣旋中心所在方向。在中緯度地區，高雲隨熱帶氣候自偏東向偏西方向移動。此時，早晚還可以看到紅色或紫銅色的雲霞。[327] 因此，這是表示颱風前方的卷層雲伸展到當地天頂的時候，紅霞同樣伸展到了天頂。颱風之前出現的卷雲過頂，表明颱風即將到來。因此，紅雲過頂，表明颱風快來臨了，要做好預防颱風的準備工作，盡快把船開到港裡避風，甚至將小漁艇拖到岸上來，深埋於沙灘中。

（3）古龍曬日，不久有颱風。（西沙群島）

ku^{35} loŋ^{21} ʃai^{33} jɐt^{2}，pɐt^{5} kɐu^{35} jɐu^{13} t^{h}ɔi^{21} foŋ^{55}

---

326 廣東省氣象臺編寫：《廣東民間看天經驗》（廣州市：廣東人民出版社，1966年5月），頁32。

327 郝瑞著：《解放海南島》（北京市：解放軍出版社，2007年1月），頁229。

據西沙氣象站的觀測證明，西沙群島在颱風出現前一、二天的早晨和傍晚，天氣幾乎每次都布滿密卷雲或偽卷雲。這些雲經早晨或傍晚的陽光照射後，反射出紅色或金黃色的奇彩，形呈帶狀，這就是歌謠中所稱的「古龍」。[328]

（4）東閃西閃，不當南海肚一閃。（西沙群島）

toŋ^{55} ʃin^{35} ʃɐi^{55} ʃin^{35}，pɐt^{5} tɔŋ^{55} lan^{21} hɔi^{35} tou^{13} jɐt^{5} ʃin^{35}

颱風中心附近，有許多高大的積雨雲，也有雷電現象。因此，可以通過觀測雷電來了解並預報颱風。漁民對這方面最有觀測經驗，早就認識到看閃電可以預測颱風。颱風前的閃電和一般的閃電有些不同。廣東省的大部分沿海地區，都認為當閃電接近海面時，就是所謂「海肚閃」，是颱風的預兆。因此，閃電是否接近地面，便是颱風中的閃電和一般閃電的區別了。原因是地球是橢圓形的，颱風離我們又比較遠，所以在我們看來颱風中的閃電，是很貼近地面的。但實際上它離開當地的海面還是很高的。另一方面，在沒有颱風影響時，沿海地區發生的雷電，都出現在淺海。淺海離海岸不遠，所以我們看見得很清楚，特別在海上操作生產的漁民。[329]

（5）風向回南颱風息。（海南）

foŋ^{55} hɔŋ^{33} wui^{21} lan^{21} t^{h}ɔi^{21} foŋ^{55} ʃek^{5}

328 鄔正明：〈中國沿海天氣歌謠分析〉，《大連海運學院學報》第一期（1959年4月2日），頁33-34。

329 留明編著：《怎樣觀測天氣（上）》（呼和浩特市：遠方出版社，2004年9月），頁75-76。

這條漁諺特別適用於海南，這是因為侵襲海南的颱風，大多是自東向西移動的。因颱風範圍內的空氣，都是逆時指針走動的方向，圍繞著颱風中心轉的，因此，颱風的東部吹偏南風。如果在颱風影響的後期吹偏南風，說明颱風中心很快便會過去了。也就是說，當一個地方受到颱風侵襲後，風向轉為偏南時，颱風的影響就將過去，大風也很快地會停息了。[330]

3　風

六，寒到芒種。（海南省東部沿海）

$t\int^{h}$ɐn^{55} wui^{21} lan^{21} foŋ^{55}，hɔn^{21} tou^{33} moŋ^{55} $t\int$oŋ^{35}

北方強的冷氣團爆發南下，排除其前方的暖濕氣團而代領其位，所經之地氣溫有劇烈下降，這種現象稱為寒潮冷鋒。在東亞，任何一條路線的寒潮都有可能侵入中國沿海地區及附近海面，循海道向南挺進。冬季和初春寒潮南下之前，常有一薄低氣壓為其前導，暖流特形增盛，中國沿海和近海地區一般多吹南風。寒潮越迫近，南風越轉劇。南風來自低緯海洋，雖在冬季和初春，溫濕都較高；北風來自高緯陸上，溫濕很低。這兩種空氣的溫濕差別越顯，雙方風速越急，則寒潮的來勢越猛，在沿海附近各地而生的大風或雨雪也越強大，持續的時間也越長久。海南省東部沿海的漁民說：「春回南風，寒到芒種」，雖未必全然，但至少要回冷一些時候。[331]

---

330 韋有暹編著：《民間看天經驗》（廣州市：廣東科技出版社，1984年10月），頁63-64。

331 鄔正明：〈中國沿海天氣歌謠分析〉，《大連海運學院學報》第一期（1959年4月2日），頁20-21。

4 雨（暴雨）

（1）日落烏雲長，半夜聽雨響。
日落烏雲接，風雨不可說。
多雲接日頭，夜間雨稠稠。（海南島）

jɐt^{2} lɔk^{2} wu^{55} wɐn^{21} tʃʰɔŋ^{21}，pun^{33} jɛ^{22} tʰɛŋ^{55} ji^{13} hɔŋ^{35}
jɐt^{2} lɔk^{2} wu^{55} wɐn^{21} tʃit^{3}，foŋ^{55} ji^{13} pɐt^{55} hɔ^{35} ʃit^{3}
tɔ^{55} wɐn^{21} tʃit^{3} jɐt^{2} tʰɐu$^{21-35}$，jɛ^{22} kan^{55} ji^{13} tʃʰɐu^{21} tʃʰɐu^{21}

上列三句都是說明當太陽落山時，在西方有烏雲遮住太陽，天將下雨，這是冷鋒移來情況。在大陸上，熱力對流最強的時候，是午後兩點左右，可能生成塊狀積雲，到了傍晚，熱力對流減弱，空氣變冷下沉，會逐漸消散了的。如果在日落時，有濃厚的烏雲出現，這是不正常的現象，必定有氣旋冷鋒移來，這冷鋒一般自西北向東南移動的，所以過一些時間，冷鋒移行速度三十至八十公里／小時，冷鋒移到本地約在半夜左右或明晨就開始下雨。[332]

（2）早暖晴，晚暖雨。（海南省東部沿海）

tʃou^{35} lin^{13} tʃʰeŋ^{21}，man^{13} lin^{13} ji^{13}

穩定氣團內，氣溫週日變化明顯，白天氣溫高於晚上，即漁諺所說「早暖」，自然主晴。反之，如果白天氣溫低於晚上，即漁諺所言的「晚暖」，足見穩定氣團已被破壞，未來天氣不佳，[333]漁民生產時就要密切關注天氣進一步變化。

---

332 廣東省水產學校主編：《氣象與海洋》（北京市：農業出版社，1983年5月），頁333。
333 鄔正明：〈中國沿海天氣歌謠分析〉，《大連海運學院學報》第一期（1959年4月2日），頁39。

（3）早上棉絮黃昏雨，黃昏棉絮不夠用。（海南省東部沿海）

tʃou^{35} ʃɔŋ^{22} min^{21} ʃøy^{13} wɔŋ^{21} fɐn^{55} ji^{13}，
wɔŋ^{21} fɐn^{55} min^{21} ʃøy^{13} pɐt^{5} kɐu^{33} joŋ^{22}

「棉絮」是指絮狀高積雲或堡狀高積雲。這些雲一般出現在離地四千公尺左右的高度上。如出現在早晨，表示此時上空已處於極不穩定的狀態下。早晨過後，太陽漸漸升高，下面的空氣也將因陽光的照射而同樣處於不穩定的情況下。這樣，大氣上下不穩定，就很容易形成對流性不穩定，在午後發展成熱雷雨。如果這些雲不出現在早晨，而產生於午後或傍晚，說明現象正常，主晴。漁諺稱「不夠用」是指無雨或雨很小的意思。[334]

5　潮汐

（1）初八廿三，到處見海灘。（海南）

tʃʰɔ^{55} pat^{3} jɛ^{22} ʃan^{55}，tou^{33} tʃʰi^{33} kin^{33} hɔi^{35} tʰan^{55}

「初八廿三，到處見海灘」與電白的「初八廿三，退潮是泥灘」、台山的「初八廿三，早乾晚乾」、蘇州的「初八廿三，潮不上灘」漁諺意思相同。

潮汐是沿海地區的一種自然現象，古代稱白天的潮汐為「潮」，稱晚上的潮汐為「汐」，合稱為「潮汐」，它的發生和太陽、月球都有關係，也和中國傳統農曆對應。在農曆每月的初一，即朔點時刻，太陽和月球在地球的一側，所以就有了最大的引潮力，會引起「大潮」；在農曆每月的十五或十六附近，太陽和月亮在地球的兩側，太

334 鄔正明：〈中國沿海天氣歌謠分析〉，《大連海運學院學報》第一期（1959年4月2日），頁27。

陽和月球的引潮力互相抵消了一部分，所以就發生「小潮」，故漁諺有「初一十五漲大潮，初八廿三到處見海灘」之說。[335]

（2）潮位增加，風暴來也。（海南）

tʃ^{h}iu^{21} wɐi$^{21-35}$ tʃɐn^{55} ka^{55}，foŋ^{55} pou^{22} lɔi^{21} ja^{13}

中國沿海地區每年都受到西太平洋及南海熱帶氣旋的直接影響，熱帶氣旋的作用直接使大海水潮位增加，如正處天文大潮時期所引起的風暴所造成的災害更是觸目驚心。除此，災情程度也取決於受災地區的地理位置、海岸形狀，以及沿海地區經濟、建築的易損性。上述因素也是能夠左右災情的嚴重程度性，同時災害對各行業的災害損失也是不同的。[336]所以大潮期間如遇颱風，就要做好預防強風暴潮的工作。

第三節　兩廣海南

（一）漁業

1　漁汛

（1）清明來，穀雨去。（珠海斗門、台山、廣西北海、合浦）

tʃ^{h}eŋ^{55} meŋ^{21} lɔi^{21}，kok^{5} ji^{13} hɵy^{33}

---

335 上海師範大學河口海岸研究室編寫：《潮汐》（北京市：商務印書館，1972年10月），頁31-33。上海水產學院主編：《海洋學》（北京市：農業出版社，1983年7月），頁120-121。劉文光編著：《多彩的物理世界》（北京市：國家行政學院出版社，2012年6月），頁76。

336 陳哲：〈淺談近年影響海南島風暴潮的因素探討〉，《科技風》第16期（2017年），頁126。

這條漁諺，也見於江門台山、廣西北海、合浦，[337] 赤魚是台山、北海、合浦漁民對海鯰的慣用叫法，赤魚又名青松魚、卓魚。卓魚每年有三次漁汛，最大量是清明來，穀雨去。每年赤魚春汛期間，赤魚群洄游到台山的崖門灣、廣海灣、鎮海灣產卵，因為每年農曆二月初五至四月底，台山沿海一帶，雨水較多，鹽度降低，水溫回升，水色混濁，近岸有豐富的浮游生物，形成天然漁場，赤魚會在附近停留四十多天進行產卵，附近幾個縣的漁船都雲集圍捕。[338] 四月下旬，生殖完畢向南游出，沿原來路線游至深海，五月初漁汛結束。八月冬，赤魚產量較少，是赤魚洄游習性所致。

（2）魚蝦最怕白露水。（中山市、珠海市、海南島）

ji^{21} ha^{55} tʃɵy^{33} p^{h}a^{33} pak^{2} lou^{22} ʃɵy^{35}

也流傳於中山市、珠海市一帶漁村。[339] 白露期間，廣東珠三角一帶和海南島一帶都是颱風最活躍的，常常帶來狂風暴雨，巨浪暴潮，海南島這時還有一百至二百毫米以上的雨量，常常會帶來水患，因而有「白露水」之稱。[340] 因強風強雨，水便變得很混濁、苦澀，不單

---

337 黃劍雲編著：《台山古今概覽（上）》（廣州市：廣東人民出版社，1992年5月），頁176。張笑主編：《台山縣農業志．1893-1991》（台山市：廣東省台山縣農業局，1992年4月），頁152。中國民間文學集成全國編輯委員會、中國民間文學集成廣西卷編輯委員會編：《中國諺語集成（福建卷）》（北京市：中國ISBN中心，2001年6月），頁702。彭天演著：《一方水土（修訂本）》（香港：華夏文化出版社，2014年1月），頁70。

338 田若虹：《嶺南五邑海洋文化研究》（北京市：新華出版社，2017年4月），頁8。施主佑著：《科技興漁》（廣州市：中山大學出版社，1995年2月），頁11。

339 馮國強、何惠玲：《中山市沙田族群的方音承傳及其民俗變遷》（臺北市：萬卷樓圖書公司，2018年8月），頁272。

340 徐蕾如著：《廣東二十四節氣氣候》（廣州市：廣東科技出版社，1986年7月），頁45。

對農作物造成嚴重傷害，對廣東沿海、海南島的魚蝦生長也不好。

（二）海況

1 海流

（1）神仙難測二八流。（兩廣海南）

ʃɐn^{21} ʃin^{55} lan^{21} tʃ^{h}ak^{5} ji^{22} pat^{3} lɐu^{21}

這條漁諺除見於海南，也見於汕尾，也有稱「神仙惡算二八流」。[341]「難」，指惡的意思；「二八」，指農曆二月和八月的潮汐；「流」，指潮水漲退。農曆的二月和八月，海豐縣的紅灣區一帶的潮水漲退沒規律，連神仙也計算不出來何時漲何時退。

（2）東南浪，北流出。（兩廣海南）

toŋ^{55} lan^{21} lɔŋ^{22}，pɐt^{5} lɐu^{21} tʃ^{h}ɐt^{5}

「東南浪，北流出」此漁諺不單流行於廣東沿海，也流行於廣西。[342]颱風到來之前，潮汐、潮流會出現一些異常的現象，如流向變亂，流速變急，潮位急增或急降，以及潮汐漲落時間和平常不同等，這些都可以用來預測颱風。在南海上航行的船員們、漁民，有許多這方面的經驗。如：「未浮風，先行流。東南浪，北流出，西北水，有颱風，潮流亂，大風將來到，什麼流向急，要刮什麼風。」這些經驗，都說明由於颱風活動的關係，使海水發生了變化。這是因為颱風

341 魏偉新、謝立群：《海豐俗語諺語歇後語詞典》（第二版）（廣州市：廣東人民出版社，2016年6月），頁197。

342 熊第恕主編：《中國氣象諺語》（北京市：氣象出版社，1991年3月），頁500。

是一個很大的空氣漩渦，就像河中的水渦一樣，在颱風將逼近沿海地區時，它的周圍空氣，就會向颱風中心流動。而且颱風都是由東向西活動的。由大陸向颱風中心移動的空氣，一般都是偏北風。所以在潮汐漲的時候，發生颱風，風向都是自東向西，潮汐卻由南向北。這時候便要留意預防颱風了。[343]

2　海浪

（1）夏季無風起長浪，必有強風刮一趟。（廣海南，如海南島三亞港、廣東）

ha^{22} kɐi^{33} mou^{21} foŋ^{55} hei^{35} tʃ^{h}ɔŋ^{21} lɔŋ^{22}，
pit^{5} jɐu^{13} k^{h}ɔŋ^{21} foŋ^{55} kat^{3} jɐt^{5} t^{h}ɔŋ^{33}

「長浪」就是湧浪。湧浪，熱帶氣旋造成的巨大波浪，能向四周傳播到很遠的距離。其傳播速度比熱帶氣旋本身移速快三倍以上，因此，在熱帶氣旋來臨前一至二天，湧浪將首先到達。如果無風卻來湧浪，說明遠處可能有熱帶氣旋（或其他風暴）存在。如天氣諺語「無風起長浪，不久風雨狂」，這裡說的長浪就是湧浪。[344] 這漁諺也會說成「無風起長浪，不久狂風降」、[345]也會說成「無風起長浪，不久颱風到」。[346] 湧浪波高較風浪小，在中國黃海和東海見到的颱風湧浪波

---

343 廣東省氣象臺編寫：《廣東民間看天經驗》（廣州市：廣東人民出版社，1966年5月），頁69-70。

344 張永寧：《航海氣象與海洋學》（大連市：大連海事大學出版社，2011年1月），頁134-135。

345 缺編者：《航海氣象（下）》（缺出版資料，1986年12月），頁53-54。

346 廣東老教授協會、廣州市點對點文化傳播有限公司組織編寫；詹天庠主編；劉偉濤常務副主編：《潮汕文化大典》（汕頭市：汕頭大學出版社，2013年10月），頁204。

高一般在三米以下，週期為十秒左右。湧浪傳播速度比颱風移速快二至三倍。中心氣壓在九四〇克巴以下的颱風，在影響前二至三天（距中心1500公里左右），即可在中國東部沿海觀測到湧浪。「無風起長浪，不久狂風降」，即指這種過程而言。[347] 這個解釋也完全適用於解說廣東、廣西和海南的。

（2）無風來長浪，不久狂風降。（海南、陽江市、潮汕）

mou[21] foŋ[55] lɔi[21] tʃʰɔŋ[21] lɔŋ[22]，pɐt[5] kɐu[35] kɔŋ[21] foŋ[55] kɔŋ[33]

「無風起長浪，不久狂風降」意思跟「夏季無風起長浪，必有強風刮一趟」一致的。

（三）氣象

1 氣候（天氣）

（1）清明風。（電白縣、海南省瓊海市）

tʃʰeŋ[55] meŋ[21] foŋ[55]

「清明風」也見於海南省瓊海市。[348] 每年清明節前後，北方冷空氣翻越南嶺山脈，迅速南下，造成猛烈的「陣發性」強風。這強風較難準確預報，風勢狠猛，江河湖泊海面，風力可達八至十級，氣溫驟降。北部灣的「清明風」尤為嚴重，對中小漁船威脅甚大，如預防不及時，往往會造成傷亡事故。「雷雨大風」、「清明風」都是猛烈

---

347 佚名：《航海氣象（下）》（缺出版資料，1986年12月），頁53-54。

348 甘先瓊主編；瓊海市地方志編纂委員會編：《瓊海縣志》（廣州市：廣東科技出版社，1995年10月），頁753。

的、具有破壞性的強風。而春季正是暴雨、冰雹、龍捲風、雷雨大風等強對流天氣多發的季節，需提高警惕，做好對強雷暴、暴雨、大風等災害性天氣的防備工作。[349]

2 冷空氣

（1）早吹一，晚吹七，半夜吹來二三日。（潮陽縣、廣西玉林）

tʃou35 tʃʰøy55 jɐt5，man13 tʃʰøy55 tʃʰɐt5，
pun33 jɛ22 tʃʰøy55 lɔi21 ji22 ʃan55 jɐt2

這條漁諺見於潮陽。「朝發一，晚發七，半夜翻風十二日」見於廣西玉林，[350]意思也是與「早吹一，晚吹七，半夜吹來二三日」一致。一、七都是指時辰，這句漁諺是說起風的時辰和長短。指早晨起北風吹一天，夜裡起風吹則會吹起七天，若然是半夜方來北風，則吹起兩三天。均指秋天吹起大東風的持續日數。意即寒潮或冷空氣入侵時，起於日間，延續時間較短；起於夜間，延續時間較長或較冷。可能是較強的寒潮借中夜時間海風退卻，高壓得以直搗華南的緣故。[351]

（2）二月兩個二，三月三個三。（海南、粵西沿海）

ji22 jit2 lɔŋ13 kɔ33 ji22，ʃan55 jit2 ʃan55 kɔ33 ʃan55

這條漁諺常見於海南和粵西沿海。一般每逢農曆二月初二和二十

349 馮國柱、鐘慧蓮主編：《氣象百花集：《羊城晚報》氣象專版文選》（北京市：氣象出版社，2000年12月），頁62-63。

350 農業出版社編輯部編：《中國農諺（下）》（北京市：農業出版社，1987年4月），頁582。

351 廣東省地理學會科普組主編：《廣東農諺》（北京市：科學普及出版社；廣州分社，1983年2月），頁39。

二，三月初三、十三及二十三，這幾天前後有強冷空氣。[352]

3　颱風

入雲好撒網，出雲好回港。（海南樂東、廣東陽江）

jɐt^{2} wɐn^{21} hou^{35} ʃat^{3} mɔŋ^{13}，tʃ^{h}ɐt^{5} wɐn^{21} hou^{35} wui^{21} kɔŋ^{35}

陽江則說「入雲撒網，出雲返港」。「入雲」是指雲從海上移到陸地，「出雲」是指雲從陸地移到海洋，「入雲」即指高空吹南風，「出雲」指高空吹北風。沿海漁民普遍認為夏季吹北或西北風，是有颱風的預兆。[353]所以便要提早準備「返港」或回涌避颱風。

4　風

（1）朝北夜南五更東，要想落雨一場空。（粵西沿海、廣西北部灣）

tʃiu^{55} pɐt^{5} jɛ^{22} lan^{21} m̩^{13} kaŋ^{55} toŋ^{55}，
jiu^{33} ʃɔŋ^{35} lɔk^{2} ji^{13} jɐt^{5} tʃ^{h}ɔŋ^{21} hoŋ^{55}

這條漁諺在廣東和廣西北部灣一帶很流行。它的意思是說：如果在一天中，風向變化比較正常，早上吹北風，中午吹西風，晚上吹南風，深夜到快天亮的時候轉為東風，都會連續出現晴天。這種情況，大都是出現在副熱帶高氣壓的天氣下。當這種天氣出現時，溫度和氣壓都較高，天氣晴暖，風力微弱。

在沿海，因為海陸分布關係，早上大陸的氣溫比海上要低，空氣

352 張憲昌、梁玉磷、馬振坤編：《南海漁諺拾零》（北京市：海洋出版社，1988年4月），頁33。

353 廈門水產學院、江仁主編：《氣象學》（北京市：農業出版社，1980年9月），頁148。

的密度也較大，所以，大陸的空氣便會流向海洋，呈現北風。但是，白天因為太陽照射得很厲害，大陸的氣溫增高得很快，特別是到了午後、晚上，氣溫更比海上的高。於是，海洋上空氣的密度，反比大陸上空氣的密度大了。因此，空氣便從海洋上流向大陸，呈現南風或西風。到了深夜以後，或者在天亮以前，由於海上和大陸的溫度差異較小，於是，風向轉為東風，風力逐漸減小下來。

這個風向變化是有規律的，表示控制本地區的天氣是非常穩定的。所以，有經驗的人，會根據這個規律來掌握天氣的晴雨。[354] 這條漁諺與廣東沿海流行的「朝北晚南，旱乾河潭」是意思相同，只是各自表述而已。在這樣子的天氣下，不單是「朝北夜南五更東，要想落雨一場空」，還會出現「旱乾河潭」。

（2）朝北晚南，旱乾河潭。（廣東沿海、廣西北部灣）

tʃiu^{55} pɐt^{5} man^{13} lan^{21}，hɔn^{13} kɔn^{55} hɔ^{21} t^{h}an^{21}

意思跟「朝北夜南五更東，要想落雨一場空」一致，只是各自表述而已。

5　雨（暴雨）

（1）天發黃，水過塘。（電白縣、佛山、東莞、廣西容縣）

t^{h}in^{55} fat^{3} wɔŋ^{21}，ʃøy^{35} kɔ^{33} t^{h}ɔŋ^{21}

「水過塘」是大水冲崩塘的意思。廣東佛山順德龍江東涌、東莞

354 廣東省氣象臺編寫：《廣東民間看天經驗》（廣州市：廣東人民出版社，1966年5月），頁28-29。鄔正明：〈中國沿海天氣歌謠分析〉，《大連海運學院學報》第一期（1959年4月2日），21-22。

厚街、廣西容縣直接說成「天發黃，大水冲崩塘」。[355]「天發黃」就是當天空有卷雲、或卷層雲系統侵入或有積雨雲頂部偽卷雲時，出現顏色較深的黃色朝霞、晚霞，它首先出現在天邊，之後很快擴展達半個天空，其後三天都有降水，甚至有大暴雨。「天發黃」是受西南倒槽影響者最多，產生大雨、暴雨次數也最多。其次「天發黃」受颱風影響次數雖然不多，但都有較大的降雨。[356]，由於「天發黃」會有暴雨，所以方出現「水過塘」、「大水冲崩塘」現象。

（2）日落射腳，三天雨落。（海南、廣西宜山縣）

jɐt^{2} lɔk^{2} ʃɛ^{22} kɔk^{3}，ʃan^{55} t^{h}in^{55} ji^{13} lɔk^{2}

「日落射腳，三天內雨落」見於海南和廣西，[357]廣東則說「日落射腳，三天雨落」。[358]「日落射腳，三天內雨落」是大氣中發生強烈的對流，空氣上升運動旺盛的地區，雲塊發展很厚，空氣下沉的地區，雲塊就薄或無雲，於是造成了雲的空隙，太陽光就從這些雲的空隙地區射下來，造成了「日射腳」。出現「日射腳」，一般來說大氣是不穩定的。傍晚，太陽落時，大氣對流已經減弱，一般不會出現「日射腳」，但當出現了「日射腳」時，說明本地的雲不是因地方性熱力

---

355 龍江鎮村居志編委會：《龍江東涌志》（東涌社區居民委員會編製，2014年6月），頁129。王勝祥主編：《厚街鎮志》（廣東寫作學會，1994年8月），頁444。李雲林主編；丁德剛、姚檀桂編：《氣象站天氣預報》（鄭州市：河南人民出版社，1980年12月），頁312。

356 李雲林主編；丁德剛、姚檀桂編：《氣象站天氣預報》（鄭州市：河南人民出版社，1980年12月），頁312。

357 《觀天看物識天氣》編寫組編繪：《觀天看物識天氣》（南寧市：廣西人民出版社，1973年8月），頁32。

358 廣東省水產學校主編：《氣象與海洋》（北京市：農業出版社，1983年5月），頁335。

對流影響，而是高空有低壓槽移來影響本地，大氣產生強烈的對流運動，所以便出現「日落射腳，三天內雨落」。

（3）魚鱗天，不雨也風顛。（廣東、廣西）

ji^{21} lɐn^{21} tʰin^{55}，pɐt^{5} ji^{13} ja^{13} foŋ^{55} tin^{55}

在蔚藍色的天空，有時可看到排列整齊、而又緊密的白色小雲片，好似魚的細鱗， 也像漣漪微波，人們叫它「魚鱗天」，在氣象學上叫卷積雲。卷積雲一般出現在五千米以上的高空，形成後，只能維持幾分鐘到一個多小時。出現這種雲，表明本地上空有低壓槽移近。影響地面的天氣，一般多靠高空的大氣運動，因此卷積雲的出現，是由晴向陰雨天氣轉換的時候。「魚鱗天，不雨也風顛」，就是風雨的預兆，一般一兩天內就會有風雨。這漁諺見於廣東和廣西宜山縣。[359]

（4）紅雲在西，雨在次朝。（廣東、海南）

hoŋ^{21} wɐn^{21} tʃɔi^{22} ʃɐi^{55}，ji^{13} tʃɔi^{22} tʃʰi^{33} tʃiu^{55}

早晨或傍晚，陽光通過大氣層的路徑比白天其他任何時間長，比在天頂時要長幾十倍。此時，陽光在大氣層所遇到的微塵和水滴等比其他任何時間多，被散射或漫射掉的光比其他任何時間多，陽光中的短波幾乎全向別的方向射走了，只剩下波長最長不易被射走的紅光了。所以早晨或傍晚的陽光總是呈現紅色。這種紅光照到低雲上，雲

359 《觀天看物識天氣》編寫組編繪：《觀天看物識天氣》（南寧市：廣西人民出版社，1973年8月），頁10。成翼模等編著：《氣象奇觀》（北京市：氣象出版社，2001年5），頁57。廣東省水產學校主編：《氣象與海洋》（北京市：農業出版社，1983年5月），頁335。

就呈紅色，俗稱「紅雲」、「霞」或「燒」。日出時有紅雲（霞），紅雲（霞）必然出現在天頂附近或西方，說明天頂附近或西方有低雲。又因天氣系統總是自西向東移行的，可見這種低雲不久將會移往當地，帶來雲雨，所以稱「雨在次朝」。[360]

第四節　華南沿海

（一）漁業

1　漁汛

（1）春水忌北風（華南沿海）

$t\int^{h}en^{21}$ $\int øy^{35}$ kei^{22} pet^{5} $foŋ^{55}$

這句漁諺是指北方魚區的魚多在春天洄游到南海一帶進行產卵，因為北方還是天寒冷，若然在北方產卵，魚兒會因為天寒生長不來。當然，在南方春日經常是乍暖還寒，淺灘或近岸，一遇北風寒潮，魚群又會退回深水，這便是春水忌北風的意思。

（2）一輪風，一輪魚。（華南沿海）

jet^{5} len^{21} $foŋ^{55}$，jet^{5} len^{21} $ji^{21\text{-}35}$

漁業生產與氣候的關係十分密切。要獲得漁業生產的穩產高產，必須了解和掌握氣候規律，充分利用有利的氣候條件。

在不同的漁場和不同的季節，漁發的情況往往與某種風向、風力

360 鄔正明：〈中國沿海天氣歌謠分析〉，《大連海運學院學報》第一期（1959年4月2日），頁33。

有關。例如持久而強勁的東南風有利於海蜇的豐收。帶魚在向南越冬洄游時如遇偏南風，其南下速度就會減慢。長期的定向風不僅影響海流的流向，而且影響魚類餌料的分布。浮游生物隨風漂移，彙集於下風海區，魚群為攝取餌料往往也集中於下風海區。生產實踐也表明，一般風暴前魚群較集中，當風力大於六級時，魚群就會迅速分散。所謂：「一輪風，一輪魚」就是這個道理。[361]

（3）春分魚頭亂紛紛。（華南沿海）

$tʃ^{h}ɐn^{21}$ $fɐn^{55}$ ji^{21} $t^{h}ɐu^{21}$ lin^{22} $fɐn^{55}$ $fɐn^{55}$

春分就是南海魚區的春汛期（1-5月分），是多種魚類洄游到沿岸漁場進行覓食育肥和找尋產卵場所的主要季節，成為各種作業捕撈的旺汛期。[362]這句漁諺就是指春分後魚類開始上浮，多類魚集中漁場，容易捉到，所以此漁諺以「亂紛紛」說明春分魚類雜多。

（4）春分魚頭齊。（汕頭、廣西北海、合浦）

$tʃ^{h}ɐn^{55}$ $fɐn^{55}$ ji^{21} $t^{h}ɐu^{21}$ $tʃ^{h}ɐu^{21}$

「魚頭」是借代指魚類、魚群。春汛期一至五月就是春分時，是多種魚類洄游到沿岸漁場進行覓食育肥和找尋產卵場所的主要季節，成為各種作業捕撈的旺汛期，所以有漁諺稱「春分魚頭齊」說法。就是這個原因，春分時，各種魚類開始上浮，魚類比較集中，如那哥、紅魚、角魚、蝦、蟹等底層魚類外，還有捕撈洄游的帶魚、墨魚、迪仔等。汕頭的春汛產量一般占了全年產量的百分之三十二至三十

361 陳連寶等編著：《廣東海島氣候》（廣州市：廣東科技出版社，1995年8月），頁59-60。
362 汕頭市水產局編：《汕頭水產志》（汕頭市：汕頭水產局，1991年10月），頁11。

八。[363] 這句漁諺，在廣西北海、合浦，當地漁諺卻是「二月八，魚頭齊」，「二月八」就是春分。

（5）四月初一晴，魚仔上高坪。（惠陽縣、江門市、中山市、龍川、海豐、廣西桂平、福建惠安、武平）

ʃei^{33} jit^{2} tʃ^{h}ɔ^{55} jɐt^{5} tʃ^{h}eŋ^{21}，ji^{21} tʃɐi^{35} ʃɔŋ^{13} kou^{55} p^{h}eŋ^{21}

「四月初一晴，魚仔上高坪」這句漁諺在別的地方會說成「清明晴，魚仔上高坪」、「清明晴，魚仔上溝平；清的明雨，魚仔坡下死」，分別見於江門市、中山市坦洲和五桂山、河源龍川、汕尾海豐、閩臺、廣西桂平（桂平，這地的漁民是操廣東白話的舡語）、福建惠安、武平。[364] 清明這一天，若然天氣明朗，烈日當空，這年降雨量就會大，甚至有洪澇災害，小魚兒就跟著洪水高漲游到高坪上。

363 汕頭市水產局編：《汕頭水產志》（汕頭市：汕頭水產局，1991年10月），頁11。

364 中國民間文學集成全國編輯委員會，中國民間文學集成廣東卷編輯委員會，林澤生本卷主編；馬學良主編：《中國諺語集成（廣東卷）》（北京市：中國ISBN中心，1997年7月），頁607-608。中山市坦洲鎮志編纂委員會編：《中山市坦洲鎮志》（廣州市：廣東人民出版社，2014年12月），頁697。五桂山鎮地方志編纂委員會編：《中山市五桂山鎮志》（廣州市：廣東人民出版社，2008年1月），頁450。劉炳宏主編：《龍川客家諺語》（缺出版資料，2006年8月），頁8。魏偉新、謝立群：《海豐俗語諺語歇後語詞典》（第二版）（廣州市：廣東人民出版社，2016年6月），頁240。林蔚文著：《閩臺熟語研究》（福州市：海峽文藝出版社，2016年4月），頁93。中國民間文學集成全國編輯委員會、中國民間文學集成廣西卷編輯委員會編：《中國諺語集成（廣西卷）》（北京市：中國ISBN中心，2008年2月），頁479。中國民間文學集成全國編輯委員會、中國民間文學集成廣西卷編輯委員會編：《中國諺語集成（福建卷）》（北京市：中國ISBN中心，2001年6月），頁1185。

2　洄游

（1）春過三天魚北上，秋進三天魚南下。（華南沿海）

tʃ^{h}ɐn^{55} kɔ^{33} ʃan^{55} t^{h}in^{55} ji$^{21\text{-}35}$ pɐt^{5} ʃɔŋ^{13}，
tʃ^{h}ɐu^{55} tʃɐn^{33} ʃan^{55} t^{h}in^{55} ji$^{21\text{-}35}$ lan^{21} ha^{22}

海洋中魚類的南北游動現象，是魚本身的生理要求和海洋環境變化所產生的矛盾而引起的。魚類為了生殖需要，去尋找適宜的海區，而引起的集群性游動，叫作產卵洄游；為了尋找餌料，而引起的集群性游動，叫作索餌洄游；由於季節的變化，為了適應水溫，而引起的集群性游動，叫作適溫洄游。中國漁業工人在長期的生產實踐中，掌握了海水魚類洄游規律。「春過三天魚北上，秋過三天魚南下」就是其中一條經驗總結。[365]它是指海水魚類在春天以後有自南向北，秋天以後有自北向南游動的趨勢。

（2）白天魚行上，黑夜魚游下。（華南沿海）

pak^{2} t^{h}in^{55} ji$^{21\text{-}35}$ haŋ^{21} ʃɔŋ^{22}，hɐt^{5} jɛ^{22} ji$^{21\text{-}35}$ jɐu^{21} ha^{22}

指魚有趨光特性，白天多在水上層，黑夜多在水下層。[366]

（3）魚尾滑溜溜，一夜走九洲。（華南沿海）

ji^{21} mei^{13} wat^{2} liu^{55} liu^{55}，jɐt^{5} jɛ^{22} tʃɐu^{35} kɐu^{35} tʃɐu^{55}

這條漁諺也見福建。立秋之後，水溫下降。魚體經夏季一段覓食

365　崔健主編：《世界地理常識》（長春市：吉林大學出版社，2010年10月），頁93。
366　劉振鐸主編：《諺語詞典（上）》（長春市：北方婦女兒童出版社，2002年10月），頁484。

育肥，活動能力增強，自北向南游速加快。[367]

（4）魚有魚道，蝦有蝦路。（華南沿海）

ji^{21} jɐu^{13} ji^{21} tou^{22}，ha^{55} jɐu^{13} ha^{55} lou^{22}

類似的漁諺有「蝦有蝦路，蟹有蟹路」（浙江台州）、[368]「魚有魚路，蝦有蝦路，泥鰍黃鱔各走一路」（河南內黃縣）、[369]「魚有魚路，蝦有蝦路，泥鰍黃鱔一條路」（浙江吳江）、[370]「魚有魚路，蝦有蝦路」（江西湖口）、[371]「魚有魚路，蝦有蝦路，泥鰍黃鱔獨走一路」（江蘇）。[372]

魚群不是在水中到處亂游，平均分布的。魚有魚道，牠們尋食進食都有一定的路線和地點，不會到處亂竄，除非自然條件改變。海洋中的魚兒，淡水中的水庫、湖泊、河渠的魚兒，甚至連魚池中的魚兒都是這樣。[373]

（5）魚游頂著流，魚走一條線。（華南沿海）

ji^{21} jɐu^{21} tɐŋ^{35} tʃɔk^{2} lɐu^{21}，ji^{21} tʃɐu^{35} jɐt^{5} t^{h}iu^{21} ʃin^{33}

---

367 謝真著：《持續漁業與優高漁業》（北京市：海洋出版社，1993年10月），頁135。

368 徐波著：《浙江海洋漁俗文化稱名考察》（北京市：海洋出版社，2009年12月），頁224。

369 內黃縣民間文學集成編委會編：《中國諺語集成・河南內黃縣卷》（內部資料）（缺出版社資料，1990年6月），頁115。

370 中國民間文學集成全國編輯委員會、中國民間文學集成江蘇卷編輯委員會：《中國諺語集成（江蘇卷）》（北京市：中國ISBN中心出版，1998年12月），頁740。

371 中國民間文學集成全國編輯委員會、中國民間文學集成江西卷編輯委員會編：《中國諺語集成（江西卷）》（北京市：中國ISBN中心，2003年5月），頁559。

372 劉兆元等撰稿：《江蘇民俗》（蘭州市：甘肅人民出版社，2003年10月），頁45。

373 王長工編著：《新編垂釣全書》（上海市：上海科學技術出版社，2009年1月），頁122。

在農村的人都知道，農田放出涓涓細流，常常引來鯽魚頂水。為什麼入注的外流能吸引魚呢？這與魚的頂流本能有關。魚生來就有頂水游泳的天性，因為頂著水流，取得的氧氣較多，而所花力氣較小。如果你把魚安置在一個籠子裡，尾巴頂著水，曳著籠子向上走，時間一長，魚就感到透不過氣來，因為吸進氧氣太少，不夠生理活動的需要。由此不難看出，魚之所以頂水原來與牠的呼吸效率有關。同時外流入注口的氧氣也比較豐富；外流還往往帶來較多的食物或者帶來水體中所缺少而魚又喜歡的一些物質。[374] 海洋魚類其天性也是如此，所以漁民也觀察到「魚游頂著流」的原因。「魚游頂著流」不只是華南沿海的魚如此，所有海洋和池塘、田間、河渠的魚性也是如此。

「魚走一條線」之意是指魚的習性，來去總是一群排成一路。河南鄢陵縣也有「魚走一條線」[375]這總結性漁諺，不是只有海洋魚類方有這魚性，也不是華南沿海的魚性方如此，連河道上的魚性也是一樣的。

3　漁獲量

穀雨風，山空海也空。（華南沿海）

kok^{55} ji^{13} foŋ^{55}，ʃan^{55} hoŋ^{55} hɔi^{35} ja^{13} hoŋ^{55}

穀雨是指農曆三月中，這時候整個海洋總是刮起東風，所以海南省那邊有一條漁諺說「不怕西南風大，只怕刮東風」，廣東南澳縣有一條漁諺稱「穀雨吹東風，山空海也空」，珠江口一帶漁民有「四月初八起東風，今年漁汛就落空」這樣子的漁諺。原因是東風風勢是特

---

374 上海市釣魚協會編：《垂釣技術》（上海市：上海科學技術出版社，1986年10月），頁15-16。

375 鄢陵縣民間文學集成編委會編：《中國諺語歌謠集成．河南鄢陵縣卷》（北京市：國家圖書館出版社，2016年），頁52。

大的，即使是魚蝦春汛期，因風大，所以魚蝦未能接近岸邊產卵繁殖，就是這個原因，便構成不利於捕撈，捕不成魚蝦機會很大，所以漁諺說成「山空海也空」。中山市老漁民稱「清明穀雨，凍死老鼠」、「清明穀雨，凍死老家公」、「清明要晴，穀雨要淋」、「清明要宜晴，穀雨宜雨」，所以穀雨時，不宜有風，應該是下雨，若然起風，天氣便轉冷，連老家公、老鼠也會凍死。

4　漁撈

（1）釣魚要忍，拿魚要狠。（華南沿海）

tiu^{33} ji$^{21\text{-}35}$ jiu^{33} jɐn^{13} ，la^{21} ji$^{21\text{-}35}$ jiu^{33} hɐn^{35}

釣魚要善於等待，不能著急，心急是釣不著，一旦時機成熟，便要狠下決心幹。

（2）魚順流，同順流，網走魚也溜。（華南沿海）

ji$^{21\text{-}35}$ ʃɐn^{22} lɐu^{21} ，t^{h}oŋ^{21} ʃɐn^{22} lɐu^{21} ，
mɔŋ^{13} tʃɐu^{35} ji$^{21\text{-}35}$ ja^{13} liu^{55}

魚順流而下掉入魚簾，於水的沖力，使之難以回頭，很難逃脫。這句漁諺是河流捕魚作業的漁諺之一。這些水下定置漁具，是用頂流定位的方法，一般是安置在河流的湍急處或發大水時，當魚兒順流而下，進得魚簾，有進無出，水去魚存，一次能捕魚數十斤。不過，這個辦法，只有魚兒產卵時節可用，魚平時喜歡逆流而上。「網走魚也溜」是指這些定置漁具取走，魚兒便能流利順著水流離開水道。此外，這句也可用於海洋捕撈，拖網漁船一般只捕深層魚和順流魚的。海洋捕撈的順流是指表層流，再者，順風有利於提高和保持拖速。

5　魚與氣象

（1）朝起打魚，夕落下種。（華南沿海）

tʃiu^{55} hei^{35} ta^{35} ji$^{21-35}$，tʃek^{2} lɔk^{2} ha^{22} tʃou^{35}

也有老漁民說「朝起捕魚，夕落下種」。捕魚要早上，跟魚類成群起水有關。魚起水多發生在黎明時，這個跟氧含量有關。從季節來說，水域中氧含量一般是夏季低，冬季高；從一天來說，氧含量是黎明時最低，下午最高。從含氧量來說。表層含氧量大於底層含氧量。[376] 夕落之時已黃昏，海水溫度降低，適合魚苗生長，可以提高產量。因此之故，捕魚適合在早上時分，下魚苗適合在傍晚時分。也可以說，若要撈魚苗，夕落之時也正是好時機。

（2）春水魚多躍，秋風蟹橫行。（華南沿海）

tʃʰɐn^{55} ʃøy^{35} ji$^{21-35}$ tɔ^{55} jɔk^{3}，tʃʰɐu^{55} foŋ^{55} ha^{13} waŋ^{21} hɐn^{21}

一年中統一劃分為春汛、夏汛、秋汛、冬汛四大漁汛。春汛（1-5月）是全年的第一大汛期，汛期長，漁汛好。由於春天雨水多，沖下海的多種鹽分、氣溫轉暖，近岸水溫回升，生物餌料多，是多種魚類洄游到粵東沿岸漁場覓食、育肥、產卵繁殖的主要季節，成為各種漁船捕撈作業的旺汛期，捕撈量一般占全年的百分之四十至五十。主要漁獲有帶魚、墨魚、沙丁魚、鯧魚、馬鮫魚、澤魚、池魚及蝦蟹等，其中尤以池魚、澤魚較為大宗。[377] 從這裡知道一年之中，春汛

376 秦偉編著：《魚類學》（蘇州市：蘇州大學出版社，2000年5月），頁109。

377 海豐縣地方志編纂委員會：《海豐縣志（上）》（廣州市：廣東人民出版社，2005年8月），頁359-360。

漁獲量占最重要位置，所以說「春水魚多躍」。春水是指春汛。農曆十月，蟹螃性腺成熟，因生殖、洄游，形成蟹汛，有「西風響，蟹腳癢」之說，就是指農曆九月到十月是陽澄湖大閘蟹生殖、洄游期，會出現頗為神秘的蟹汛。[378] 因此有「秋風蟹橫行」之說，秋風指蟹汛期到來，蟹成了最多子多膏季節，產量最多。與此類似相關有「六月蟹，瘦吱吱；十月蟹，肥漬漬」（福建泉州）、[379]「六月蟹瘦肚裡空，十月蟹肥肚裡豐」（海南儋縣）、[380]「六月蟹戞戞，十月蟹臘臘」（廣東陸豐）。[381]

（3）天將起大風，魚蝦亂紛紛。（華南沿海）

$t^{h}in^{55}$ $tʃɔŋ^{55}$ hei^{35} tai^{22} $foŋ^{55}$，ji^{21} ha^{55} lin^{22} $fɐn^{55}$ $fɐn^{55}$

這一條漁諺與「春分報（指大風雨），無魚捕；春分報，無蝦捕」意思相同。春分報，是指春分時遇上大風雨。春分時，就是春汛期（1-5 月分），是多種魚類洄游到沿岸漁場進行覓食育肥和找尋產卵場所的主要季節，成為各種作業捕撈的旺汛期，所以有漁諺稱「春分魚頭齊」。就是這個原因，春分時，魚類開始上浮，魚比較集中，容易捉到，但是若然在春季雨不歇，天空要打雷閃電，便會下起大風雨，溫度會發生變化，捕魚難度大，所以漁諺以「魚蝦亂紛紛」稱不

378 江蘇省蘇州市相城區陽澄湖鎮志編纂委員會編：《陽澄湖鎮志》（北京市：方志出版社，2017年12月），頁111。

379 中國民間文學集成全國編輯委員會、中國民間文學集成廣西卷編輯委員會編：《中國諺語集成（福建卷）》（北京市：中國ISBN中心，2001年6月），頁1195。

380 洪壽祥主編：《中國諺語集成（海南卷）》（北京市：中國ISBN中心，2002年12月），頁680。

381 中國民間文學集成全國編輯委員會，中國民間文學集成廣東卷編輯委員會，林澤生本卷主編；馬學良主編：《中國諺語集成（廣東卷）》（北京市：中國ISBN中心，1997年7月），頁608。

同種類的魚蝦也是會出現無魚捕、無蝦捕現象。這條「天將起大風，魚蝦亂紛紛」漁諺不提及春分，一樣是指出起大風的問題，就會構成魚蝦亂紛紛，無魚蝦可捕。

（4）秋風起，青蟹肥。（華南沿海）

tʃ^{h}ɐu^{55} foŋ^{55} hei^{35}，tʃ^{h}ɛŋ^{55} hai^{13} fei^{21}

舉凡所有蟹類，包括青蟹，在秋汛期是繁產卵期，所以八月秋風期間，青蟹肥如雞。[382]

（5）魚鑽入蝦籠，將有雨和風。（華南沿海）

ji$^{21\text{-}35}$ tʃin^{33} jɐt^{2} ha^{55} loŋ^{21}，tʃɔŋ^{55} jɐu^{13} ji^{13} wɔ^{21} foŋ^{55}

這條漁諺也會說成「蝦籠得魚，將有颱風」。蝦籠是捕蝦的工具，一般不會捕到魚類的。如果蝦籠捕到魚類，可能是由於海水溫度升高，遠海已有颱風發生，使海浪激騰，引起魚類亂竄，誤入蝦籠的。[383]

（6）蟹浮水面將有雨。（華南沿海）

hai^{13} fɐu^{21} ʃɵy^{35} min^{22} tʃɔŋ^{55} jɐu^{13} ji^{13}

這條漁諺跟「魚蝦翻水面，大雨得浸田」、「池水面跳，會有大風到」有密切關係，魚蝦這種表現行為，是與氣壓低有關。每逢大雨之

---

382 余維新主編：《象山縣漁業志》（北京市：方志出版社，2008年8月），頁705。

383 韋有暹編著：《民間看天經驗》（廣州市：廣東科技出版社，1984年10月），頁71-72。

前，溶水裡面的氧氣也比少，池仔都會翻水面而跳，目的也是多呼吸一些氧氣，就是表示氣壓正在下降，低氣壓風暴或氣旋風暴正在迫近，天便將會有大雨或暴雨，也會出現暴風。

6　魚與海況

（1）東南湧，無好事。（華南沿海）

toŋ^{55} lan^{21} joŋ^{35}，mou^{13} hou^{35} ʃi^{22}

「東南湧」，乃指有東南海浪。夏季在外海生產，遇上東南海浪，便預兆有強風或颱風到來，要提高警惕做好回港準備。[384]

（2）漲潮的魚，退水的蝦。（華南沿海）

tʃɔŋ^{33} tʃ^{h}iu^{21} kɛ^{33}（嘅）ji$^{21\text{-}35}$，t^{h}ɵy^{33} ʃɵy^{35} kɛ^{33}（嘅）ha^{55}

意思是趁海水漲潮，就宜出海釣魚，特別是活躍於鹹淡水交界的海魚；退水時，最宜活捉退水的蝦蟹。青島有一條「漲潮魚，退潮蟹」意思接近這條「漲潮的魚，退水的蝦」海釣漁諺。[385]

（3）漲潮吃餌，落潮吃鹽。（華南沿海）

tʃɔŋ^{33} tʃ^{h}iu^{21} hɛk^{3} lei^{22}，lɔk^{2} tʃ^{h}iu^{21} hɛk^{3} jin^{21}

這條漁諺跟「漲潮吃鮮，落潮吃鹽」意思一致。[386] 就是趁海水

---

384 張憲昌、梁玉磷、馬振坤編：《南海漁諺拾零》（北京市：海洋出版社，1988年4月），頁15。

385 趙輝主編：《青島與海洋》（青島市：青島出版社，2014年7月），頁102。

386 李孟北編：《諺語・歇後語淺注》（昆明市：雲南人民出版社，1980年8月），頁394。

漲潮，魚進入河溝港汊吃餌料時，就可以進行捕魚；落潮時，預先設埂，截留海水，可以曬成鹽。

7　其他

（1）九月吃雌，十月吃雄。（華南沿海）

kɐu^{35} jit^{2} hɛk^{3} tʃ^{h}i^{55}，ʃɐt^{2} jit^{2} hɛk^{3} hoŋ^{21}

九月、十月是蟹汛期，蟹都是好吃的，漁民利用其生殖洄游，晝夜捕捉。但從食家的角度來說，秋汛蟹還有區別，就是要吃時令蟹，那麼就要九月要吃雌蟹，十月要吃雄蟹，蟹肉方是最鮮美，在蘇州一帶也是如此。蘇州太湖那邊還有「九月團臍（雌蟹），十月尖（雄蟹）」、「九雌十雄」食諺說法，明朝詩人王叔承（1537-1601）〈上巳日吳野人烹蟹〉一詩稱秋汛蟹是「雄者白肪白於玉，圓臍剖出黃金脂」，詩句是描述煮後的雄蟹和雌蟹。[387]

（2）水下小魚多，大魚準離竇。（華南沿海）

ʃɵy^{35} ha^{22} ʃiu^{35} ji$^{21-35}$ tɔ^{55}，tai^{22} ji$^{21-35}$ tʃɐn^{35} lei^{21} wɔ^{55}

俗話說，「大魚吃小魚，小魚吃蝦米，蝦米啃草皮」，千真萬確，這是弱肉強食的殘酷現實，在水下無時無地不在進行。一般規律是小魚打前陣，大魚隨後跟。大魚竇之時，首當其衝是小雜魚。[388]這條弱肉強食的規律，海魚與淡水魚也是一樣，沒有例外。與此雷同是「大魚食細魚，細魚食蝦米」，同樣都是指出這是自然規律，物競天擇，

---

387 江蘇省蘇州市吳江區七都鎮開弦弓村志編纂委員會編：《開弦弓村志》（北京市：北京市：方志出版社，2017年12月），頁126。

388 左天著：《淡水釣諺與釣技》（北京市：華齡出版社，2003年3月），頁105-106。

優勝劣汰。比喻以大欺小。[389]

（二）海況

1　海溫

（1）水腳熱，魚必來。（華南沿海）

ʃɵy³⁵ kɔk³ jit²，ji²¹⁻³⁵ pit⁵ lɔi²¹

世界海洋按近表層年平均等溫線劃分為兩極冷水水域（一般平均在-2℃至6℃之間）、冷溫水域或寒溫帶（6℃至12℃）、暖溫水域或亞熱帶（12℃至20℃）和熱帶或熱帶赤道水域（南北以年平均等溫線20℃為界）。

1. 兩極冷水水域魚類分布在本水域的魚類種類較少而且極不相同。北極水域四周圍繞著大陸，沿岸有大河注入，有可能形成洄游性魚類的環境條件。分布於北極水域的魚類，主要有溯河洄游的鮭科魚類、鱈科、大西洋鯡和毛鱗魚。南極水域分布著一個很小的大洋魚類區系，牠們離開海底以攝取豐富的磷蝦為食。

2. 冷溫水域魚類分布在此水域的魚類較多，其中數量大、價值高的魚類是鯡魚類、鱈魚類、鰈魚類和鮭魚類。長鰭金槍魚、金槍魚在某些時期常出現於本區。鮭科魚類、狹鱈和太平洋鯡是這個水域的典型代表。

3. 暖溫水域魚類，本水域魚類種類也較多，產量大的種類有日本鮐東亞種群、沙丁魚、鯷魚、秋刀魚、竹莢魚、遠東擬抄丁魚，以及金槍魚類、鰹魚、飛魚等。

389 汕尾市地方志編纂委員會編：《汕尾市志（下）》（北京市：方志出版社，2013年4月），頁1164。

4. 熱帶水域魚類分布於該水域的魚類種類最多，主要有槍魚、旗魚和金槍魚，以及鯊魚類等大型大洋魚類，此外還有許多比較小的魚類，包括沙丁魚類、飛魚、鰺科魚、烏鯧等。[390]

華南一帶魚類是暖溫水域魚類和部分熱帶水域魚類。因此，水溫較高時便會集結成群，這便是「水腳熱，魚必來」的原因。

（2）日暖夜寒，東海底乾。（華南沿海）

jɐt^{2} lin^{13} jɛ^{22} hɔn^{21}，tɔŋ^{55} hɔi^{35} tɐi^{35} kɔn^{55}

這裡的東海指的是汕頭地區以東沿海，而珠江口一帶漁民也習慣稱粵東海區為東海。四月裡，如果白天天氣暖和，夜間寒冷，預兆將有乾旱。徐光啟《農政全書》：「（四）月內，日暖夜涼，主少水。」[391]「日暖夜寒，東海也乾」這句話也適合指中國東南沿海地區夏季所經常產生的天氣現象，如揚州那邊有「日暖夜寒，東海也乾」[392] 的諺語，意思也是與「日暖夜寒，東海底乾」一致的。盛夏季節連續出現白天炎熱、夜裡涼爽天氣，預兆有乾旱現象。例如一九三四年全國大面積乾旱時就是這樣。那麼為甚麼連續出現「日暖夜寒」的天氣時，會產生乾旱呢？因為在夏季，當中國東南沿海在太平洋副熱帶高氣壓控制下時，下沉氣流盛行，空氣乾燥穩定，雲量稀少，白天天氣經常晴空萬里，烈日高照，太陽輻射熱量比較強，氣溫很高；而到夜裡，由於月白風清，雲量稀少，地面熱量很快散到高空中，因而近地面空

390 胡傑主編：《漁場學》（北京市：中國農業出版社，1995年10月），頁36-37。宋正傑主編：《捕撈基礎》（濟南市：山東教育出版社，2016年3月），頁16。

391 徐光啟（1562-1633）：〈農事・占候〉，《農政全書》，《欽定四庫全書》（臺北市：迪志文化出版社，1999年文淵閣四庫全書電子版），卷十一，頁3上。

392 陳鍇竑、姜龍、盧桂平主編：《揚州歷史文化大辭典（上）》（揚州市：廣陵書社，2017年12月），頁256。

氣的溫度也容易降低。由於夏季「日暖夜寒」的天氣是在副熱帶高氣壓控制下的現象，這時必然缺乏降水，蒸發量大，天氣又熱又乾，東南風盛行，連續多天以後，作物缺水嚴重，所以經常會發生乾旱現象。[393]「日暖夜寒，東海底乾」、「日暖夜寒，東海也乾」這句話在吉林也存在著，[394] 所以「日暖夜寒，東海底乾」、「日暖夜寒，東海也乾」是全國性諺語，不單可以對海洋預兆，也能對陸上耕作物有預兆作用。這一條漁諺是綜合了氣壓、溫度、濕度三個要素之情況。高壓、高溫、低濕，正是少雨的特徵以上指標結合。

2 海浪

（1）寒露風，霜降浪。（華南沿海）

hɔn²¹ lou²² foŋ⁵⁵，ʃɔŋ⁵⁵ kɔŋ³³ lɔŋ²²

也見於粵西徐聞、海南。[395]「寒露風」，是指在寒露節氣前後（九月二十日至十月二十日）的風，[396]這種風並非一般強風，而是冷空氣侵入後引起顯著降溫，冷空氣影響多伴有偏北風，所以叫作「寒露風」。寒露時節，如果這時一連兩天以上日平均氣溫低於攝氏二十二度。當冷空氣南下與熱帶氣旋相遇時，這樣子的寒露風危害更大。在

393 趙憲初等編：《十萬個為甚麼（第7冊）》（上海市：少年兒童出版社，1962年12月），頁86-87。

394 王季平總纂；吉林省地方志編纂委員會編纂；杭彤（卷）主編：《吉林省志．卷35．氣象志》（長春市：吉林人民出版社，1996年12月），頁449。

395 中國民間文學集成全國編輯委員會，中國民間文學集成廣東卷編輯委員會，林澤生本卷主編；馬學良主編：《中國諺語集成（廣東卷）》（北京市：中國ISBN中心，1997年），頁519。海南省地方史志辦公室編：《海南省志．人口志．方言志．宗教志》（海口市：海南出版社，1994年8月），頁336。

396 中山市坦洲鎮志編纂委員會編：《中山市坦洲鎮志》（廣州市：廣東人民出版社，2014年），頁81。

寒露節氣的華南沿海，還可能會遭遇到熱帶氣旋，一旦冷空氣與之遭遇，會形成狂風暴雨，日照短缺的天氣，[397] 對海上作業會造成危害。「霜降浪」，霜降時海上浪大，此時便要注意海上生產作業的安全。[398]

（2）無風三尺浪，有風浪滔天。（華南沿海）

mou^{21} foŋ^{55} ʃan^{55} tʃ^{h}ɛk^{3} lɔŋ^{22}，jɐu^{13} foŋ^{55} lɔŋ^{22} t^{h}ou^{55} t^{h}in^{55}

「無風三尺浪，有風浪滔天」。巨大的海浪衝擊海岸時，往往會激起六至七米高的浪花。據測試，海浪對海岸的沖擊力每平方米可高達二十至三十噸，有時甚至達到六十噸。在印度洋斯里蘭卡的海岸上，海浪曾打碎了一個六十米高的燈塔；在法國的一個海港，海浪曾把三點五噸重的物體拋過六十米的高牆；海浪能把重達一千七百噸的岩石翻轉，或把萬噸巨輪推到岸上去。可見海浪蘊藏著多麼巨大的能量！據科學家估計，全世界海流能資源約為五十億千瓦；波浪資源約為二十五億千瓦。[399] 在過去，海上捕魚，船小設備差，又沒有氣象預報，那勞動環境，正如漁諺所說：「無風三尺浪，有風浪滔天。」漁民的心態是「腳踏漁船三分命，遇到風浪就心驚」、「半寸板內是娘房，半寸板外是閻王」。[400] 在這種險惡的環境下，迫於生計，明知海有險，也只好吃那口討海飯。因此，他們下海時最大的心願，就是保

397 王倩主編；張笑然、董岩繪：《天氣變變變．春夏秋冬的秘密》（南寧市：接力出版社，2014年8月），頁104。

398 中國民間文學集成全國編輯委員會，中國民間文學集成廣東卷編輯委員會，林澤生本卷主編；馬學良主編：《中國諺語集成（廣東卷）》（北京市：中國ISBN中心，1997年），頁519。

399 張紀生、張存生編著：《常規能源與新能源》（呼和浩特市：內蒙古人民出版社，1985年12月），頁299-300。

400 鞠海虹、鞠增艾著：《中華民俗覽勝》（北京市：語文出版社，2000年3月），頁46。

平安，其次方是求得豐收，有時一網三食，有時十網皆空。所以便形成一種喜歡說吉利的「彩話」，並且也形成很多的禁忌詞語的語言習俗，香港的水上人也無例外。

3　潮汐

（1）初八廿三，退潮是泥灘。（華南沿海）

tʃ^{h}ɔ^{55} pat^{3} jɛ^{22} ʃan^{55}，t^{h}ɵy^{33} tʃ^{h}iu^{21} ʃi^{22} lɐi^{21} t^{h}an^{55}

「退潮」是指小潮。「初八廿三，退潮是泥灘」意思與「初八廿三，早乾晚乾」（海南）、「初八廿三，到處見海灘」（蘇州）、[401]「初八廿三，潮不上灘」[402]意思是一致的。在農曆初一（朔）附近，太陽和月球位於地球一側，引潮力最大，所以出現「大潮」；在農曆每月十五（望）附近，太陽和月亮在地球的兩側，太陽和月球的引潮力形成你推我拉態勢，也會引起「大潮」，所以世界著名海潮——錢塘江大潮出現在農曆八月十八日的前後。而在農曆初八和二十三（上弦月和下弦月），太陽的引潮力和月球的引潮力互相抵消了一部分，所以發生「小潮」。正如此漁諺說的「初一十五漲大潮，初八廿三到處見海灘」。[403]

（2）月上山，潮上灘。（華南沿海）

jit^{2} ʃɔŋ^{13} ʃan^{55}，tʃ^{h}iu^{21} ʃɔŋ^{13} t^{h}an^{55}

401 李文歡、石海瑩編著：《海南省風暴潮災害預報及防範系統研究》（北京市：海洋出版社，2013年7月），頁66-67。

402 熊第恕主編：《中國氣象諺語》（北京市：氣象出版社，1991年3月），頁502。

403 王思潮主編：《天文愛好者基礎知識》（南京市：南京出版社，2014年9月），頁11。

由於潮流漲落是由月球的引力引起的，「月上山」是指月亮露出山頂，「潮上灘」是指潮流快要接近滿潮，海水漲到岸灘的意思。這句漁諺是漁民以月亮在天體中位置的高度來估算潮流漲落情況的一種方法。[404]

（三）氣象

1　氣候（天氣）

（1）東北風，雨祖宗。（華南沿海）

toŋ^{55} pɐt^{5} foŋ^{55}，ji^{13} tʃou^{35} toŋ^{55}

當低氣壓中心逐漸接近漁船所在的地方時，這裡就會開始吹起東南風，低氣壓繼續朝東北移，不久轉為東風，天就開始下雨；如風向再轉變成東北風，雨就下得更大。因此，只要低氣壓向漁船所在的地方移動時就要刮起東北風，並且下雨連綿。所以「東北風，雨祖宗」這一句話，是有科學根據的。[405]簡言之，夏秋颱風季節，從東南方向來的颱風，它的右前部大多吹東北風，所以東北風是大暴雨的前兆，[406] 漁民進行捕撈時要加以留意大暴雨和將會出現颱風。

（2）冬至不過冷，夏至不過熱。（華南沿海）

toŋ^{55} tʃi^{33} pɐt^{5} kɔ^{33} laŋ^{13}，ha^{22} tʃi^{33} pɐt^{5} kɔ^{33} jit^{2}

---

404 茅紹廉編寫；中國科普創作協會、遼寧科普創作協會組編：《沿海漁業資源利用與保護》（北京市：海洋出版社，1984年10月），頁44。

405 佚名：《風霜雨雪》（新知識出版社，1956年3月），頁10-11。

406 何春生主編：《熱帶作物氣象學》（北京市：中國農業大學出版社，2006年12月），頁130。

即華南沿海地區最冷一般出現在一月分（冬至後）；最熱在七月分（夏至後）。[407]

（3）冬至月中央，無雪又無霜。（華南沿海）

toŋ^{55} tʃi^{33} jit^{2} tʃoŋ^{55} jɔŋ^{55}，mou^{21} ʃit^{3} jɐu^{22} mou^{21} ʃɔŋ^{55}

此諺語也見於陸豐、廈門、莆田、浙江雲和縣。[408]冬至節在農曆當月的月中或月底，那麼，閩粵一帶春節前後不會太冷或冷期會後移，[409] 這是預告今年冬季的天氣較往平偏暖。[410]

3　海霧

（1）晨霧照清，可望天晴；霧收不起，細雨不已。（華南沿海）

ʃɐn^{21} mou^{22} tʃiu^{33} tʃʰeŋ^{55}，hɔ^{35} mɔŋ^{22} tʰin^{55} tʃʰeŋ^{21}；
mou^{22} ʃɐu^{55} pɐt^{5} hei^{35}，ʃɐi^{33} ji^{13} pɐt^{5} ji^{13}

看霧出現的時間，一般規律，早晨出現霧是晴天的預兆；白天或晚上出現霧是雨天的預兆。這是因為早晨低空溫度降到最低點，水氣

---

407 張憲昌、梁玉磷、馬振坤編：《南海漁諺拾零》（北京市：海洋出版社，1988年4月），頁32。

408 洪卜仁主編；中國人民政治協商會議、福建省廈門市委員會編：《廈門氣象今昔》（廈門市：廈門大學出版社，2010年1月），頁36。中國人民政治協商會議莆田市涵江區委員會文史資料委員會編：《涵江區文史資料（第4集）》（缺出版資料，1995年12月），頁155。中國人民政協會議浙江雲和縣委員會、浙江省雲和縣民間文學集成小組：《民間文藝‧諺語歌謠集》（缺出版資料，1986年11月），頁10。

409 盛曉光、趙宗乙主編：《中華語海（第4冊）》（哈爾濱市：黑龍江人民出版社，2000年7月），頁2665。

410 張憲昌、梁玉磷、馬振坤編：《南海漁諺拾零》（北京市：海洋出版社，1988年4月），頁32。

凝結形成輻射霧，太陽出來後，空氣增溫，霧氣很快被蒸發而散。所以諺語有「早晨地罩霧，儘管洗衣褲」。如果霧出現在白天或晚上，是平流霧移來本地，說明有新的天氣系統移來，天氣將轉陰雨。這就是諺語所說的「晝霧陰，夜霧雨」。有時早晨出現的霧到中午還收不起，這是因為霧的範圍非常廣，太陽出來一時不能蒸發掉，實際上是平流霧影響，是陰雨天的預兆。所以「晨霧照清，可望天晴；霧收不起，細雨不已」。[411]

（2）早霧晴，夜霧陰。（華南沿海）

tʃou^{35} mou^{22} tʃ^{h}eŋ^{21}，jɛ^{22} mou^{22} jɐn^{55}

一天之中最冷的時間，是早晨天剛破曉時，所以，霧多在早晨形成。當太陽出來以後，地面溫度增加，霧便逐漸消散。如果晚上沒有雲，地面上的熱量就會很快向空中散失。這樣，第二天早上的氣溫就會低些，這時候霧也出現了。晚上無雲，大多是天氣晴朗的象徵，所以，第二天不會下雨。如果晚上有霧，便是壞天氣的徵兆。這是因為晚霧多是由於地面有稀薄的冷空氣影響，使空氣低層的暖濕空氣發生凝結而造成的。晚霧會使雲層增厚、增多，逐漸變為陰天。所以晚上有霧，是壞天氣的徵兆。[412]

4　颱風

（1）六月東風不過午，過午必颱風。（華南沿海）

lok^{2} jit^{2} toŋ^{55} foŋ^{55} pɐt^{5} kɔ^{33} m̩^{13}，kɔ^{33} m̩^{13} pit^{5} t^{h}ɔi^{21} foŋ^{55}

---

411 吳天福編：《測天諺語集》（長沙市：湖南人民出版社，1979年），頁46-47。

412 廣東省氣象臺編寫：《廣東民間看天經驗》（廣州市：廣東人民出版社，1966年5月），頁18。

這條漁諺也流行於閩、浙沿海。[413]這句漁諺裡的東風，實際上指的是東北風。這句諺語不單流行於廣東，也見於福建和浙江兩省沿海，因颱風中心往往要從這三個省以南的海面經過。夏季，白天海水的溫度比陸地的低，海上的氣壓比陸上的高，所以空氣總是從海上往陸地上流，吹偏東風，也就是海風。地面曬到太陽以後，溫度迅速上升，午後兩點左右是最熱的時候。地面被太陽曬熱以後，也就把貼近地面的空氣烘熱了。於是空氣變得上重下輕，就要上下對換流動起來。上面比較重的冷空氣沉下來的時候，由於受原來那裡盛行的偏西風的影響，所以在正常的情況下，原來吹的偏東風，在午後就會被偏西風所代替。這種現象，叫作風的「日變化」。如果東風吹到午後還不停，反而越吹越猛，那麼天氣就會發生變化，表明要颱風了。颱風是由熱帶太平洋裡的大空氣漩渦產生的，它的中心附近的氣壓比周圍要低得多，外面氣壓比較高的空氣都一齊擁向中心。但是，由於地球自轉的影響，空氣一面往中心跑，一面還要往右拐彎。於是大量的空氣就圍繞颱風中心，從東往西急速地旋轉起來，北面吹偏東風，南面吹偏西風。颱風形成以後，會隨著熱帶高空的氣流向西或西北方向移動。當它接近中國東南沿海地區的時候，中心往往處在廣東、福建、浙江省以南的海面上。那一帶地區由於受到颱風北部氣流的影響，就會吹偏東風。颱風中心越來越近的時候，風力也越大，風向也就由東北轉成正東了。因此，廣東、福建和浙江三省沿海一帶的漁民，常常用風的「日變化」規律預測颱風。[414]所以閩、浙、粵沿海漁民有豐富經驗說：「六月東風不過午，過午必颱風」、「夏季東風要轉化，搓繩

413 廣東省水產學校主編：《氣象與海洋》（北京市：農業出版社，1983年5月），頁167。

414 齊觀天著：《青年天文氣象常識・2》（北京市：中國青年出版社，1965年12月），頁21-22。

綁尾少不得，六七月裡刮北風，一二日內刮颱風」等有一定的科學道理。[415]

（2）海底照月主大風（華南沿海）

hɔi^{35} tɐi^{35} tʃiu^{33} jit^{2} tʃi^{35} tai^{22} foŋ^{55}

颱風多半是來自東南方的廣大洋面上。當某地受到颱風前半圈外圍氣流影響時，就常出現西、北、東這三個方位的風向，此後風速並將逐漸增強，且要持續半天到一天以上時，即成為颱風的預兆。有時颱風來臨前，有的地方幾乎是靜風，海面上平靜如鏡，月影清晰地倒映於海中，故也有「海底照月主大風」的經驗流傳於民間。這大風也是指因颱風侵襲時造成的。[416]

（3）六月出紅雲，小心來行船。（華南沿海）

lok^{2} jit^{2} tʃ^{h}ɐt^{5} hoŋ^{21} wɐn^{21}，ʃiu^{35} ʃɐn^{55} lɔi^{21} haŋ^{21} ʃin$^{21\text{-}35}$

這裡說的紅雲是指出現在東南海面上空的雲的顏色。在颱風侵襲之前，氣壓低、濕度大，大氣層中的水滴、灰塵大大增加，陽光穿過大氣層的時候，碰到了很多水滴和灰塵，這時候容易被反射的顏色光線都被反射掉了，只有不易被反射掉的紅、橙、黃等顏色光線能夠穿過，所以看上去天空就是紅色。這種現象大都是出現在日出和日落的時候。因此，天頂滿布紅雲，是颱風來臨的預兆。不過，在夏天雷陣雨過後，沒有完全消散的積雨雲和頂部的偽卷雲，也會布滿天頂，同

415 廣東省水產學校主編：《氣象與海洋》（北京市：農業出版社，1983年5月），頁167。
416 王志烈，許以平編：《颱風》（北京市：氣象出版社，1983年9月），頁92。

樣也可以發出紅色，這時後就要注意區別。[417]漁民看見海上有紅雲，就要趕快回河涌，漁港、灣頭去避風。

（4）天邊有斷虹，將要來颱風。（華南沿海）

tʰin^{55} pin^{55} jɐu^{13} tʰin^{13} hoŋ^{21}，tʃɔŋ^{55} jiu^{33} lɔi^{21} tʰɔi^{21} foŋ^{55}

水盾，是一種直立的長方形的光帶，顏色和虹差不多，實際上是一種斷虹或短虹。不過這種虹和一般的虹不同，它短而粗，在海面上矗立，像一塊盾牌一樣。水盾形成的原因和虹差不多，都是太陽光經過空中的小水滴折射後造成的。在颱風來臨之前，天氣濕熱，低層空氣濕度加大，上層卻有乾冷的空氣下降。因此暖濕空氣不能迅速上升，水蒸氣多集中在低層，經過陽光的折射和反射也就只在低層了，所以只能形成斷虹或短虹（也就是水盾），[418] 這樣子很快會出現颱風，漁民就要趕快回涌避風。

（5）夏日東風轉為北，搓繩綁屋少唔得。（華南沿海）

ha^{22} jɐt^{2} toŋ^{55} foŋ^{55} tʃin^{35} wɐi^{21} pɐt^{5}，
tʃʰɔ^{55} ʃeŋ^{21} pɔŋ^{35} ok^{5} ʃiu^{35} m̩^{21} tɐt^{5}

這一條漁諺也流行於閩、浙沿海，[419]這句漁諺的意思跟「六月東風不過午，過午必颱風」是一致的。

417 留明編著：《怎樣觀測天氣（上）》（呼和浩特市：遠方出版社，2004年9月），頁13。

418 韋有暹編著：《民間看天經驗》（廣州市：廣州市：廣東科技出版社，1984年10月），頁70-71。

419 廣東省水產學校主編：《氣象與海洋》（北京市：農業出版社，1983年5月），頁167。

（6）熱極吹西風，預防翻颱風。（華南沿海）

jit^{2} kek^{2} tʃ^{h}ɵy^{55} ʃɐi^{55} foŋ^{55}，ji^{22} fɔŋ^{21} fan^{55} t^{h}ɔi^{21} foŋ^{55}

當颱風從東直向西進時，在颱風的前方，往往會出現西風或西北風。吹西風或西北風時，人會覺得酷熱，這就是颱風將要來臨的預兆。這時熱帶高氣壓的位置已經移到北緯二十五度到三十度，南海經常有赤道輻合帶（一種容易產生颱風的熱帶天氣系統）活動，這時廣東一般是吹東到東南風，如果吹西或西南風，就可能是颱風槽（颱風在福建登陸後向西南方伸出的低氣壓槽）的影響，將會帶來一場較大的雨。另外，所說的「西風」，往往包括西南風在內。據廣東一些地方的經驗，西風或西南風的大小和性質對未來的天氣變化的預示性是不同的。如果在農曆四、五月分晴天時吹三級以下的西到西南風，人便覺得涼爽，叫作「西南旱」，預示未來繼續是晴天；如果西南風較大（四級以上），帶有偶發性，人便會覺得悶熱，則叫作「西南穿」，未來的天氣是不好的，常常是一陣風一陣雨，連續下幾天，有時甚至造成洪水。[420]

（7）日落風忽現，不久颱風見。（華南沿海）

jɐt^{2} lɔk^{2} foŋ^{55} fɐt^{5} jin^{22}，pɐt^{5} kɐu^{35} t^{h}ɔi^{21} foŋ^{55} kin^{33}

太陽落山，隨著就起風，這就說明風暴即將來臨。這樣，日落起風的景象就該是風暴的先兆。[421]此漁諺也見於寧波，寧波稱作「日落風忽現，風暴就要見」，意思與「日落風忽現，不久颱風見」是一致的。

---

420 留明編著：《怎樣觀測天氣（上）》（呼和浩特市：遠方出版社，2004年9月），頁26。

421 董鴻毅編著：《寧波諺語評說》（寧波市：寧波出版社，2014年4月），頁76。

（8）黑豬仔游天河，不是暴雨就颱風。（華南沿海）

hɐt^{5} tʃi^{55} tʃɐi^{35} jɐu^{21} t^{h}in^{55} hɔ^{21}，
pɐt^{5} ʃi^{22} pou^{22} ji^{13} tʃɐu^{22} t^{h}ɔi^{21} foŋ^{55}

在離開颱風心三百至四百公里的地方，原來亂絲狀的雲彩，逐漸變得厚密，高度也逐漸變低，成為高層雲。以後隨著颱風中心越來越近，高層雲下面又出現一團團黑色的大雲塊和破絮般的灰白色低雲，這種雲移動如飛一樣的，故有「飛雲」之稱。又因它出現時，都是成列的一群群奔來，華東沿海一帶稱它為「羊群雲」，廣東沿海叫「黑豬仔游天河」。這時，人面朝著天空飛雲的方向站著，右手向右平伸所指的方向，就是當時颱風中心所在的方向。如果飛雲越聚越多，開始降陣雨，而且逐漸轉為較大的連綿不斷的降雨時，是颱風已到的象徵。[422]

（9）黑豬過天河，大雨定滂沱。（華南沿海）

hɐt^{5} tʃi^{55} kɔ^{33} t^{h}in^{55} hɔ^{21}，tai^{22} ji^{13} teŋ^{22} p^{h}ɔŋ^{21} t^{h}ɔ^{21}

「黑豬過天河，大雨定滂沱」意思跟「黑豬仔游天河，不是暴雨就颱風」是一致的。

5　風

（1）晚間風大，白天變小，天將雨到。（華南沿海）

man^{13} kan^{55} foŋ^{55} tai^{22}，pak^{2} t^{h}in^{55} pin^{33} ʃiu^{35}，t^{h}in^{55} tʃɔŋ^{55} ji^{13} tou^{33}

422 陳可馨編：《災害性天氣及其預防》（石家莊市：河北人民出版社，1979年8月），頁45-46。

晚上，因為沒有太陽光照射地面，各地氣溫相差不大，大氣壓力的分布比較均勻，各地之間的差異較小，所以夜間的風力一般要比白天來得弱，甚至在夜間沒有出現風。假如夜間反而風大，那麼一定是有壞天氣迫近，如低氣壓和颱風等，當地的天氣將可能發生變化。[423] 這個經驗，漁民會視之作為壞天氣將臨的預兆，生產作業時便要加倍留心。

（2）晝西夜東，曬死蝦公。（華南沿海）

tʃɐu^{33} ʃɐi^{55} jɛ^{22} toŋ^{55}，ʃai^{33} ʃei^{35} ha^{55} koŋ^{55}

這條漁諺的意思是說如果白天吹偏西的風，晚上吹偏東的風，那麼將繼續保持晴天。夜間吹東風，白天逐漸按順時鐘方向轉到東南、南、西南甚至西，這完全是每天正常的風向變化。只有在其他的惡劣天氣影響下，風向才會改變。所以，如果夜間吹東風，白天轉為西南到西風，就說明天氣沒有什麼變化，晴朗無雨。[424]那麼生產作業時也無危險。

6　雨（暴雨）

（1）太陽笑，淋破廟。（華南沿海）

t^{h}ai^{33} jɔŋ^{21} ʃiu^{33}，lɐn^{21} p^{h}ɔ^{33} miu$^{22-35}$

「太陽笑」是指太陽輪廓模糊，這是由於空氣中的水氣增多，或

423 廣東省氣象臺編寫：《廣東民間看天經驗》（廣州市：廣東人民出版社，1966年5月），頁29。

424 韋有暹編著：《民間看天經驗》（廣州市：廣州市：廣東科技出版社，1984年10月），頁30。

是有高雲發展的緣故。出現這種情況，天氣將漸漸轉壞，故說「太陽笑，淋破廟」，與此同意思有「太陽笑，是雨兆」。[425]

（2）朝虹雨淋漓，晚虹曬爛帔。（華南沿海）

tʃiu^{55} hoŋ^{21} ji^{13} lɐn^{21} lei^{21}，man^{13} hoŋ^{21} ʃai^{33} lan^{22} lei^{13}

「虹」，是一種大氣中的光學現象，它是在太陽光照射到天空中的微小水滴後出現的。這些空氣中的小水滴，起了三稜鏡的作用，把太陽光分解成一條瑰麗多彩的七色弧帶。這條弧帶常常呈圓弧狀掛在天邊。虹的出現，表明大氣中含有大量水滴，所以虹也是下雨的徵兆。虹既然是太陽光照射到水滴中而產生的現象，所以出現虹的方向，一定和太陽所在的方向相反。因此，早上的虹一定出現在西方，而傍晚的虹卻一定出現在東方。諺語中的「東虹」是指晚虹，「西虹」是指朝虹。很多諺語都認為「東虹」兆晴，「西虹」兆雨。這是因為西方有虹，說明西方空氣中存在很多水滴。在一年之內，廣東省上空的空氣，大都是從西向東流動。因此，西方的水滴，常常隨著空氣的流動而東移到本地來。當地的天氣也就這樣子變壞了；相反，如果虹出現在東方，說明水滴將隨著自西向東的氣流，向東離開本地，本地的天氣也將由陰轉晴了。[426]

（3）一日春雷十日雨。（華南沿海）

jɐt^{5} jɐt^{2} tʃ^{h}ɐn^{55} lei^{21} ʃɐt^{2} jɐt^{2} ji^{13}

---

425 熊第恕編著：《氣象諺語淺釋》（南昌市：江西人民出版社，1983年9月），頁146。

426 廣東省氣象局編寫：《看天經驗》（廣州市：廣東人民出版社，1975年11月），頁48-49。

「一日春雷十日雨」也見於上海。春季，上海地區仍為北方冷空氣控制，氣溫較低，一般不會出現打雷現象。如果出現打雷，則多半是由於南方暖濕空氣特別活躍的結果。可以分為以下兩種情況：第一種：出現在早春。這時地面上仍為北方冷空氣控制，這年的暖空氣特別活躍，高空已有南方暖濕空氣侵入。由於高空潮濕不穩定，在一般的降雨雲層中，有積雨雲發展，形成放電打雷。第二種：出現在晚春。這時隨著太陽位置北移，照射增強，近地層氣溫逐漸回升。本地區從地面到高空開始為暖濕空氣控制，如遇北方冷空氣南下，則由於冷空氣的猛烈抬升作用，使暖濕空氣上升運動非常強烈，形成積雨雲和雷雨。上述兩種情況說明南方暖濕空氣勢力強盛，活動早，而且此時北方冷空氣仍常不斷南下，冷暖空氣經常在沿江和江南一帶交會，造成本區持續的時陰時雨天氣。特別是驚蟄以前的早春雷，更說明南方暖濕空氣勢力強，活躍早，未來冷暖空氣交會機會更多，陰雨天氣持續更長。[427]此諺語雖然是解釋上海現象，但仍適合用來解釋廣東沿海「一日春雷十日雨」的現象。

（4）風與雲逆行，一定雨淋淋。（華南沿海）

foŋ^{55} ji^{13} wɐn^{21} jek^{2} hɐn^{21}，jɐt^{5} teŋ^{22} ji^{13} lɐn^{21} lɐn^{21}

「風和雲逆行」是說明地面的風和高空的風方向相反，多數的情況是高空南風，地面北風。這種現象如果發生在冬春季節，就會造成靜止鋒天氣，陰雨不止。如果發生在夏季（那時高空大多刮北風，地面卻吹偏南風），也會造成空氣的不穩定，出現風雨天氣。[428]漁民生產時便要格外留神。

427 上海市氣象局編：《民間測天諺語》（上海市：上海人民出版社，1974年11月），頁47。

428 廣東省氣象局編寫：《看天經驗》（廣州市：廣東人民出版社，1975年11月），頁33。

第三章
漁諺的語言特色和文化內蘊

第一節　語言特色

一　ABB式形容詞

海南漁諺收集得最多是珠三角一帶，這些漁諺有一個特色是用了廣州話單音節形容詞重疊的ABB式，它是由一個單音形容詞和一個重疊式組成。ABB形式的A是形容詞，至於BB則是比況重疊後綴，是對形容詞A的詞義進行描述或補充。ABB式形容詞在句子中大多數用作謂語，其次是狀語及補語。[1]然而，海南的漁諺只見是補語作用，不見用作謂語或狀語。至於粵語許多BB式重疊比況後綴是沒有意義的雙音節疊字，但南海漁諺不論是粵語或是閩語，很少是無意義的。至於BB式重疊比況後綴和形容詞A有意義上聯繫，南海漁諺基本是屬於這一類。從ABB式形容詞來說，這就是漁民語言與陸上人語言上的區別，就是所說的語言特點。

1　陳雄根：〈廣州話ABB式形容詞研究〉，《中國語文通訊》第58期（2001年6月），頁24。

(一) BB式重疊比況後綴是沒有意義的雙音節疊字，例子如下：

1　天上瓊瓊（陽江閘坡）／天上雲瓊瓊（陽江漁民其他說法）

「瓊瓊」是美好的意思。原句是「天上瓊瓊，龍溝露頂，海響聞見嶺，日頭口閃正，颱風有成」。部分陽江漁民說成「天上雲瓊瓊，龍高山露頂，海響聞見嶺，日頭閃正頂，颱風有十成」。「雲瓊瓊」指雲少動，「瓊瓊」與「雲」是沒有密切或實質的語意關係。

2　走得光刮刮（粵東、海南）

原句是「三月清，明四月八，魚仔走得光刮刮」。

意思是指在春汛清明到四月八期間，來到汕頭或汕尾一帶漁場產卵後，老魚與新魚魚群就立刻離開，直往東北方索餌洄游，所以說「光」。「刮刮」與形容詞「光」是沒有密切或實質的語意關係。

(二) BB式重疊比況後綴是有意義的雙音節疊字，例子如下：

1　天氣暖柔柔（珠江口）

原句是「天氣暖柔柔，池魚向內游」。

「柔柔」就是形容很柔軟的樣子。這一條漁諺交代池魚在冬春期間，在南方相對天氣較「暖柔柔」之際，便會從水深處「向內游」，即是說接近珠江口近岸地方進行產卵，因內河淡水範圍退縮，所以藍圓鰺可以直迫近岸，因淡水退縮，便讓人覺得藍圓鰺「向內游」。

2　日綿綿（珠江口）

原句是「南海霧，日綿綿」。

「綿綿」就是形容連續不絕。「日綿綿」就是指廣東省沿岸一至四月分大部分時間都出現連續不絕的陽光。「南海霧，日綿綿」，在全國而言，南海霧日較少，僅在廣東省沿岸一至四月分有海霧日出現，海霧日最多的月分有十天左右，所以大部分日子就是天空依然出現強盛的日光，所以稱「南海霧，日綿綿」。

3　黃昏雨連連（廣東沿海）

原句是「早上雲如山，黃昏雨連連」。

「連連」是連綿不斷的意思。「早上雲如山，黃昏雨連連」指早晨，東方如果出現烏雲，當天將會刮風下雨。因為夏天晝熱夜，早晨天空中一般沒有雲層。如果太陽剛出來時，天空中已經有許多烏雲出現。到了中午前後，空氣上下對流最旺盛的時候，地面受熱加強，水蒸氣繼續上升，天氣就更不穩定了，於是就會連續形成雲致雨，所以稱「黃昏雨連連」。

4　亂紛紛（華南沿海）

「紛紛」是接連不斷的意思。原句是「春分魚頭亂紛紛」。指春分後魚類開始上浮，多類魚集中漁場，容易捉到，所以此漁諺以「亂紛紛」說明春分魚類雜多，接連不斷出現在漁場，所以稱「春分魚頭亂紛紛」。

5　日月生毛，大雨嘈嘈（粵西沿海）

「嘈嘈」是聲音雜亂，這裡是指下雨之聲雜亂，也表示下著大雨。「大雨嘈嘈」是「大雨滔滔」的意思。「月生毛」表示月亮被較厚的卷雲蒙住，天空水氣重，所以容易連續下雨，產生雜亂的雨聲，所以說「大雨嘈嘈」。[2]

6 三月清明四月八，魚仔魚兒走光光（海南瓊山）

「光光」是盡了、完了、一無所有的意思。這一條漁諺有海南漁民說成「三月清明四月八，魚仔魚兒走潔潔」，[3] 這一句漁諺跟「清明過三日，帶魚走得尾直直」意思一致。意思是指在春汛清明到四月八期間，魚群在瓊山一帶漁場產卵後，老魚與新魚魚群就立刻離開，直往東北方索餌洄游，導致整個漁場沒有魚可捕撈，所以說「魚仔魚兒走光光」。

二 修辭多樣性

漁民自宋代開始，千年來不許上岸，結果無法入學讀書和考取功名，不論說粵語或閩語的漁民，都是一致受到嚴重歧視的，[4] 但不等

2 廣東省地理學會科普組主編：《廣東農諺》（北京市：科學普及出版社；廣州分社，1983年2月），頁18-19。

3 陳智勇著：《海南海洋文化》（海口市：南方出版社；海口市：海南出版社，2008年4月），頁134。

4 趙爾巽（1844-1927）等撰，楊家駱主編：〈食貨一・戶口〉，《清史稿》（臺北市：鼎文書局，1981年）卷一百二十，志九十五，頁3491-3492：「此外改籍為良，亦有清善政。山西等省有樂戶，先世因明建文末不附燕兵，編為樂籍。雍正元年，令各屬禁革，改業為良。並諭浙江之惰民，蘇州之丐戶，操業與樂籍無異，亦削除其籍。五年，以江南徽州有伴儅，寧國有世僕，本地呼為「細民」；甚有兩姓丁口村莊相等，而此姓為彼姓執役，有如奴隸，亦諭開除。七年，以廣東蜑戶以船捕魚，粵民不容登岸，特諭禁止。准於近水村莊居住，與齊民一體編入保甲。乾隆三十六年，陝西學政劉墫奏請山、陝樂戶、丐戶應定禁例。部議凡報官改業後，必及四世，本族親支皆清白自守，方准報捐應試。廣東之蜑戶，浙江之九姓漁船，諸似此者，均照此辦理。」

於他們的漁諺純然質樸和沒有修辭的。南海漁諺也可以是凝練而生動，也能達到提高語言表達效果，讓人朗讀其漁諺會留下鮮明的印象和語言的美感。

（一）對偶、對比

漁諺不論是來自粵語或閩語，也出現不少字數相等，語法相似，意義相關的兩個句組、單句或語詞，一前一後、成雙成對地排列在一起的對偶修辭。按其內容來分，則有正對、反對兩種。正對與反對對偶外，漁諺則兼有對比作用，成了對偶兼對比的修辭手法。

1　正對對偶

（1）池魚埋沙，澤魚靠泥。

（2）二月初二，魚頭相間；二月十五，魚頭相鑒。

（3）葫瓜出，鰻魚洄。

（4）雲頭向東走，明朝出南風；雲頭向西走，明朝出東風。

（5）朝紅雨，夕虹晴。

（6）開燈帶，蒙煙墨。

（7）魚有魚道，蝦有蝦路。

（8）春分報，無魚捕；春分報，無蝦捕。

2　反對對偶

南海漁民在對偶方面，用得最多的對偶是反對對偶。

（1）　頭水西南四月初，尾水西南七月初。

（2）　風前拖沙側，風後拖正瀝。

（3）　生在老鴨洲，死於冠頭嶺。

（4）　白天看起水，晚上拉夜紅。

（5） 春過三天魚北上，秋進三天魚南下。
（6） 白天魚行上，黑夜魚游下。
（7） 鰛魚皮，巴浪底。
（8） 日出魚投東，日落魚向西。
（9） 快拖魚，慢拖蝦。
（10）朝起打魚，夕落下種。
（11）東風起，魚伏底；北風吊，魚抽基。
（12）南風天澇海水清，魚群食水清；
北風天陰海水濁，只有魚頭粥。
（13）小漏船不補，大漏喂魚肚。
（14）漲潮水溫低，退潮水溫高。

（二）比喻

漁諺也有用上比喻，把兩種相似的事物相比，讓所說之言具體生動，容易了解，富有形象化。漁諺用得最多是明喻。

1 明喻方面

明喻是喻體、喻詞、喻依三者都完全具備的譬喻。例如：
（1）春魚如鳥飛。
（2）春魚快如箭。
（3）二月清明魚似草。

2 暗喻方面

暗喻是隱而不顯的譬喻，就是本體和喻體都出現，而兩者之間的比喻詞省略了。例如：「三月清明魚是寶」。

（三）夸飾

是說話時誇大修飾，言過其實，這一種修辭手法稱為夸飾，也稱為誇張、鋪張、揚厲。南海漁民許多時會把漁諺給與魚蝦蟹等一些特性加以擴大。例如：

（1）春分帶魚倒滿艙。

（2）清明過三日，帶魚走到尾直直。

（3）四月八，魷魚挨；賽龍舟，魷咬觜。

（4）清明天暗，魚仔會喊。

（5）出北回頭東，餓死大貓公。

（6）四月初八起東風，今年漁汛就落空。

（7）六月西南風，旱死大蝦公。

（8）十月旱，毛蟹斷擔杆。

（9）東風掀起海豬浪，樣樣魚蝦都喜旺，往往還要撞破網。

（10）一朝大霧三朝風，三朝大霧冷攣躬。

（11）一日春雷十日雨。

（12）東北不回南，趕狗都唔行。

（四）排比

用結構相似的句法，表出相同範圍、相同性質的意象，叫作排比。這些排比能讓漁諺的節奏感加強，增大語勢和增強表達的效果。例如：

（1）正月墨魚上沙溝，二月魟仔大紅頭；
三月黃花白鹹有，四月龜鯧憑南流；
五月紅衫搶魚鉤，六月停港把船修；
七月針邊魷魚厚，八月藤絲落泥口；
九月風流東西透，十月魚蝦大齊頭；

十一波立鼓銅有，十二洲頭盡風流。

（2）九月中，天氣轉，需瀉淺，露高地，日曬塭，水溫升，蝦浮水，裝撈多。挖溝早，操作易，效率高，溝水深，藏蝦多，留幼苗，不受凍，保過冬。

（3）東閃日頭紅，西閃雨重重，南閃火門開，北閃有雨來。

（4）電光閃，雷聲到，大雨咆哮。

（5）正二蒙帶，三四蒙旱，五六蒙禍。

（6）正月蝦姑，二月九再、三月鹹蜆。

（五）頂真

用前一句的結尾來作下一句的開頭，稱為頂真，又叫頂針、聯珠、蟬聯。

（1）西珠不如東珠，東珠不如南珠。

（2）熬正無熬二，熬二籠總去。

（3）春東南，南海霧。

（4）六月初一，一雷鎮颱，颱風跟雷來。

（5）六月北風難過午，過午留心颱風災。

（6）西風不過酉，過酉連夜吼。

（六）比擬

描述一件事物時，轉變其原來的性質，化成另一種本質截然不同的事物，而加以形容敘述的修辭法稱作為比擬或轉化。漁諺的比擬以擬人為主，把人的動作、情感、性格賦於魚類或日月潮水，使魚類、日月、雨水等也具有人的活力和情感。例如：

（1）有雨山戴帽，無雨雲拱腰。

（2）太陽笑，淋破廟。

（3）電光閃，雷聲到，大雨咆哮。
（4）大雨嘈嘈。

（七）對比

是把互相矛盾對立的事物放在一起相互比較，使形象美醜、特點更加顯著的一種修辭手法。例如：

（1） 頭水西南四月初，尾水西南七月初。
（2） 風前拖沙側，風後拖正瀝。
（3） 生在老鴨洲，死於冠頭嶺。
（4） 白天看起水，晚上拉夜紅。
（5） 春過三天魚北上，秋進三天魚南下。
（6） 白天魚行上，黑夜魚游下。
（7） 鰛魚皮，巴浪底。
（8） 日出魚投東，日落魚向西。
（9） 快拖魚，慢拖蝦。
（10）朝起打魚，夕落下種。
（11）東風起，魚伏底；北風吊，魚抽基。
（12）南風天澇海水清，魚群食水清；
北風天陰海水濁，只有魚頭粥。
（13）小漏船不補，大漏喂魚肚。
（14）漲潮水溫低，退潮水溫高。
（15）一早一晚釣深水，中午時分釣淺水。

（八）借代

放棄所用的本名或語詞，另外再找尋其他相關的名稱或語詞來替代的一種修辭手法，稱之為「借代」。

八月魚頭齊。

（「魚頭」是借代魚類、魚群。）

三　押韻

漁諺雖然不是詩歌，也不是歌謠，但是漁諺有一半以上是押韻的，即使是閩語的漁諺，來自陽江、台山、北海、海南的漁諺，用上石排灣方音來讀，依舊是押韻的，所以南海漁諺便能流傳於各地。漁諺一半以上是進行了押韻，讓漁諺韻律增強和諧感。漁諺大部分是押韻的，從以下例子便知一二。

關於韻母，本文是用上香港石排灣黎金喜（1925）口音，金喜叔生前不單提供石排灣水上方音，也提供了大量詞彙、語法、漁諺等。因此，這本書的漁諺標音就以石排灣作代表。

（1）南湧一聲嘩[a]，帶魚山上爬[a]。

（2）日月帶上枷[a]，近日有雨下[a]。

（3）潮位增加[a]，風暴來也[a]。

（4）南流埋[ai]，魚靠街[ai]。

（5）先雷後雨唔濕鞋[ai]，先雨後雷水浸街[ai]。

（6）無風白浪翻[an]，有風浪似山[an]。

（7）月上山[an]，潮上灘[an]。

（8）二月初二，魚頭相間[an]。二月十五，魚頭相鑒[an]。

（香港仔石排灣在古咸攝各等、深攝三等尾韻[m]、[p]，讀成舌尖鼻音尾韻[n]和舌尖塞音尾韻[t]）

（9）三月三[an]，西刀洋離無人擔[an]。

（10）三月三[an]，鯧魚鰲魚無人擔[an]。

（11）包帆包帆[an]，早北晚東南[an]。

（12）三月打魚四月閒[an]，五月推艇上沙灘[an]。

（13）朝北晚南[an]，旱乾河潭[an]。

（14）初八廿三[an]，到處見海灘[an]。

（15）初八廿三[an]，退潮是泥灘[an]。

（16）初三十八[at]，高低盡刮[at]。

（17）幾天西風刮[at]，往往颱風發[at]。

（18）三月清明四月八[at]，魚仔走得光刮刮[at]。

（19）三月八[at]，颱風刮[at]。

（20）四月八[at]，蝦仔紮[at]。

（21）四月八[at]，西南發[at]。

（22）四月八[at]，南風發[at]。

（23）四月八[at]，三黎隨街撻[at]。

（24）四月八[at]，魷魚發[at]。

（25）四月八[at]，蝦芒發[at]。

（26）四月八[at]，烏鯧發[at]。

（27）多雲攔在西[ɐi]，大雨沖破堤[ɐi]。

（28）六月西[ɐi]，水淒淒[ɐi]。

（29）烏雲串河溪[ɐi]，人人守堤圍[ɐi]。

（30）六七斜陽西[ɐi]，八九魚如泥[ɐi]。

（31）天氣柔柔[ɐu]，池魚向內游[ɐu]。

（32）冬天望山頭[ɐu]，春天望海口[ɐu]。

（33）南流南風頭[ɐu]，一切魚易浮[ɐu]。

（34）三月西南流[ɐu]，食魚唔食頭[ɐu]。

（35）東南風交秋[ɐu]，漁農大豐收[ɐu]。

（36）正二月東風逢南流[ɐu]，食魚唔食頭[ɐu]。

（37）十一行十二走[ɐu]，十三十四大潮流[ɐu]。

（38）魚頂流[ɐu]，網順流[ɐu]，兩下一齊湊[ɐu]。

（39）魚群往往頂浪游[ɐu]，下釣要在風浪口[ɐu]。

（40）朝立秋[ɐu]，晚裝油[ɐu]。

（41）多雲接日頭[ɐu]，夜間雨稠稠[ɐu]。

（42）白天看日頭[ɐu]，夜間看星斗[ɐu]。

（43）冬前冬後[ɐu]，凡石左右[ɐu]。

（44）冬前冬後[ɐu]，銅鼓左右[ɐu]。

（45）白天看日頭[ɐu]，夜間看星斗[ɐu]。

（46）要食黃花大澳口[ɐu]，要食赤魚九洲頭[ɐu]。

（47）誰人識得天機透[ɐu]，神仙難知海南流[ɐu]。

（48）東帆西猴[ɐu]，南盾北鉤[ɐu]。

（49）四月東風草發愁[ɐu]，五月東風撥船走[ɐu]。

（50）雷拍秋[ɐu]，淺海十足收[ɐu]，拖風百日憂[ɐu]。

（51）七月初一有雷抱囝走[ɐu]，八月初一有雷塞龍口[ɐu]。

（52）清明前後[ɐu]，放雞左右[ɐu]。

（53）正月墨魚上沙溝[ɐu]，二月鱸仔大紅頭[ɐu]；
三月黃花白鹹有[ɐu]，四月龜鯧憑南流[ɐu]，
五月紅衫搶魚鉤[ɐu]，六月停港把船修[ɐu]；
七月針邊魷魚厚[ɐu]，八月藤絲落泥口[ɐu]；
九月風流東西透[ɐu]，十月魚蝦大齊頭[ɐu]；
十一波立鼓銅有[ɐu]，十二洲頭盡風流[ɐu]。

（54）八月秋[ɐu]，魚外泅[ɐu]。

（55）釣魚要忍[ɐn]，拿魚要狠[ɐn]。

（56）風與雲逆行[ɐn]，一定雨淋淋[ɐn]。

（57）夏日東風轉為北[ɐt]，搓繩綁屋少唔得[ɐt]。

（58）颱風無西北[ɐt]，作了落不得[ɐt]。
（59）回南後轉北[ɐt]，冷到嘴唇黑[ɐt]。
（60）早吹一[ɐt]，晚吹七[ɐt]，半夜吹來二三日[ɐt]。
（61）早透一[ɐt]，宴透七[ɐt]，半夜透風唔過日[ɐt]。
（62）紅雲上頂[ɛŋ]，無處搵艇[ɛŋ]。
（63）龍溝露頂[ɛŋ]，海響聞見嶺[ɛŋ]
（64）紅雲上頂[ɛŋ]，颱風有請[ɛŋ]。
（65）稻尾赤[ɛk]，魚蝦爬上壁[ɛk]。
（66）黑豬白豬嬉[ei]，見到不大利[ei]。
（67）秋風起[ei]，青蟹肥[ei]。
（68）烏忌白忌[ei]，唔見大吉大利[ei]。
（69）西南起[ei]，大親蝦死[ei]。
（70）朝虹雨淋漓[ei]，晚虹曬爛鯉[ei]。
（71）九月初三，十月初四[ei]，田頭唔崩好做戲[ei]。
（72）天上雲高像梨[ei]，地下雨定淋漓[ei]。
（73）五月初三四[ei]，六月十一二勢必壞天氣[ei]。
（74）三個鯉頭，四個尾鯉[ei]；幾多大工，都唔夠死[ei]。
（75）追風尾[ei]，網網魚蝦捉不起[ei]。
（76）天上瓊瓊[eŋ]，龍溝露頂[eŋ]，海響聞見嶺[eŋ]，
日頭口閃正[eŋ]，颱風有成[eŋ]。
（77）紅雲蓋頂[eŋ]，找艇搬錠[eŋ]。
（78）日頭口閃正[eŋ]，颱風有成[eŋ]。
（79）晨霧照清[eŋ]，可望天晴[eŋ]。
（80）早雨晚晴[eŋ]，晚雨難停[eŋ]；
早水晚晴[eŋ]，晚水落成[eŋ]。
（81）四月初一晴[eŋ]，魚仔上高坪[eŋ]。

（82）立春落水到清明[eŋ]，一日落水一日晴[eŋ]。
（83）十月十六天色晴[eŋ]，無風無雨到清明[eŋ]。
（84）細線待食[ek]，粗線得力[ek]。
（85）交春下雨[i]，凍死魚子[i]。
（86）南海經濟魚[i]，丁三線立池[i]。
（87）蟛蜞上樹[i]，潮水跟住[i]。
（88）撈魚有個竅[iu]，抓住落山照[iu]。
（89）太陽笑[iu]，淋破廟[iu]。
（90）太陽笑[iu]，是雨兆[iu]。
（91）水頭魚多，水尾魚少[iu]，不如沓潮[iu]，魚無大小[iu]。
（92）東方斷虹現[in]，颱風就來見[in]。
（93）難仔岑閃電[in]，水淋面[in]。
（94）魚鱗天[in]，不雨也風顛[in]。
（95）天上灰布點[in]，細雨定連綿[in]。
（96）南風壯而順，北風烈而嚴[in]；
南風多間歇，北風少罕斷[in]。
（97）日落風忽現[in]，不久颱風見[in]。
（98）潮流亂[in]，風可算[in]。
（99）魚蝦翻水面[in]，大雨得浸田[in]。
（100）朝霧延[in]，雨綿綿[in]。
（101）日落烏雲接[it]，風雨不可說[it]。
（102）日落黑雲接[it]，風雨定猛烈[it]。
（103）大寒日熱[it]，牛母死絕[it]。
（104）過得立冬節[it]，個個灣頭好來歇[it]。
（108）紅雲過頂[ɛŋ]，趕快收艇[ɛŋ]。
（106）黑豬過天河[ɔ]，大雨定滂沱[ɔ]。

（107）雲彩吃了火[ɔ]，下雨沒處躲[ɔ]。

（108）烏雲過天河[ɔ]，半夜水呵呵[ɔ]。

（109）水下小魚多[ɔ]，大魚準離窩[ɔ]。

（110）日落海裡雲吃火[ɔ]，明日下雨無處躲[ɔ]。

（111）十月南風多[ɔ]，明年水滿河[ɔ]。

（112）五月東風是個禍[ɔ]，七八東風好駛舵[ɔ]。

（113）若要打魚多[ɔ]，放釣後再拖[ɔ]。

（114）六月北風對時吹，留心颱風跟著來[ɔi]；
六月北風難過午，過午留心颱風災[ɔi]。

（115）豆花開[ɔi]，無風胎[ɔi]。

（116）南閃火門開[ɔi]，北閃有雨來[ɔi]。

（117）水底起青苔[ɔi]，將有大雨來[ɔi]。

（118）紅棉花盡開[ɔi]，大冷不再來[ɔi]。

（119）日暖夜寒[ɔn]，東海底乾[ɔn]。

（120）十月旱[ɔn]，毛蟹斷擔杆[ɔn]。

（121）天氣暖洋洋[ɔŋ]，海豬排成行[ɔŋ]。

（122）清明天色亮[ɔŋ]，河水高三丈[ɔŋ]。

（123）月上潮長[ɔŋ]，月沒潮漲[ɔŋ]。
大汛朝光[ɔŋ]，小汛月上[ɔŋ]。

（124）天口反黃[ɔŋ]，水浸眠床[ɔŋ]。

（125）日落烏雲長[ɔŋ]，半夜聽雨響[ɔŋ]。

（126）火煙筆直上[ɔŋ]，雨水不用想[ɔŋ]。

（127）入雲好撒網[ɔŋ]，出雲好回港[ɔŋ]。

（128）天發黃[ɔŋ]，水過塘[ɔŋ]。

（129）五月初五起南浪[ɔŋ]，魚群漁汛有曬行[ɔŋ]。

（130）夏季無風起長浪[ɔŋ]，必有強風刮一趟[ɔŋ]。

（131）石筍角隆隆響[ɔŋ]，漁船藏[ɔŋ]
（132）風平南流長[ɔŋ]，發風東流強[ɔŋ]。
（133）無風不起浪[ɔŋ]，不久狂風降[ɔŋ]。
（134）冬至月中央[ɔŋ]，無雪又無霜[ɔŋ]。
（135）無風來長浪[ɔŋ]，不久狂風降[ɔŋ]。
（136）夏季無風起長浪[ɔŋ]，必有強風刮一趟[ɔŋ]。
（137）霜降有浪[ɔŋ]，紫菜有望[ɔŋ]。
（138）蠔鑿一響[ɔŋ]，好過去外洋[ɔŋ]。
（139）四月打雷響[ɔŋ]，海魚上得忙[ɔŋ]。
（140）東風掀起海豬浪[ɔŋ]，樣樣魚蝦都喜旺[ɔŋ]，
往往還要撞破網[ɔŋ]。
（141）春分作浪[ɔŋ]，鰄魚少望[ɔŋ]。
（142）三四月晚上[ɔŋ]，南邊看月光[ɔŋ]，鰽白倒滿艙[ɔŋ]。
（143）霜降有浪[ɔŋ]，秋汛大旺[ɔŋ]。
（144）秋風涼[ɔŋ]，駛船出外洋[ɔŋ]。
（145）飛魚汛頭上大洲，汛中迴轉七洲洋[ɔŋ]，
汛尾北追上九十，能保全汛魚滿倉[ɔŋ]。
（146）霜降無浪[ɔŋ]，東帶有望[ɔŋ]。
（147）霜降有浪[ɔŋ]，秋汛大旺[ɔŋ]。
（148）南流南風糠[ɔŋ]，北流清水湯[ɔŋ]。
（149）試水心就亮[ɔŋ]，唔試心就慌[ɔŋ]。
（150）耕田隔條壆[ɔk]，打魚隔條索[ɔk]。
（151）風南魚仔着[ɔk]，風北魚仔籰[ɔk]。
（152）三月南風緊過索[ɔk]，常常風停雨就落[ɔk]。
（153）日落射腳[ɔk]，三天雨落[ɔk]。
（154）二月南風作[ɔk]，不近昌化角[ɔk]。
（155）唔怕你大工惡[ɔk]，最怕是蓮頭蓮尾角[ɔk]。

（156）唔怕大工惡[ɔk]，最怕係大星角[ɔk]。

（157）日月生毛[ou]，大雨嘈嘈[ou]。

（158）七宿報[ou]，十九不來二十準到[ou]。

（159）黎尾報[ou]，廿三不來廿四到[ou]。

（160）螞蟻築防道[ou]，會有大雨到[ou]。

（161）海翻水泡[ou]，雨水將到[ou]。

（162）南風南霧[ou]，池魚浮露[ou]。

（163）一日南風三日報[ou]，三日南風灶[ou]。

（164）二月清明魚似草[ou]，三月清明魚是寶[ou]。

（165）臘月多霧[ou]，海水變醋[ou]。

（166）小漏船不補[ou]，大漏餵魚肚[ou]。

（167）南風吹得早[ou]，漁汛必然好[ou]。

（168）淺水易捕[ou]，深水難撈[ou]。

（169）魚有魚道[ou]，蝦有蝦路[ou]。

（170）南風吹得早[ou]，漁汛必然好[ou]。

（171）清明早[ou]，漁汛好[ou]。

（172）一日南風三日報[ou]，三日南風灶[ou]。

（173）天邊有斷虹[oŋ]，將要來颱風[oŋ]。

（174）三月暖烘烘[oŋ]，曬魚臭山峰[oŋ]。

（175）穀雨吹東風[oŋ]，山空海也空[oŋ]。

（176）立夏東北風[oŋ]，山空海也空[oŋ]。

（177）冬東風[oŋ]，米缸空[oŋ]；冬東風[oŋ]，魚艙空[oŋ]。

（178）穀雨風[oŋ]，山空海也空[oŋ]。

（179）大陽出，東方虹[oŋ]，當天雨重重[oŋ]。

（180）秋冬東南風[oŋ]，雨下必相逢[oŋ]；
春夏西北風[oŋ]，下來雨不從[oŋ]。

（181）朝北夜南五更東[oŋ]，要想落雨一場空[oŋ]。

（182）秋後季風[oŋ]，朝北晚南半夜東[oŋ]。

（183）春夏東南風[oŋ]，不必問天公[oŋ]，
秋冬西北風[oŋ]，天光日色同[oŋ]。

（184）四月初八起東風[oŋ]，今年漁汛就落空[oŋ]。

（185）出北回頭東[oŋ]，餓死大貓公[oŋ]。

（186）魚鑽入蝦籠[oŋ]，將有雨和風[oŋ]。

（187）未吃五月粽[oŋ]，寒衣不好送[oŋ]。

（188）未食裹蒸粽[oŋ]，天氣還會凍[oŋ]。

（189）二十風[oŋ]，山空海也空[oŋ]。

（190）巴浪風[oŋ]，帶魚湧[oŋ]。

（191）春回南風[oŋ]，寒到芒種[oŋ]。

（192）六月北風[oŋ]，高吊船篷[oŋ]。

（193）晝西夜東[oŋ]，曬死蝦公[oŋ]。

（194）東閃日頭紅[oŋ]，西閃雨重重[oŋ]。

（195）天白虹[oŋ]，多有颱風[oŋ]。

（196）東方現短虹[oŋ]，不出三日有大風[oŋ]。

（197）六月發北風[oŋ]，水浸冬學宮[oŋ]。

（198）六月北風[oŋ]，[oŋ]水浸雞籠[oŋ]。

（199）一朝大霧三朝風[oŋ]，三朝大霧冷攣躬[oŋ]。

（200）東北風[oŋ]，雨祖宗[oŋ]。

（201）烏雲攔在東[oŋ]，不雨就是風[oŋ]。

（202）東攝雨重重[oŋ]，南攝長流水，
西攝熱頭紅[oŋ]，北攝晚南風[oŋ]。

（203）東閃雨重重[oŋ]，北閃擺南風[oŋ]；
西閃日頭紅[oŋ]，南閃快入涌[oŋ]。

（204）霜降有湧[oŋ]，立冬有風[oŋ]。

（205）朝北晚南午來東[oŋ]，駛船打漁好流風[oŋ]。

（206）五月東北風[oŋ]，一刮魚走空[oŋ]。

（207）正月二月吹東風[oŋ]，真係賽過活雷公[oŋ]。

（208）東南湧[oŋ]，必有風[oŋ]。

（209）六月西南風[oŋ]，旱死大蝦公[oŋ]。

（210）赤魚喜愛東南風[oŋ]，捕魚最好大東風[oŋ]，
北風吹來一場空[oŋ]。

（211）四月八東風[oŋ]，風吹到芒種[oŋ]。

（212）西南起風[oŋ]，赤魚游空[oŋ]。

（213）北風天陰海水濁[ok]，只有魚頭粥[ok]。

（214）東風驚更鼓[u]，北風畏日牯[u]。

（215）要想早日富[u]，出海下功夫[u]。

漁諺押韻，還有重疊用韻。重複多次用一字作韻腳，重疊用韻，叫作重韻。

（216）六七月閒[an]，漁民閒[an]。

（217）西珠不如東珠[i]，東珠不如南珠[i]。

（218）南風天澇海水清[eŋ]，魚群食水清[eŋ]。

（219）頭水西南四月初[ɔ]，尾水西南七月初[ɔ]。

（220）春分報[ou]，無魚捕[ou]；春分報[ou]，無蝦捕[ou]。

（221）七宿報[ou]，十九不來二十準到[ou]；
黎尾報[ou]，廿三不來廿四到[ou]。

（222）春分若有報[ou]，清明亦有報[ou]。

（223）熱極吹西風[oŋ]，預防翻颱風[oŋ]。

（224）大浪後靜風[oŋ]，一二日內透北風[oŋ]。

（225）冬東風[oŋ]，米缸空[oŋ]；冬東風[oŋ]，魚艙空[oŋ]。

（226）北閃南光，南閃門門[un]；
西閃騎馬走，東閃走無門[un]。

（227）立夏小滿[un]，江河易滿[un]。

（228）一早一晚釣深水[ɵy]，中午時分釣淺水[ɵy]。

（229）雲頭向東走[ɐu]，明朝出南風[oŋ]；
雲頭向西走[ɐu]，明朝出東風[oŋ]。

（230）冷冬至[i]，暖春分[ɐn]；暖冬至[i]，冷春分[ɐn]。

最後兩句的重韻可稱作「隔句重韻」或「交差重韻」或「兩韻隔句重韻」。漁諺押韻用上重韻，可說承傳自《詩經》用法。例如：

《詩經．大雅．瞻卬》
哲失成（城），哲婦傾（城）。（青部）

〈瞻卬〉的「城」是韻部，「城城」便構成重韻。

《詩經．國風．周南．漢廣》
南有喬木，不可休思；
漢有游女，不可求思。
漢之（廣）矣，不可（泳）思；
江之（永）矣，不可（方）思。（陽部）

翹翹錯薪，言刈其楚；
之子于歸，言秣其馬。
漢之（廣）矣，不可（泳）思；
江之（永）矣，不可（方）思。（陽部）
翹翹錯薪，言刈其蔞；

之子于歸，言秣其駒。
漢之（廣）矣，不可（泳）思；
江之（永）矣，不可（方）思。（陽部）

〈漢廣〉三章的陽部是重韻，三次同用上「廣、泳、永、方」之韻。

《詩經．國風．鄘風．相鼠》
相鼠有皮，人而無（儀）；人而無（儀），不死何為。（歌部）
相鼠有齒，人而無（止）；人而無（止），不死何俟。（咍部）
相鼠有體，人而無（禮）；人而無（禮），胡不遄死。（推部）

〈相鼠〉三章是重韻，用上「儀」、「止」、「禮」。

四　句式結構

有單句式、雙句式、三句式、四句式和多句式，以雙句式為主，多句式最少。

（1）單句式
風欄。
清明風。
送年南
東虹風。
海鳥歸來。
春魚如鳥飛。
春分魚頭齊。
中午起風不過日。

（2）雙句式

三月三，黃皮馬鰳隨街擔。

教子教孫，唔望三月豐。

一輪風，一輪魚。

春分帶，次風次魚。

十月南風來報送，港北舅爹趕無鹽。

春過三日魚北上，秋過三日魚南下。

清明過三日，帶魚走到尾直直。

白帶沉穀雨，帶魚牽到死。

（3）三句式

清明晴，江魚仔，掛倒桁。

八月魚頭齊，九月魚正旺，十月小陽春。

夏至逢端午，霜降會重陽，漁汛定會好。

三四月晚上，南邊看月光，鰽白例滿艙。

魚順流，同順流，網走魚也溜。

魚頂流，網順流，兩下一齊湊。

赤魚喜愛東南風，捕魚最好大東風，北風吹來一場空。

行船做海，早看東南，晚望西北。

（4）四句式

水皮冷，春東南，南海霧，日綿綿。

正月北風寒，二月北風旱，三月北風搬田基，
　五六北風起大禍。

冷冬至，暖春分；暖冬至，冷春分。

東閃雨重重，北閃擺南風；西閃日頭紅紅，南閃快入涌。

東攝雨重重，南攝長流水，西攝熱頭紅，北攝晚南風。
早雨晚晴，晚雨難停；早水晚晴，晚水落成。
春寒雨至，冬寒無事；春暖春開，春冷雨來。
雲頭向東走，明朝出南風；雲頭向西走，明朝出東風。
颱風無東南，仍舊作不晴；颱風無西北，作了落不得。

（5）多句式

日落烏雲長，半夜聽雨響。日落烏雲接，風雨不可說。多雲接日頭，夜間雨稠稠。
流水不合，魚不上籮；合風合流，魚蝦成籮，合風合流好拖魚。
正二月，南風吹，自背冷，上升流，春汛旺，魚收穫。
六月北風對時吹，留心颱風跟著來；六月北風難過午，過午留心颱風災；西風不過酉，過酉連夜吼。
晚露即收，晴天可求，霧懷不起，細雨不止，三日霧濛，必現狂風。
正二月，南風吹，自背冷，上升流，春汛旺，魚收穫。
春夏東南風，不必問天公，秋冬西北風，天光日色同；長夏南風輕，舟輕最可行。
九月中，天氣轉，需瀉淺，露高地，日曬塭，水溫升，蝦浮水，裝撈多。挖溝早，操作易，效率高，溝水深，藏蝦多，留幼苗，不受凍，保過冬。

五　音節結構

兩廣海南漁諺以雙句式為主，一般上下對稱，而音節可分成多種。例如：

（1）三音節雙句式

一輪風，一輪魚。

四月八，蝦芒發。

清明來，穀雨去。

四月八，蝦仔發。

四月八，魷魚發。

朝立秋，晚裝油。

快拖魚，慢拖蝦。

一葉簶，二三洲

（2）四音節雙句式

釣魚要忍，拿魚要狠。

一船多具，作業齊備。

淺水易捕，深水難撈。

春雨早來，春魚早到。

朝起打魚，夕落一種。

清明天暗，魚仔會喊。

風南南霧，池魚浮露。

魚看流水，人看時餐。

夜靜水寒，魚不索餌。

（3）五音節雙句式

耕田隔條壆，打魚隔條索。

若要打魚多，放釣後再拖。

火燒海一次，光海就三年。

不怕南風大，只怕刮東風。

春海大霧到，池魚結成堆。

今春雨水多，魚鹽也不多。

三月雨水多，黃花退海快。

三月北風發，凍死魚蝦芒。

（4）六音節雙句式

西珠不如東珠，東珠不如南珠。

（5）七音節雙句式

魚群往往頂浪游，下釣要在風浪口。

今年暑海池仔少，明年春汛定不好。

四月初八起東風，今年漁汛就落空。

冬雨北寒夏西北，一日打魚三日食。

五月初五起南浪，魚群漁汛冇囇行。

打魚遇到颱風到，快速向左上側靠。

颱風遇上潮水漲，沿海海水大滿灌。

三月南風緊過索，常常風停雨就落。

（6）八音節雙句式

三四月南風雨在港，五六月南風雨在洋。

（7）三音節三句式

西南吹，起黃水，冷入骨。

水皮冷，春東南，南海霧。

（8）三音節四句式

春分報，無魚捕；春分報，無蝦捕。

冬東風，米缸空；冬東風，魚艙空。

專風起，魚伏底，北風吊，魚抽基。

（9）四音節三句式

行船做海，早看東南，晚望西北。

晚間風大，白天變小，天將雨到。

（10）四音節四句式

早雨昨晴，晚雨難停；早水晚晴，晚水落成。

晨霧照清，可望天晴；霧收不起，細雨不已。

（11）五音節四句式

大潮來颱風，水位一定高；大潮無風暴，水位不會高。

雲頭向東走，明朝出南風；雲頭向西走，明朝出東風。

（12）七音節三句式

赤魚喜愛東南風，捕魚最好大東風，北風吹來一場空。

（13）參差多音節雙句式。

三月三，鱸魚上沙灘。

三月三，黃皮馬鰭隨街擔。

西南起大，韻蝦死。

六七月閒，漁民閒。

清明過三日，帶魚走到尾直直。

秋風涼，駛船出外洋。

稻尾變赤，魚蝦爬上壁。

西南起，大親蝦死。

清明暗，江水不到岸。

包帆包帆，早北晚東南。

清明暗淡，窪地也乾旱。

十月旱，毛蟹斷擔杆。

有吃冇吃，睇十一月廿七。

池水面跳，會有大風到。

十一二風咚浪咚，魚蝦入坑。

西南水濃餐，食流飽落。

十月堀，一日好幾出。

蠔鑿一響，好過去外洋。

過得立冬節，個個灣頭好來歇。

流風流水，未有風先行流。

六月東風不過午，過午必颱風。

（14）參差多音節三句式

深水魚難釣，淺水魚太小，不深不淺放釣好。

魚頂流，網順流，兩下一齊湊。

魚順流，同順流，網走魚也溜。

搶風頭，追風尾，網網魚蝦捉不起。

海水發臭，海冒氣泡，颱風不出一二天。

九月初三，十月初四，田頭唔崩好做戲。

十一茶，十二飯，十三十四吃晚飯。

十一行，十二走，十三十四大潮流。

早吹一，晚吹七，半夜吹來二三日。

東風叫，西吼應，颱風來到鼻粱根。

紅雲過頂，趕快收船，有颱風。

電光閃，雷聲到，大雨咆哮。

四月東風好載油，五月東風禍，六月東風毒過蛇。

早透一，晚透七，半夜透風唔過日。

六月初一，一雷鎮颱，颱風跟雷來。

（15）參差多音節四句式

正月北風寒，二月北風早，三月北風搬田基，
　五六北風起大禍。

春霧乾，秋霧暖，冬霧雪，夏霧走唔及。

在語言結構上，大都是雙句式為主，包括參差多音節雙句式。

從這裡可以看出，漁諺在音節要求上並不很嚴格，可以是整齊的，也可以是多少不一的，跟流行於民間的陸上諺語相同。從參差多音節角度看，漁諺表現還屬於純樸、質樸、通俗、清新的語言，這一點與漁民是文盲有密切關係。再者，漁諺具有短小精悍，節奏感強，主體是整齊為主，但卻不死板，可以同時是參差多音節的特點。當然，對於押韻，漁民們也是懂的，雖不是詩歌，但超過半數以上漁諺還能進行押韻。有隔句押韻，也有句句押韻，也有用上重韻。

第二節　文化內蘊

一　信仰

（一）海龍王

南海漁諺反映出漁民有信奉海龍王，但是他們對海龍王的信仰不及舟山漁民之狂熱。

海龍王信仰是舟山漁民的主要信仰之一，兩廣海南則不然。舟山方言大量使用「龍詞龍語」，如把漁船敬稱為「木龍」，漁網稱「龍衣」，起網、拉網時喊「龍號」，以致漁民穿「龍褲」、「龍襪」、「龍靴」、「龍蒲鞋」、「龍巾」等。舟山漁諺裡也有直接使用「龍詞龍語」的「龍諺」。如「三月三，龍王宮裡龍門開，鯉魚跳過白沙灘」、「六月六，曬龍衣」。[5] 珠三角的漁民把漁船船頭稱作「龍頭」，[6]漁船底部

5　徐波、張義浩：〈舟山群島漁諺的語言特色與文化內涵〉，《寧波大學學報（人文科學版）》第14卷第1期（2001年3月），頁29。

6　徐川：《石排灣的漁業》（2001年5月，未刊報告），頁36。筆者是這一篇報告指導老師。

稱「龍骨」，[7] 而廣州沙南蜑民的信仰神祇在船尾安奉護舟龍神。[8] 明代鄺露《赤雅》卷上記載：「蜑人神宮，畫蛇以祭，自云龍種，浮家泛宅，或住水滸，或住水欄，捕魚而食，不事耕種，不與土人通婚，能辨水色，知龍所在，自稱龍人，籍稱龍戶，莫登庸其產也。」[9] 屈大均《廣東新語》卷十八〈舟語・蜑家艇〉：「諸蜑以艇為家，是曰蜑家。……昔時稱為龍戶者，以其入水，輒繡面文身，以象蛟龍之子，行水中三四十里，不遭物害，今止名曰獺家。」[10] 顧炎武《天下郡國利病書・廣東八》引《潮州志》：「潮州蜑人有姓麥、濮、吳、蘇，自古以南蠻，為蛇種，觀其蜑家，神宮蛇象可見，世世以舟為居，無土著。」[11]又陸次雲《峒溪纖志》：「蜑人以舟為宅，瀕海而居，其人目皆青碧，皆辨水色知龍所在，引繩入水，採螺蚌以為業。能伏水三日，手持利刀以拒蛟螭。又曰龍戶，又曰崑崙奴，其人皆蛇種，故祭祀皆祭蛇神。」[12]這是交代了南越一帶的水上人與龍的關係。

漁諺裡的「龍詞龍語」如「早北晏南晚來東，風變攪暈海龍王」（海豐）、「七月初一有雷抱囝走，八月初一有雷塞龍口」（海豐）、「五月龍教仔」（農曆五月有陣雨，就像老龍王在教小龍怎麼行雲播

7 馮國強：《珠三角水上族群的語言承傳和文化變遷》（臺北市：萬卷樓圖書公司，2015年），頁293。

8 伍銳麟：〈沙南蜑民調查報告〉，《嶺南學報》第三卷第一期（廣州市：嶺南大學，1934年），頁139。

9 （明）鄺露：《赤雅》（北京市：中華書局，1985年）卷上，頁14。

10 （明遺民）屈大均：〈魚語・魚〉，《廣東新語》卷二十二，（北京市：北京愛如生數字化技術研究中心據（清）康熙庚辰三十九年〔1700〕水天閣刻本影印，2009年）頁11上下。

11 （清）顧炎武：〈廣東八・雜蠻〉，《天下郡國利病書》（圖書集成局據光緒27年仲秋二林齋藏板鉛印），卷一〇四，頁24上下。

12 （清）陸次雲：〈蜑人〉，《峒溪纖志》（叢書集成本）（上海市：商務印書館據問影樓影本排印，民國廿八年），上卷，頁9。

雨一樣)。香港粉嶺南涌天后宮廟內供奉天后娘娘外,也供奉觀音及海神龍王等。南涌還有海龍王廟,供奉了天后外,還供奉西海龍王、東海龍王、南海龍王、北海龍王、鎮海龍王。此外,珠三角漁民也信奉龍母。香港漁民多信奉洪聖爺、天后,部分是信天主教和基督教。

廣西梧州龍母廟

廣東梧州有龍母廟,香港坪洲也有一間,最大規模的是肇慶悅城龍母廟。至於廣西方面,北海漁民也重視龍母,在農曆五月十六到十八日,會舉辦龍母誕來酬神。北海水上人還視龍母是四海龍王的母親。因此,每逢誕期,水上人家家家戶戶會捐資辦誕。

每逢誕期,外沙(北海市的地名)龍母廟便人聲鼎沸,十分熱鬧。北海水上人自稱龍戶,對漁船稱作龍舟,所唱的歌叫龍舟歌。[13]

---

13 黃妙秋:《海韻飄謠——廣西北海鹹水歌研究》(北京市:大眾文藝出版社,2004年5月),頁25-29。

廣西海市外沙龍母廟
（南寧師範大學音樂舞蹈學院院長黃妙秋教授提供）

（二）天后

「三月外水，拖順西南」。（陽江市）陽江閘坡漁民認為三月廿三是娘媽誕，風向定轉南的特點，便會把船拖到外水漁場，順風順流直拖而上，往往都能滿載而歸，故有「三月外水，拖順西南」、「三月外水拖西南」之說。

(三) 董公真仙、觀音、彭公、司命公、婆囝、潮水神等

漁諺有「有吃冇吃，睇十一月廿七」。(陽江閘坡）十一月二十七日是菩薩誕（董公真仙聖誕），如果當天天氣不冷，陽光明媚，則過年後漁業、農業都能風調雨順，自然漁民、農民也能有飯吃。所以這一條漁諺間接反映閘坡漁民還有別的小眾信仰的神靈。

「六月三個厄，七月三個節」。(海陸豐）這一條漁諺是說「三個厄」是指曆六月初六，這天稱作荔枝厄；第二個厄是六月二是彭公忌；第三個厄是六月十九日的觀音厄，因為傳說這天琵琶精要加害觀音。這三個厄都會產生颱風。「三個節」是指七月初七婆生節（七夕）；第二個節是祭孤節（鬼節）、第三個節是司命公（灶神）的生日。這三個節都會產生颱風或發生風暴雨。這條漁諺反映海陸豐漁民還會信彭公、觀音、司命公等。

上川島則有「六月十二彭祖忌」，是說這段時間會有颱風，且將快到，大家要做好防颱風的準備。從上川島這一條漁諺便知道當地漁民是信仰彭祖的。

「七月初七婆囝生，新出那哥甜過蝦」(揭西、潮州)。「婆囝生」，農曆七月初七是潮州人的「公婆母」(小孩保護神、也稱床婆神。潮陽尊稱「公婆母」為「床腳婆」，揭陽則尊稱祂為「公婆母」，汕頭尊稱「公婆母」為「注生公媽」，海豐人卻沒有這個信仰）生日；「那哥」，長蛇鯔魚。農曆七月初七前後盛產賴哥魚，味道最美。從這一條漁諺便可以知道粵東揭西、潮州一帶水上人會信奉「婆囝」。

「九月初三，十月初四，田頭唔崩好做戲」(海陸豐縣、惠來、福建)。這一條漁諺反映出潮汕、惠來一帶閩語漁民會信仰潮水神的「水父水母」，這兩個日子也是潮水神的誕辰。每年農曆九月初三和十月初四，潮汐比其他的大潮期漲的時間更長，水位更高。潮汕人在

這兩個潮水暴漲之時，便準備三牲粿品到河、海岸邊拜「水父水母」。惠來縣沿海民諺說：「九月初三，十月初四，鹽埕不浸，殺豬演戲。」鹽埕指曬鹽的海岸。福建漳州也有這一漁諺，稱「九月初三，十月初四，堤好未崩，殺豬請戲」，意思跟「九月初三，十月初四，田頭唔崩好做戲」完全一致。

粵東、粵面、珠海一帶漁民有當地特色小眾神靈信仰外，其核心信仰是洪聖爺和天后。

二　禁忌

禁忌是根植於中華文化土壤之中，充滿民間的意蘊。禁忌是一種特殊的民俗事象，是人們懾於大自然的威力而採取的避禍免災的消極手段。水族有許多關於生產、生活及其他方面的禁忌：禁忌的目的是通過約定俗成的禁規來規範、約束人們的行為，避免災禍的發生，以維護生產、生活以及社會倫理道德的正常秩序。禁忌屬於一種迷信徵兆的行為，人們相信一旦觸犯禁忌，會帶來不吉，不但於己不利，嚴重的甚至還會影響到全家族或全村寨的共同利益。因而沒有人會明知故犯，以防引起眾怒公憤罪責難逃。[14] 杭州富陽人據傳各路大神掌管著農業生產中各個環節的大權，人們一旦冒犯了祂們，就要遭災，或鬧頭不順，或身體不適。於是，農民對各路大神敬而畏之。人們對農活中的禁忌，不僅自己自覺遵守，還要別人也不得違反。幹農活有一定的講究，某些農活在某些特定的日子裡是不能做的，如挑糞、動土等。每逢農曆初一、十五，忌幹施糞之類的髒活，因初一、十五是民間點香拜佛的日子，神佛要享受人間香火、供品，挑糞便是對神佛的

14 羅春寒：《水族風俗志》（上海市：上海錦繡文章出版社，2016年1月），頁111。

不尊。[15]這便是農民方面，其實，漁民也市如此的。

漁民方面，認為出海前不能講不吉利的話，不能在船頭及下網的船邊撒尿。見過死人或到過喪家的人，應經法師念咒淨穢後方可上船。禁忌是對理智的一種抗命，是一種嚴重對事物的偏見，也是對一些事物的一種執著的迷惘，但又不知道其究竟，卻用上無科學根據的眼光來對待。漁民也有生產禁忌，一直在漁民中流傳，就是對海豚有恐懼心理的看法。例如：

（1）黑豬、白豬嬉，見到不大利（海豐縣）

海豐一帶漁民稱海豚為黑豬和白豬，他們認為見到海豚是不吉利的，這種看法與珠江漁民和粵西漁民的看法相同，原因有二：一則，海豚聰明，會跟住漁船，等待偷食漏網之魚；二則是老漁民認為海豚的出現，是海面風高浪急的先兆。所以海豐一帶漁民稱「見到不大利」，心裡上不能釋懷的原因，方有這顧忌。

（2）烏忌、白忌，唔見大吉大利（粵西海區）

以「烏忌」、「白忌」稱呼海豚，是粵西海區漁民叫的。老一輩的漁民都認為遇見海豚是不吉利的兆頭，粵西和珠江口一帶漁民稱之「唔見大吉大利」。

粵東如此，粵西如此，中間的珠江一帶、珠三角漁民對海豚也是這樣子看待的，認為在生產作業時碰上，是沒好運的暗示，是很不吉利。香港漁民也是如此，沒有分別。

---

15 周亦濤主編；陳志榮編著：《杭州市富陽區非物質文化遺產大觀（民俗卷）》（杭州：浙江文藝出版社，2016年1月），頁184。

三　漁民生計寫照

漁諺裡有不少關於漁民生計問題。從木帆年代的漁諺看，水上人的生活是艱苦的，受氣象影響最大，因此總是吃不飽的。

（1）三月打魚，四月閒，五月推艇上沙灘（珠江口）

這一條漁諺是反映木船年代打魚之苦，只在漁汛期方能進行生產，過了漁汛期就是推艇上沙灘休憩。

三月是漁汛期，漁民總要努力打魚賺錢，積穀防飢。魚兒產卵後，雌魚便體瘦，沒有市場價值。過了這個旺汛，海裡便沒有肥美的魚可捕撈，這時一般剛好是四月了，漁民在四月期間把魚網來曬。五月時還是要把艇推上沙灘休憩，是因為之後的端午前後一段時間都要下大雨，漲端陽水，水一旦混沌了，魚眼看不清時，魚就會游到深水處。在那個木帆漁船年代的龍舟水期，不少漁船是出不了大海，因此漁民索性把漁艇推上沙灘休憩。

這一條漁諺反映出那個丈八長的小木漁船的打魚年代的生活苦況。

（2）西南起大，親蝦死（北部灣）

這一條漁諺反映漁民之無奈，當北部灣在五、六月吹起西南風，這就是颱風期，剛巧，這時幼蝦退海時也正好是五、六月分，與幼蝦一起退海時的親蝦也受不了大風大浪而大量死亡。漁民的生計便因失去蝦汛而大受影響。

（3）六七月閒漁民閒（台山下川島）

大海的魚，是按著一定時間洄游。每年三、四、五月多數魚洄游淺灘產卵，是盛產魚貨的季節。到了六、七月，由於受西南流水影響，魚浮頭不成群，而幼苗尚未長大，因此，有「六七月閒漁民閒」，造成這兩個月無收入。

（4）死五、絕六、無救七（粵東沿海）

廣東省粵東漁場傳統的延繩釣作業，五月進入淡季，六月更淡，七月無魚可捕。從這一條漁諺可見這幾個月海裡魚類少，捕撈困難，漁民生計無著落。

（5）半年辛苦半年閒，照完魚仔船泊灣（台山縣上川島、珠海）

這條漁諺，珠海漁民稱「半年辛苦半年閒，七月推船上沙灘」。

「半年辛苦半年閒」，形容農業生產情況，一般農村農民除了農業生產外，農民家庭一般還從事少量副業，如養雞等，另外，還要抽時間放牛。農民在農閒時還會上山砍柴，自己養牛、割草、養鴨、養豬，還可以做手藝或挑擔做生意，這是寫出有苦有樂的莊稼漢。以上是指北方的一年一熟現象，方出現半年閒，南方會有兩熟甚至三熟。山區的土家族人在入冬之後，就由「管山」而去「趕山」、「攆肉」，漢語稱為「打獵」。但是，漁民是沒有田地，也沒有山頭可讓其打獵，只能照完魚仔後把漁船在灘邊泊灣等待明年的漁汛期的來臨。七月是鬼節有關，漁民是不敢到海邊照魚，因此七月便開始休息。

這條漁諺反映出木帆漁船年代的漁業生產是季節性強的行業，一般工作集中在春汛和夏汛，所以在漁汛期間要努力打魚，要積穀防飢。

（6）冬雨北寒夏西北，一日打魚三日食（汕頭地區沿海）

每年農曆九、十月北方寒流南下，又刮西北風，海洋天氣差，夏天遇上西北季風和雷陣雨，那麼這兩個季風便會導致汕頭地區漁民捕撈收穫不理想了。那時候的漁民只能看天捕魚，經常是捕撈一天停幾天。這就是漁諺上說的一天打魚，三天就曬網，沒得吃，還要苦苦堅持三天吃不飽狀態。

（7）冬東風，魚艙空（粵東沿海）

「冬東風，魚艙空」指海洋捕撈遇上東風，就會破壞了漁汛期，影響漁獲量，因東風風勢是特大的。若然再遇上冬天，勢必更加寒冷，影響漁獲量，故「魚艙空」，生計大受影響。

（8）寒潮強風多，有魚也難撈（海豐縣）

「寒潮強風多，有魚也難撈」與「冬東風，魚艙空」相同意思。指在冬天時遇上東風的強風，海上大浪，有魚也難撈，造成「冬東風，魚艙空」現象。

從以上幾條漁諺，足見舊式木帆漁船年代的漁民打魚，一般約有半年空閒，除了與西南風有關，也與颱風有關，最大問題是漁汛結束，就會出現手停口停現象，足以說明當漁民比當農民生活還要更苦。再者，秋汛的後期（11-12月，亦稱冬汛），隨著北方冷空氣頻頻南下和強風的影響，海面風浪較大，許多淺海小漁船和抗風能力較弱的拖網船一般都減少出海生產，有的轉入修船補網，準備迎接來年春汛。

（9）四月初八起東風，今年漁汛就落空（珠江口）

就是說東風風勢是特大的，即使是魚蝦春汛期，因風大，所有魚蝦未能接近岸邊產卵繁殖，就是這個原因，便構成不利於捕撈，捕不成魚蝦機會很大，所以漁諺說成「漁汛就落空」。足見漁民生計好壞與氣象有密切關係。

（10）五月初五起南浪，魚群漁汛冇曬行（珠江口）

每逢端午時，珠江口總會起南風，風吹得很急，所以會引起大浪，漁民便稱作「五月初五起南浪」，大浪會讓海洋餌料多隨浪而漂流到別處，整得海面餌料便不多。此時還是汛期，魚群洄游到南方索餌育肥和產卵或者在外海洄游到近岸育肥和產卵，但漁場卻因「南浪」導致少餌料，讓魚群也因不能進行索餌料而無法產卵期前進食，所以便出現漁汛失效，故珠江口漁民稱「魚群漁汛冇曬行」。因此，壞氣象對漁民生計有莫大影響，現在遇上了「五月初五起南浪」，漁民又要吃穀種了。

（11）清流一把水，海底無魚游。（珠江口）

清流是漁民分析和觀測到無浮游生物棲息的海區，因而往往餌料缺乏，魚不能在此集群索餌，於是漁汛會不會出現，若然要捕撈也不會有好漁獲，生計便無著落了。

（12）五月苦水，魚群散海。（海南島昌化港）

五月時，海南一帶海水鹽度較大（苦水），不利於魚群生存，魚群便分散於外海以外低鹽水系，漁民捕撈作業便出現淡季，漁獲量少。除非是一些魚類對海水鹽度有耐受性，否則相對低鹽的環境方有利於魚的生長。以南海北部陸架區魚類為例，在水深四十米以淺海海域，通常分布著一些適應於低鹽生境的魚種，如海鯰，鰳魚、四指馬鯃、中華青鱗魚、鰳魚、七絲鱭、棘頭梅童、康馬氏鯃、狼鰕虎魚、大黃魚等，上述魚類的分布範圍較窄，通常出現在河口、海灣及島礁一帶，這一類的魚群就會在「五月苦水」下，「魚群散海」了，不利於漁民生計。

（13）五月東風是個禍（海、陸豐縣）

這條漁諺是指農曆五月如刮起東北風，便捕不到魚，故南澳那邊有漁諺稱「五月東北風，一刮魚走空」，意思是一致的。那麼這個五月東風氣象又打擊漁民的生計，漁民只能徒呼無奈。

（14）不怕九降做，只怕立冬湧（海、陸豐縣）

這句漁諺也有說成「不怕九降做，只怕立冬「梭」」（『梭』，指海上風浪）。霜降前後，海中起風浪，稱作為「九降」，可以起翻耕作用，把海底的有機物質和腐蝕質翻上來，能吸引魚類前來索食。而且，海底經過翻動後，會恢復平坦，有利拖網作業。所以說，「不怕九降做」，但是立冬期間若還繼續大風浪，就會影響秋汛生產。並且使進場的魚類因風浪的翻弄而提早離開漁場。因此說，「只怕立冬梭」、「只怕立冬湧」。漁民生計與農民一樣面對自然氣象，生產收成不到位就會直接影響生計，無錢生活便要借高利貸度日。

（15）冬東風，米缸空；冬東風，魚艙空（粵東沿海）

冬季冷空氣勢力強大，經常吹北風，靜止鋒遠在南海海面上，雨也下在南海海面上。如果這時吹起東風來，大陸上的高氣壓減弱東移了，靜止鋒也就可以北移到沿海。因而，粵東地區天氣會普遍轉壞，在一定程度會影響冬汛收成，漁民生活全是望天打卦的。「冬東風，魚艙空」指海洋捕撈遇上東風，就破壞了漁汛期，影響漁獲量，因東風風勢是特大的。若然再遇上冬天，勢會更寒冷，影響漁獲量，故「魚艙空」。在南海的漁諺裡，常提及東風，因東風會破壞漁汛，影響漁民生計。

（16）天怕暗，海怕靚（海南島）

「靚」是指海平如鏡的海況，過去舊式的風帆漁船怕暴風與無風天氣。若然是機動漁船，暴雨與無風氣象下，一樣可以駕駛出海生產。但是，在木帆漁船年代，暴風與無風，也直接打擊漁民生計。

（17）捕到魚兒腹中空，海裡無餌不停留（汕頭地區）

漁民捕魚捕得腰已酸，手也腫，捕得了魚時，人卻是未吃飯充饑，腹還是空空的，而魚兒也見海裡無魚餌料，大部分魚兒不會停留下來，因此，漁民雖然忙了一整天，可惜魚兒捕得不滿筐，就釀成漁民們生計落空和拮据。

（18）雷拍秋，淺海十足收，拖風百日憂（海豐）

若然在立秋之日響起雷聲，預示這一年的秋汛期間風力不會大，那麼淺海的刺網作業沒有問題，會出現好的漁獲。但是，對於靠風力推進的老年舊式木拖漁船作業便是極之不利，這一批漁民就會產生憂慮百日生計問題。

（19）西南起風，赤魚游空（台山）

台山一帶的西南風，《東海區海洋站海洋水文氣候志》之〈台山海洋站〉一節裡指出夏季時，台山的波型以風浪為主，風向為南至西南風的情況下，當風力二至六級時，均以二級波高最多；風力七至八級時，以三級波高最多。台山夏季以西南風為主，頻率百分之三十七。

游空就是指魚沉底或者游到深水處，就是因起了西南大風，引起大浪，會讓天氣悶熱，水中缺氧，水也會混濁，影響餌料，再者大風導致水溫層破壞，赤魚群便逸散整個水體，不宜在淺岸一帶產卵，赤魚沉底和游到深水，便使得整個海面的赤魚全是空的，《漁業資源與漁場》甚至還稱之為漁汛將告結束。氣候風情的變化，就是導致魚群游空現象的成因。廣西北海和合浦也有與此相關的漁諺，其稱之「赤魚怕西南」。所以氣象影響漁民生計很大，他們是處於聽天由命。

（20）赤魚喜愛東南風，捕魚最好大東風，北風吹來一場空（台山縣）

是說對赤魚進行圍網時，宜在吹東南風時進行；也可以在吹大東風時進行圍網；若然出現北風，會引起大浪，水也混濁，影響餌料，同時導致水溫層破壞，赤魚便會沉底和游到深水處，當整個海面的赤魚全是空的，漁民就不能進行圍網。所以「北風吹來一場空」，這個氣象會直接影響漁民生計。

（21）南風天澇海水清，魚群食水清；北風天陰海水濁，只有魚頭粥（珠江口）

吹起南風時，又遇上大雨，那麼漁場的海洋餌料便少了，是餌料隨水漂到別處去，魚群也因無餌料可進食便不到來，漁民就不好進行捕撈；北風起時，加上天陰，海水混濁，也不好捕撈，漁民只能吃魚頭充饑，故稱「只有魚頭粥」，寓意能捕撈起的魚不多。

（22）搶風頭，追風尾，網網魚蝦捉不起（海南儋縣）

一般在風暴之前，魚群比較集中，例如大黃魚喜歡生活在急流水裡邊。大風到來之前，海面水流一般比較急，這時候大黃魚就集中上游，所以搶風頭下網就能捕到大黃魚。又如黑魚，當牠們從南方向北方游動的時候，一旦碰到礁石或者海藻就會停留下來，直到等刮起大風才又繼續向北方游去，所以刮大風之前是圍捕黑魚的良好時機。「追風尾」是指颱風快將過去，海面上風浪減弱，馬上出海作短暫的生產。「網網魚蝦捉不起」是指網網魚蝦提不起的意思。大風來臨之前和大風浪過後，往往可獲高產。這條漁諺就是這個道理。漁民為了獲取高產，便會利用大風期間奪取漁業生產的豐收。這裡可以看到漁民的討海生涯危險性極大，隨時喪命於大海中，但為了生活和對未來美好生活的期盼，他們總會堅忍不拔，勇往直前。這種不畏艱險，置生死於度外的拚搏精神，在這條漁諺便能體現出來。

（23）春分報，無魚捕；春分報，無蝦捕（粵東沿海）

「春分報」，是指春分時遇上大風雨。春分時，就是春汛期（1-5月分），是多種魚類洄游到沿岸漁場進行覓食育肥和找尋產卵場所的主要季節，成為各種作業捕撈的旺汛期，所以有漁諺稱「春分魚頭齊」。就是這個原因，春分時，魚類開始上浮，魚比較集中，容易捉到，但是若然在春季雨不歇，天空要打雷閃電，便會下起大風雨，溫度將發生變化，捕魚難度大，所以漁諺說「無魚捕」、「無蝦捕」。由此可見，氣象的變化足以完全影響漁民的生計。

（24）春分帶，次風次魚（汕頭地區沿海）

春分帶，就是指到了春分時是帶魚汛期，指帶魚發情期。帶魚洄游到汕頭漁場一帶進行產卵，引來了漁民成群出發來捕撈。WS方向的風對漁船停泊及船舶作業最不利，但其風力較弱，一般在四級以下。四至五級風便是常風，「次風」就是指四級以下的風。「次魚」，指捕撈牙帶魚時，東北風浪大、魚掛在網上時間稍長點就會受摩擦或卷網，魚身肯定受損嚴重，這些魚就不完整，變成次等魚。郝玉美、張琴進一步稱魚的眼球下陷，皮色灰暗，無光澤；體表有污物；肛門突出；魚體不完整；膽囊破裂，這些捕撈出來的魚便是「次魚」。「春分帶，次風次魚」這條漁諺的意思是在春分期間到汕頭地區進行產卵的帶魚，由於在這漁場遇上次風時，漁民捕撈出來的帶魚便會出現次魚，這點足以說明風力對於捕撈出來的帶魚魚體有嚴重性的破壞。這些次魚，在市場上是賣不出好價錢，漁民便像白幹一天一樣，這個次風是會直接打擊漁民的生計，漁民只能處於完全無奈情況。

（25）四東北吼，蓮網山狗（海豐）

「蓮網」是指刺網；「蓮山狗」是一個比喻，喻無魚可捕撈。這一漁諺是說在農曆的四月，若然是刮起了東北風，那麼預示海豐的淺海的漁汛會很差，對漁業生意極為不利。

（26）春分作浪，鰔魚少望（惠陽縣澳頭港）

每年的春分和秋分，也就是農曆的三月和八月，太陽、月球的位置相對更接近於一條直線。此時，合成的引潮力在一年中是最大的，所以，春秋分朔望日前後容易形成特大潮。春分期就是魚蝦的春汛期，「春分作浪」就是指春分時，整個海洋都會產生一個特大的潮，海浪特大。魚蝦未能接近岸邊產卵繁殖，就是這個原因，便構成不利於捕撈，捕不成魚蝦機會很大。由此可知，颱風、季候風、寒潮、寒風足以影響漁民收入外，大潮也能影響漁民的生產。

（27）元宵睇燈帶（潮汕）

此漁諺是說舉凡有豐富打魚的漁民，能夠在正月半的元宵節那天晚上，只須觀察天象的星星，就能知道今年的帶魚漁汛的漁獲量好與壞程度。由此可見，漁民的生產好與壞，豐收或歉收，完全與天有關，導致漁民要望天打卦，氣象影響漁獲實在太大。

（28）立夏東北風，山空海也空（汕尾市）

若然在立夏之日刮東北風來，那麼，便是預兆會天旱，海中漁汛也差。於此足見東北季風足以影響漁汛，導致魚類離開漁場，因而「海也空」。

（29）四月初八起東風，今年漁汛就落空（珠江口）

這條漁諺跟「穀雨風，山空海也空」（華南）、「穀雨吹東風，山空海也空」（南澳）、「不怕西南風大，只怕刮東風」（海南）意思一致。就是說東風風勢是特大的，即使是魚蝦春汛期，因風大，所有魚蝦未能接近岸邊產卵繁殖，就是這個原因，便構成不利於捕撈，捕不成魚蝦機會很大，所以漁諺說成「山空海也空」。舉凡海上起東北風、東風，便能導致「海也空」，漁民生計便有很大問題。

（30）穀雨風，山空海也空（華南沿海）

穀雨是指農曆三月中，這時候整個海洋總是刮起東風，所以海南省那邊有一條漁諺說「不怕西南風大，只怕刮東風」，廣東南澳縣有一條漁諺稱「穀雨吹東風，山空海也空」，珠江口一帶漁民有「四月初八起東風，今年漁汛就落空」這樣子漁諺。原因是東風風勢是特大的，即使是魚蝦春汛期，因風大，所以魚蝦未能接近岸邊產卵繁殖，就是這個原因，便構成不利於捕撈，捕不成魚蝦機會很大，所以漁諺說成「山空海也空」。東風不單影響魚汛、影響蝦汛，也接影響漁民生計。

（31）今春雨水多，魚鹽也不多（汕尾市）

「今春雨水多」是指若然春雨過多，直接會影響水質變化，也直接會影響漁汛出現延遲。春汛延遲，對幼魚繁殖生長和生產極之不利。不單如此，雨水多也會導致魚鹽產出也少。這個因由，也會導致生產不利，影響漁民生計。

（32）六月西南風，旱死大蝦公（惠陽縣）

中國東南沿海地區是亞熱帶海洋氣候，在夏季的時候基本上都是吹東南風，東南風會帶來大量的水汽，形成降雨，沖淡海水的鹽度，而且會有充足的氧氣，適合魚蝦生存。反之，如果西南風會缺少水汽，海水就會鹽度升高和偏缺氧，如果情況嚴重，厭氧的蕨類植物會瘋狂繁殖，變成紅潮，嚴重影響海洋養殖業。所以這一條漁諺說「旱死大蝦公」，就是與紅潮有關。不單海上起東北風、東風，並導致「海也空」，所以紅潮也會導致影響漁民生計。

（33）風南魚仔着，風北魚仔藥（汕頭地區沿海）

「著」，到也，指漁獲收成好；「藥」，指漁獲收成差。「藥」在海豐話中是有毒的意思的，如「哿（給人）藥死」、「呸濡藥死雞」。這漁諺也流行於汕頭沿海地區。當農曆五、六、七月多刮西南風，海水溫暖，魚群即有餌料可吃，魚群即會出現漁場，魚多靠近岸邊；在農曆八、九、十月多刮東北風，水寒冷，餌料變少，魚群便少出現漁場，魚多外游往深處，魚群像被下藥毒殺了一樣，不見魚群蹤影於漁場，漁民收穫更少了。

（34）十一二風咚浪咚，魚蝦入坑（汕頭沿海）

咚，無意義。農曆十一二月如果起風浪，魚蝦自然躲避進坑，漁民捕不到魚。

（35）五月東北風，一刮魚走空（南澳）

農曆五月如刮起東北風，便捕不到魚，故南澳那邊有漁諺稱「五月東北風，一刮魚走空」。

（36）東南湧，無好事（華南沿海）

「東南湧」，乃指有東南海浪。夏季在外海生產，遇上東南海浪，便預兆有強風或颱風到來，要提高警惕做好回港準備。在漁汛期間，應該是好好的進行生產作業，結果海上遇上東南海浪，就是颱風將近，漁船只能回灣頭避風，導致漁民生計出現很大問題。

（37）東北風，雨祖宗（華南沿海）

當低氣壓中心逐漸接近漁船所在的地方時，這裡就會開始吹起東南風，低氣壓繼續朝東北移，不久轉為東風，天就開始下雨；如風向再轉變成東北風，雨就下得更大。因此，只要低氣壓向漁船所在海洋上的地方移動時就要刮起東北風，並且下雨連綿。所以「東北風，雨祖宗」這句話，是有科學根據的。簡言之，夏秋颱風季節，從東南方向來的颱風，它的右前部大多吹東北風，所以東北風是大暴雨的前兆，漁民進行捕撈時要加以留意大暴雨和將會出現颱風。從這裡可見漁民的生計大部分受制於天，漁民又要被迫回河涌、漁港、灣頭避風，因而導致有時一網三食。

從這三十多條漁諺可見影響漁民生計全是氣象有關，吃得好（「三月西南流，食魚唔食頭」〔珠江口〕、「正二月東風逢南流，食魚唔食頭」〔粵西〕）與吃得不好，餓肚皮與飽腹完全是天氣問題，全是一種被動，與勤奮無關。由此可見，不少漁諺反映出漁民的艱苦生計，一切都要聽天由命。

第三節　漁諺語彙的變異

筆者看了一些不同地區收錄的漁諺，發現有些漁諺不單是出現於南海，也同樣出現在福建和浙江，與南海漁民的漁業生產作業的總結竟然是完全相同。如「春過三日魚北上，秋過三日魚南下」，這一條南海漁諺，不只出現於廣東汕頭市南澳一帶，也見於浙江寧波、山東臨清，竟然還出現於內陸的河北市邯鄲市，生產作業總結出的經驗都是完全相同。如「四月初一晴，魚仔上高坪」這條南海漁諺，一般流傳於惠陽、江門、中山，竟然也出現於廣西內陸桂平一條操粵方言的漁村。不單如此，「四月初一晴，魚仔上高坪」這條海洋作業的漁諺，也見於中山五桂山一帶，這裡不接近海洋，是位於中山市的內陸，但這條漁諺卻見於廣東內陸客家地區的龍川，看來江河打魚的生產總結經驗其實都是相同。如「稻尾赤，魚蝦爬上壁」這一條南海漁諺，也見於福建、浙江舟山一帶。如「清明早，來得早，清明遲，來得遲」，不單見於珠海斗門，這條漁諺也見於浙江舟山漁場。如粵東沿海有「死五、絕六、無救七」這條漁諺，而浙江湖州的漁諺則說「死五、絕六，斷命七」，意思也是完全相同。看來沿海、沿江、湖泊或港灣地區的漁民，在長期的漁業生產實踐中，總結出的具有規律性的諺語竟然都是這麼如此接近。

這些漁諺這麼接近，其實與漁民的水流柴特性有關，他們的漁船是可以到處來去自如的，於是隨處聽到不同的生產作業有關的漁諺，可用的，便互相留下來，但經過歲月洗禮，各區按著押韻或別的因素，把得來的漁諺進行了語彙上增加、減少或替換等，當然也有依舊不變的。現在就根據語彙的變異來進行分析這些接近和相似的漁諺。

語彙，是語言中「語」的總彙。這一概念由溫端政在確立《語詞分立》觀點時，作為一個區別於「詞彙」的重要術語提出。其目的在於將成語、諺語、慣用語、歇後語等語言單位從詞彙中突顯出來，作為單獨的研究對象，這一提法引起了學術界的關注。同時，他將「語」的範圍界定為成語、諺語、慣用語和歇後語，而「包括格言在內的名句、專門用語、專名語（也稱「專有名詞」）、複合詞，以及結構上缺乏必要固定性條件的某些習慣性說法，都不屬於『語』」。[16]此文就以漁諺作為研究對象，對其歷時演變過程及其特徵進行分析語彙的形式（即「語形」）和意義（即「語義」），看各語類的變化情況。

從歷時的角度來看，漢語語彙的語形具有兩種變化類型：一是語形從產生至今構成成分或結構關係從未發生變化，一是語形中部分構成成分或結構關係部分在使用中發生變化。[17]由於水上人、漁民從來

16 吳建生、安志偉主編；李中元叢書主編：《漢語語彙的變異與規範研究》（太原市：山西人民出版社，2017年12月），頁169。

17 吳建生、安志偉主編；李中元叢書主編：《漢語語彙的變異與規範研究》（太原市：山西人民出版社，2017年12月），頁171。

被視為最低層人物，所以漁諺難以被收錄於歷代的語面文獻中，所以要通過文獻來分析古今變化是絕對不可能的。但是，幸好還保留於口語中，筆者就根據調查出來時的漁諺與各地相近的漁諺進行比較，看其語形的變異。由於漁諺難以考證哪些是原形的，筆者只能以調查當地漁諺時，第一次提出的作為最原型看待，然後與同一縣鎮和各地區的相近漁諺進行比較分析，否則便不能進行探討。

根據吳建生、安志偉《漢語語彙的變異與規範研究》把語形部分變化型的構語成分變化分成為增加成分、減少成分、替換成分。[18]筆者便根據這三項來分析兩廣南海漁諺，看其變異情況。

（1）三月三，鱸魚上沙灘（珠海市）

在中山，有漁民說成「三月三，魚兒上沙灘」，在浙北一帶，有漁民說成「三月三，鱗魚上岸灘」。

在這一條漁諺，假若珠海市的「三月三，鱸魚上沙灘」的漁諺是原始語形，可以看到語彙的基本意義不變下，語形在歷時演變的過程中某些成分被其他成分所替換。從替換成分來看，把近義的「沙」替換成「岸」。

（2）春分南帶，大暑海蝦（汕頭沿海地區）

這條漁諺，在汕頭還有別的說法，有漁民說成「春分南帶，大暑蝦」。與原始語形「春分南帶，大暑海蝦」比較下，其語彙在基本理性意義不變條件下，語形在其歷時演變的過程中減少了成分。

---

18 吳建生、安志偉主編；李中元叢書主編：《漢語語彙的變異與規範研究》（太原市：山西人民出版社，2017年12月），頁172-174。

（3）四月初一晴，魚仔上高坪（惠陽）

這一條漁諺在江門、中山、龍川、海豐、閩臺一帶、廣西桂平分成演變成「清明晴，魚仔上高坪」、「清明晴，魚仔上溝坪」。

「清明晴，魚仔上高坪」與原始語形的「四月初一晴，魚仔上高坪」比較，「清明晴」其語彙在基本理性意義不變條件下，語形在其歷時演變的過程中減少成分和替換成分，不是單一的演變。「魚仔上溝坪」與原始語形的「魚仔上高坪」比較，由「高」轉成「溝」，是替換成分的演變，而其替換時，不是以同義、近義、類義等形式替換原始語形中的「高」成分。

（4）四月八，蝦芒發（廣西北海）

這條漁諺，北部灣一帶漁民也會說「四月磷蝦發」和「四月八，蝦魴發」。

原始語形的「四月八，蝦芒發」與「四月磷蝦發」比較，其語彙在基本理性意義不變條件下，語形在其歷時演變的過程中出現減少成分和增加成分，不是單一成分改變。

原始語形的「四月八，蝦芒發」與「四月八，蝦魴發」比較，其語彙在基本理性意義不變條件下，語形在其歷時演變的過程中出現替換成分，把「芒」替換成「魴」。

（5）四月八，魷魚發（南澳）

南澳是屬於汕頭，這條漁諺在汕尾則說「四月八，魷魚挨」。原始語形的「四月八，魷魚發」與「四月八，魷魚挨」比較，其語彙在基本理性意義不變條件下，語形在其歷時演變的過程中出現替換成分，把「發」替換近義「挨」成分。

（6）有四月八，無五月節；有五月節，無四月八（南澳）

這一條漁諺，在中山橫門漁民則說「沒有四月八，便有五月節」。原始語形的「有四月八，無五月節；有五月節，無四月八」與「沒有四月八，便有五月節」比較，其語彙在基本理性意義不變條件下，語形在其歷時演變的過程中出現減少「有四月八，無五月節」成分；也出現語彙成分倒置，先行說四月，再說五月；第三是把原始語形的成分「無」，改變成「沒」，把原始語形的成分「有五月節」改變成「便有五月節」，是增加了成分。

（7）稻尾赤，魚蝦爬上壁（惠陽）

汕尾漁民說「六月稻尾赤，魚蝦走上壁」；中山橫門漁民說「稻尾赤，魚蝦爬上壁」；福建惠安縣輞川鎮說「五月稻尾赤，鱟仔會爬壁」；福建漳州雲宵、福建詔安說「稻尾赤，鱟爬壁」；浙江東北部舟山漁民說「六月稻尾赤，鱟仔爬上壁」。

原始語形的「稻尾赤，魚蝦爬上壁」與汕尾「六月稻尾赤，魚蝦走上壁」比較，其語彙在基本理性意義不變條件下，語形在其歷時演變的過程中出現增加「六月」成分和替換「走」的同義成分。

原始語形的「稻尾赤，魚蝦爬上壁」與中山橫門「稻尾赤，魚蝦爬上壁」比較，其語彙在基本理性意義不變條件下，語形在其歷時演變的過程中是從未發生過變化的。

原始語形的「稻尾赤，魚蝦爬上壁」與福建惠安縣輞川鎮「五月稻尾赤，鱟仔會爬壁」比較，其語彙在基本理性意義不變條件下，語形在其歷時演變的過程中出現增加「五月」成分和把「會爬」替換成「爬上」。

原始語形的「稻尾赤，魚蝦爬上壁」與福建漳州雲宵、福建詔安

「稻尾赤，鱟爬壁」比較，其語彙在基本理性意義不變條件下，語形在其歷時演變的過程中出現把類義「魚蝦」替換和減少成為「鱟」。

原始語形的「稻尾赤，魚蝦爬上壁」與浙江東北部舟山「六月稻尾赤，鱟仔爬上壁」比較，其語彙在基本理性意義不變條件下，語形在其歷時演變的過程中出現增加「六月」成分，並且把「魚蝦」替換類義「鱟」成分。

（8）魚有魚道，蝦有蝦路（廣東沿海）

這條漁諺，浙江台州說「蝦有蝦路，蟹有蟹路」；河南內黃縣說「魚有魚路，蝦有蝦路，泥鰍黃鱔各走一路」；浙江吳江「魚有魚路，蝦有蝦路，泥鰍黃鱔一條路」；江西湖口說「魚有魚路，蝦有蝦路」；江蘇則說「魚有魚路，蝦有蝦路，泥鰍黃鱔獨走一路」。

原始語形的「魚有魚道，蝦有蝦路」與浙江台州「蝦有蝦路，蟹有蟹路」比較，其語彙在基本理性意義不變條件下，語形在其歷時演變的過程中出現成分倒置，並且是把類義「道」改變成「路」，把類義「魚」改變成「蟹」。

原始語形的「魚有魚道，蝦有蝦路」與河南內黃縣「魚有魚路，蝦有蝦路，泥鰍黃鱔各走一路」、浙江吳江「魚有魚路，蝦有蝦路，泥鰍黃鱔一條路」江蘇「魚有魚路，蝦有蝦路，泥鰍黃鱔獨走一路」比較，其語彙在基本理性意義不變條件下，語形在其歷時演變的過程中出現把「道」改變成類義「路」成分或不變成分；並且增加「泥鰍黃鱔各走一路」或「泥鰍黃鱔一條路」或「泥鰍黃鱔獨走一路」成分。

原始語形的「魚有魚道，蝦有蝦路」與江西湖口「魚有魚路，蝦有蝦路」比較，其語彙在基本理性意義不變條件下，語形在其歷時演變的過程中出現把類義「道」改變成「路」。

（9）耕田隔條壆，風條索（汕尾）

這條漁諺，也有潮汕漁民說「耕田隔條壆，討海隔條索」。

原始語形的「耕田隔條壆，打魚隔條索」與潮汕「耕田隔條壆，討海隔條索」比較，其語彙在基本理性意義不變條件下，語形在其歷時演變的過程中出現把「打魚」替換成近義「討海」成分。

（10）東風起，魚伏底；北風吊，魚抽基（惠陽）

這條漁諺，部分惠陽老漁民會說「東風起，魚行底；北風吊，魚抽基」。

原始語形的「東風起，魚伏底；北風吊，魚抽基」與惠陽另一些漁民說「東風起，魚行底；北風吊，魚抽基」比較，其語彙在基本理性意義不變條件下，語形在其歷時演變的過程中出現把「伏」替換成近義「行」成分。

（11）三月北風發，凍死魚蝦芒（北部灣）

北部灣也有漁民說成「三月之北風發，凍死蝦芒」。

原始語形的「三月北風發，凍死魚蝦芒」與北部灣另外一些老漁民說成「三月之北風發，凍死蝦芒」比較，其語彙在基本理性意義不變條件下，語形在其歷時演變的過程中出現把「三月北風發」增加「之」的成分；把「凍死魚蝦芒」減少「魚」成分。

（12）九月初三，十月初四，田頭唔崩好做戲（海陸豐）

這條漁諺在廣東潮汕附近的惠來說「九月初三，十月初四，鹽埕不浸，殺豬演戲」；福建漳州「九月初三，十月初四，堤好未崩，殺豬請戲」。

原始語形的「九月初三，十月初四，田頭唔崩好做戲」與惠來「九月初三，十月初四，鹽埕不浸，殺豬演戲」」比較，其語彙在基本理性意義不變條件下，語形在其歷時演變的過程中出現把「田頭唔崩」替換成「鹽埕不浸」成分；把「好做戲」替換和增加成「殺豬請戲」成分。

原始語形的「九月初三，十月初四，田頭唔崩好做戲」與福建漳州「九月初三，十月初四，堤好未崩，殺豬請戲」比較，其語彙在基本理性意義不變條件下，語形在其歷時演變的過程中出現把「田頭唔崩」替換近義的「堤好未崩」成分；而「好做戲」則增加「殺豬」成分；「好做」替換類義的「請」成分。

（13）三月南風緊過索，常常風停雨就落（珠江口）

這條漁諺在廣西防城，當地說「三月南風緊過索，風停雨就落」；潮汕則說「三四南風緊過索，風停雨就落」。

原始語形的「三月南風緊過索，常常風停雨就落」與廣西防城「三月南風緊過索，風停雨就落」比較，其語彙在基本理性意義不變條件下，語形在其歷時演變的過程中出現把「常常」成分減少。

原始語形的「三月南風緊過索，常常風停雨就落」與潮汕「三四南風緊過索，風停雨就落」比較，其語彙在基本理性意義不變條件下，語形在其歷時演變的過程中出現把「三月」替換類義「三四」成分；也把「常常」成分減少。

（14）冬天望山頭，春天望海口（陽江）

陽江漁民也會說「冬望山頭，春望海口」；福建惠安則說「冬天望山頭，春天望海口」。

原始語形的「冬天望山頭，春天望海口」與陽江別的漁民說「冬望山頭，春望海口」比較，其語彙在基本理性意義不變條件下，語形在其歷時演變的過程中出現減少「天」成分。

原始語形的「冬天望山頭，春天望海口」與福建惠安「冬天望山頭，春天望海口」比較，其語彙在基本理性意義不變條件下，語形在其歷時演變的過程從未發生變化。

（15）東閃雨重重，北閃擺南風，西閃日頭紅，南閃快入涌（廣東沿海）

這條漁諺也見於陽江，其語彙在基本理性意義不變條件下，語形在其歷時演變的過程從未發生變化。

原始語形的「東閃雨重重，北閃擺南風，西閃日頭紅，南閃快入涌」與中山民眾鎮漁民說的「東閃雨重重，西閃日頭紅，北閃晚南風，南閃走無功」比較，其語彙在基本理性意義不變條件下，語形在其歷時演變的過程中出現「北閃擺南風」改成「北閃晚南風」，是把「擺」替換「晚」成分；「南閃快入涌」，把「快入涌」替換類義「走無功」成分。而「東閃雨重重」、「西閃日頭紅」則語形在其歷時演變的過程從未發生變化。最後一點，是語形出現倒置。

（16）天北排破帷，三日必透風（粵東沿海）

這條漁諺，粵東的汕頭澄海蓮下鎮則稱「天頂吊破篷，三日必透風」。

原始語形的「天北排破帷，三日必透風」與汕頭澄海蓮下鎮「天頂吊破篷，三日必透風」比較，其語彙在基本理性意義不變條件下，語形在其歷時演變的過程中出現把「北」替換成「頂」成分；把「帷」替換成類義「篷」成分。

（17）一朝大霧三朝風，三朝大霧冷孿躬（華南沿海）

這條漁諺，《南海漁諺拾零》稱華南沿海漁民說「三朝大霧起北風」；中山小欖鎮、惠州市「三朝大霧一朝風」；廣東鶴山「一朝大霧三朝風，三朝大霧冷無窮」；佛山順德、南海區九江鎮「一朝大霧三朝風，三朝大霧冷孿躬」；順德也有漁民說「一朝大霧三朝風，三朝大霧雨重重」；南海「一朝大霧三朝風，三朝大霧搵窿攻」。

原始語形的「一朝大霧三朝風，三朝大霧冷孿躬」與部分華南沿海漁民說「三朝大霧起北風」比較，其語彙在基本理性意義不變條件下，語形在其歷時演變的過程中出現把「一朝大霧三朝風」成分減去，把「冷孿躬」替換成類義「起北風」成分。

原始語形的「一朝大霧三朝風，三朝大霧冷孿躬」與中山小欖鎮、惠州市「三朝大霧一朝風」比較，其語彙在基本理性意義不變條件下，語形在其歷時演變的過程中出現把「一朝大霧三朝風」成分減去，把「冷孿躬」替換類義「一朝風」成分。

原始語形的「一朝大霧三朝風，三朝大霧冷孿躬」，與廣東鶴山「一朝大霧三朝風，三朝大霧冷無窮」比較，其語彙在基本理性意義不變條件下，語形在其歷時演變的過程中出現把「孿躬」替換成類義「無窮」成分。

原始語形的「一朝大霧三朝風，三朝大霧冷孿躬」，與佛山順德、南海區九江鎮「一朝大霧三朝風，三朝大霧冷孿躬」比較，其語彙在基本理性意義不變條件下，語形在其歷時演變的過程中從未發生變化。

原始語形的「一朝大霧三朝風，三朝大霧冷攣躬」，與順德部分漁民說「一朝大霧三朝風，三朝大霧雨重重」比較，其語彙在基本理性意義不變條件下，語形在其歷時演變的過程中出現把「冷攣躬」替換成類義「雨重重」（指下起寒雨）成分。

原始語形的「一朝大霧三朝風，三朝大霧冷攣躬」，與南海「一朝大霧三朝風，三朝大霧搵窿攻」比較，其語彙在基本理性意義不變條件下，語形在其歷時演變的過程中出現把「冷攣躬」替換成同義「搵窿攻」成分。

（18）天口反黃，水浸眠床（惠陽）

這條漁諺，在海豐縣說成「天發黃，水浸眠床」。

原始語形的「天口反黃，水浸眠床」，與海豐「天發黃，水浸眠床」比較，其語彙在基本理性意義不變條件下，語形在其歷時演變的過程中出現把「口」成分減少。

（19）日落射腳，三天落雨。（海南）

這一條漁諺，廣西宜山縣則稱「日落射腳，三天內雨落」。

原始語形的「日落射腳，三天落雨」，與廣西宜山縣「日落射腳，三天內雨落」比較，其語彙在基本理性意義不變條件下，語形在其歷時演變的過程中出現把「落雨」替換成同義「雨落」成分，把「三天落雨」增加成「內」的成分。

（20）天上瓊瓊，龍溝露頂，海響聞見嶺，日頭口閃正，颱風有成
（海南海陵、廣東陽江閘坡）

這條漁諺，陽江也有漁民說成「天上雲瓊瓊，龍高山露頂，海響聞見嶺，日頭閃正頂，颱風有十成」。

原始語形的「天上瓊瓊，龍溝露頂，海響聞見嶺，日頭口閃正，颱風有成」，與陽江「天上雲瓊瓊，龍高山露頂，海響聞見嶺，日頭閃正頂，颱風有十成」比較，其語彙在基本理性意義不變條件下，語形在其歷時演變的過程中出現把「天上瓊瓊，龍溝露頂」增加了「雲」、「山」成分，也把「溝」替換成「高」成分。也把「口閃正」替換成「閃正頂」；把「颱風有成」增加「十」成分。

（21）無風起橫浪（廣東沿海）

這一條漁諺，廣東沿海有不同說法，有說成「無風起草席浪」、「無風現長浪，不久狂風降」、「海出長浪有颱風」，意思也一致的。

原始語形的「無風起橫浪」，與廣東沿海「無風起草席浪」比較，其語彙在基本理性意義不變條件下，語形在其歷時演變的過程中出現把「起橫浪」替換成類義「起草席浪」成分。

原始語形的「無風起橫浪」，與廣東沿海「無風現長浪，不久狂風降」比較，其語彙在基本理性意義不變條件下，語形在其歷時演變的過程中出現把「起橫浪」替換成類義「現長浪」成分，並增加「不久狂風降」成分。

原始語形的「無風起橫浪」，與廣東沿海「海出長浪有颱風」比較，其語彙在基本理性意義不變條件下，語形在其歷時演變的過程中出現把「無風起橫浪」完全徹底替換成「海出長浪有颱風」成分。

（22）鰛魚皮，巴浪底（南澳縣）

這條漁諺，海豐漁民則說「巴浪底，鰛魚皮」。

原始語形的「鰛魚皮，巴浪底」，與海豐「巴浪底，鰛魚皮」比較，其語彙在基本理性意義不變條件下，語形在其歷時演變的過程中出現把「鰛魚皮，巴浪底」倒置成「巴浪底，鰛魚皮」成分。

（23）教子教孫，唔忘三月豐（海南省）

這條漁諺，海南也有漁民說「教子教孫，唔望三月春」。

原始語形的「教子教孫，唔忘三月豐」，與海南另一條漁諺「教子教孫，唔望三月春」比較，其語彙在基本理性意義不變條件下，語形在其歷時演變的過程中出現把「豐」替換成類義「春」成分。

（24）半年辛苦半年閒，照完魚仔船泊灣（台山縣上川島）（珠海）

這條漁諺又見於珠海，那邊說「半年辛苦半年閒，七月推船上沙灘」。

原始語形的「年辛苦半年閒，照完魚仔船泊灣」，與珠海漁諺「半年辛苦半年閒，七月推船上沙灘」比較，其語彙在基本理性意義不變條件下，語形在其歷時演變的過程中出現把「七月推船上沙灘」替換成類義「照完魚仔船泊灣」成分。

在數百條漁諺裡，筆者根據吳建生等《漢語語彙的變異與規範研究》把語形部分變化型的構語成分變化分成為增加成分、減少成分、替換成分時，發現除了以上三者之外，還有倒置成分現象，是吳建生無觸及到。此外，漁諺是活的，不是一定是增加成分、減少成分、替換成分，可以增加成分兼有減少成分；可以是增加成分兼有替換成分；可以是減少成分兼有替換成分。或者，是增加成分兼有倒置成分；也可以是減少成分兼倒置成分；也可以有替換成分兼例置成分。足見漁諺在發展路上，出現許多變異成分。當然，還留下不少是語形從產生至今構成成分或結構關係從未發生變化。

第四章
漁諺的承傳與瀕危現象

第一節　木帆漁船與機動漁船的取替

木帆漁船，在過去數千年是用於漁業捕撈，主要有桅、帆、舵、槳、櫓、碇、繩索等組成。木帆漁船必須借助風力來驅動，而櫓是調整船的方向。順風時，船便好走；偏順風時，需要調整帆的方向；逆風時，漁船就得根據潮水流向走「S」形了。因為木帆漁船要靠風，出行便比較麻煩，風太大，不能出海，風太小，又走不動。機動漁船，是要依靠機械動力來推進漁船。由於風帆的動力完全來源於風，前進時完全憑借風力和潮力，風潮不順時，就無法捕撈。魚汎一刻值千金，風帆漁船既不能迎風而行，又不能逆流前進，魚群洄游，一日數變，因而不能及時追捕魚群，便時常坐失良機。再者，風帆漁船按風性能差，生產和航行很不安全，為了安全安生產，漁民迫切要求對風帆漁船進行改革，因而就出現機動漁船。[1]

關於新科技的取替，最先行出現的是從木帆漁船變成機動漁船和漁輪。以廣東為例。

1　宋偉華、王飛主編；馬家志副主編：《舟山漁業簡史》（北京市：海洋出版社，2016年8月），頁75-76；80。

表一　全省機動漁船情況[2]

年分	機動漁船			漁輪		
	艘	噸	馬力	艘	噸	馬力
1949	—	—	—	—	—	—
1950	—	—	—	—	—	—
1951	—	—	—	—	—	—
1952	—	—	—	—	—	—
1953	4	395	810	—	—	—
1954	10	987	2010	—	—	—
1955	162	2365	5441	—	—	—
1956	574	11163	21870	—	—	—
1957	165	4766	11170	—	—	—
1958	233	6748	16379	—	—	—
1959	314	8113	21647	—	—	—
1960	406	12383	30167	—	—	—
1961	479	14628	39466	—	—	—
1962	592	16447	48565	—	—	—
1963	808	24472	70746	—	—	—
1964	936	28853	84036	—	—	—
1965	1124	31016	95641	—	—	—
1966	1284	36389	109244	—	—	—
1967	—	—	—	—	—	—
1968	—	—	—	—	—	—
1969	1829	—	144534	—	—	—

2　廣東省統計局編：《廣東省國民經濟和社會發展統計資料．1949-1988．農村部分》（廣東省統計局，1990年），頁70-71。

年分	機動漁船			漁輪		
	艘	噸	馬力	艘	噸	馬力
1970	1955	61567	159279	—	—	—
1971	2219	66139	174735	—	—	—
1972	2533	82646	213133	—	—	—
1973	3096	95829	244820	—	—	—
1974	3752	113673	282663	—	—	—
1975	4574	134077	329257	—	—	—
1976	5152	146290	346577	191	24091	61112
1977	5834	167414	394867	265	31646	833521
1978	6488	190060	442792	373	42769	117700
1979	7326	207118	493814	503	522494	151559
1980	9389	244778	621573	737	74963	235268
1981	14825	262811	703279	837	80725	265734
1982	24507	297147	809583	957	101474	309161
1983	32467	342067	894452	1022	111167	326585
1984	36568	348406	934926	1035	112605	333123
1985	40163	388421	1068052	1184	121360	373384
1986	49586	430518	1206495	1247	125107	386700
1987	57058	520732	1486779	1661	158120	537741
1988	59376	582692	1719485	1876	187733	645598

從表一可見，新中國的漁船從木帆漁船轉到機動漁船是始於一九五三年，距離八十年代還有很大發展。但沿海的木帆漁船還是存在著，如二○一四年陽江市陽東東平鎮的東平漁港還有十三艘木帆漁船出海（見下圖），至於機動漁輪，廣東也於一九七六年開始發展。

廣東陽江市東平鎮東平漁港
（東平鎮鍾盛先生提供，攝於二○一四年五月十七日）

關於香港的木帆漁船與機動漁船的出現，就以香港仔石排灣為例。石排灣的漁業，從開埠至現在經歷了不少改革，新式的機動木質漁船已成為主流，舊式的風帆木質漁船已不能看見。

在一八五五年時，石排灣一帶已有一三二艘漁船在灣頭進行作業。[3]筆者與徐川同學調查石排灣漁民，綜合他們所述，上世紀三○年代至五○年代之間，風帆搖櫓的漁船有大釣艇、中釣艇、小釣艇、手釣（舢舨）、罟仔艇、綀罟（扒艇）、磨罟艇、括仔艇、大拖、蝦九拖、七棚拖、廣海拖、南水拖、鱲船、鮮拖、蝦拖、罟棚艇、陽江

3 英華書院編：《遐邇貫珍》（香港：英華書院，1855年）第五號，頁8上下。

拖、大尾仔、魚籠艇等。這些舊式漁船，按照現代分類法，則可分為以下幾項：

（1）釣艇（延繩釣）又名雙杆仔——大釣艇、中釣艇、小釣艇、手釣（舢舨）。

（2）圍網漁船——罟仔艇、繚罟（扒艇）、磨罟艇、括仔艇。

（3）拖網漁船——大拖、蝦九拖、七棚拖、廣海拖、南水拖、 鱝船、鮮拖、蝦拖、罟棚艇、陽江拖。

（4）刺網漁船——大尾仔、罟棚艇。[4]

（5）其他——魚籠艇。

舊式風帆搖櫓漁船，罟仔、蝦艇是在近十至四十海里捕魚，船上能容六至八人，廣海拖、索罟鮮拖等則能離岸五十至一百海里，船上能容十至二十人。

一九四九年第一艘機動木質漁船誕生，就是在一艘蝦九拖安裝了機器推動，[5]從此就踏入了捕魚業機動化的新時代。一九四九年後，不少傳統風帆木質漁船便更換為現代化的雙拖漁船及單拖漁船。[6]

一九七二年，漁業在政府的經濟及技術支援下大有進步，香港仔石排灣漁船得到受益。如在七〇年代，漁農署在香港仔石排灣設立研究總站，負責本地及南中國海北部之生物及水文學研究，[7]才使此處

---

4 Hiroaki Kani(1932-), *A general survey of the boat people in Hong Kong* (Hong Kong: Southeast Asia Studies Section, New Asia Research Institute, Chinese University of Hong Kong 1967)，頁7稱這種罟棚艇既是拖網作業，同時也兼刺網作業，故Hiroaki Kani把漁船分類時，把罟棚艇既列為拖網漁船，又列為刺網漁船。

5 《香港漁民互助社．五十週年會慶特刊（1946-1996年）》（香港：香港漁民互助社，1967年），頁48。

6 《政府資訊．漁業》修訂日期：一九九六年，網址：http://www.info.gov.hk/chinfo/cffish.htm。

7 香港政府編：《香港年報》（香港：天天日報有限公司，1972年），頁48。

漁業穩定下來。踏進八〇年代，隨著現代科學技術的迅速發展，使漁船裝備更趨向現代化。漁船可以在一年四季捕魚，並可進行遠洋和長時間的海上作業。漁船數量雖有減少，但漁產量卻大大提升。[8]

踏入九〇年代，香港仔石排灣漁港的漁船占全香港漁船的比例減少了，但捕魚量仍有顯著增加。[9]原因是一般漁船都增大了，船身設計改善，使用馬力加強的發動機，又有先進捕魚設備，大大提高遠洋捕魚能力、技術和效率。[10]一九九六年，香港仔約占有四百多艘遠洋漁船，有拖網漁船、延繩釣艇及刺網艇等，餘下主要是在近海作業，包括刺網船、手釣艇、圍網船等。

從中國解放到近年，在這數十年的機動化過程中，各種漁船都產生了很大變化，筆者與徐川從九位長者漁民訪問得知，在風帆搖櫓年代，香港仔石排灣漁港主要漁船有雙拖、蝦拖、罟仔、釣艇，漁船以拖網為最主要。李士豪著《中國漁業史》一書裡，提及到中國舊式的漁業中，廣東、福建沿海一帶是以拖網漁業、釣漁業為多，[11] 這都顯示了香港仔石排灣漁港的漁船和廣東、福建沿海地方的漁船種類基本上是一脈相承的，都是以拖網為主。

從香港的早期到現代，漁民捕撈技術有很大的改變，由風帆搖櫓木質漁船改為機動化木質漁船等，除有漁船結構、船上設備、作業方式外，也有由近岸進而伸展到離岸甚至更遠的深海魚場捕魚等。為此，徐川《石排灣的漁業》的報告把木帆漁船和機動漁船作一個比較表。

8 徐川：《石排灣的漁業》（2001年，未刊報告）（筆者是該生報告指導老師），頁15-16表二。

9 黃南翔：《香港古今》（香港：奔馬出版社，1992年8月），頁88。

10 南區區議會1992年：《南區剖析報告》（南區區議會，1992年），頁27。

11 李士豪等著：《中國漁業史》（臺北市：臺灣商務印書館，1965年）頁12。

表二　新舊漁船的比較[12]

項目	風帆搖櫓木質漁船	機動木質漁船
設備儀器	（1）少部分漁船用上八分儀，一般沒有這種設備	（1）魚群探測器 （2）方向儀 （3）大型漁船裝置雷達，使航行獲得安全保障 （4）無線電話機 （5）衛星導航器
漁具	採用天然纖維製成的漁具，易為魚類發覺，用後必須曬乾，又必須定期用保護劑處理，防止迅速破壞	（1）機動的絞盤、起錨機、起索機、起重輪轆等 （2）人造纖維組織製成的漁網、釣線、繩（乙綸、尼龍、維綸等纖維，經合股後加捻成線、繩）
推動力	風帆搖櫓，受自然條件限制出海	使用柴油引擎，讓漁船有足夠動力駛向天氣變幻無常的漁場
船身設計	（1）船頭低、船尾高（船尾住人） （2）船頭平	（1）船頭高、船尾低 （2）船頭尖
漁場	香港仔石排灣漁港的漁船主要是近岸作業，至於拖船則要離開這個灣頭，到最多不過六十噚的深度作業，而釣艇下鉤的深度為八十噚[13]	機動化後的香港仔石排灣漁船可以擴大到擔杆以外的漁場，可以到六五〇千米以外之水域進行捕撈[14]

---

12 徐川：《石排灣的漁業》（2001年，未刊報告）（筆者是該生的指導老師），頁19-21表四。

13 謝憤生：《香港漁民概況》（中國漁民協進會，1939年8月），頁66-68。這是著者謝憤生於一九三四年特意走到鴨脷洲石排灣去，和漁民談話中所得的記錄。這說明了當時香港仔石排灣舊式漁船的捕魚技能。

14 南區區議會1992年：《南區剖析報告》（南區區議會，1992年）頁27。這裡指二十五至三十五米長的較大拖船及釣艇。

項目	風帆搖櫓木質漁船	機動木質漁船
船上設備	（1）三支桅杆（用杉木造成，木輕而耐用，用途是上帆） （2）櫃口多、櫃口小 （3）水櫃在船尾（用水桶取水） （4）沒有機房、沒有駕駛室 （5）沒有雪艙	（1）一支桅杆（用鐵造成，用途是拉網） （2）櫃口少、櫃口大 （3）水櫃在船頭（用水泵拿水） （4）有機房和駕駛室等 （5）有雪艙
作業方式	（1）單一作業 （2）屬於傳統家庭式作業，一家幾代作業於船上，老與少、男與女活在緊密的家庭中	（1）多種作業，適應旺淡季捕魚之需要 （2）打破傳統家庭式作業，作業水上，居於陸上，漁工甚至來自國內
捕獲鮮魚量[15]	每年一千一百多擔（1949年）[16]	每年二千四百多擔（1950年）[17]
往返行使時間	往返一次，要看順風或是逆風	使用引擎後，節省往來時間
人均捕獲量[18]	（1）每人捕獲半噸至一噸之間（1950年全年） （2）船員每月收入80至110元（1950年）[19]	（1）每人捕獲十噸左右（1950年全年） （2）船員每月收入多於250元（1950年）[20]
不同作業漁船的設備	（1）罟仔用的照魚燈為大光燈 （2）罟、拖、網、釣四類捕魚	（1）罟仔用電射燈 （2）雙拖、單拖、蝦拖、釣艇

15 在一九四九年、一九五〇年左右，已有少量漁民添置機動化木質漁船，我們又以一九五〇年的機動化木質漁船跟一九四九年風帆搖櫓木質漁民作一個捕獲魚量的比較，便知道機動化漁船的捕撈數量比舊式為多。一九四九年捕獲鮮魚量為一千一百多擔，一九五〇年捕獲鮮魚量為二千四百多擔。

16 華僑日報編：《香港年鑑》（香港：華僑日報出版部，1950年），頁67。

17 華僑日報編：《香港年鑑》（香港：華僑日報出版部，1950年），頁67。

18 比較一九五〇年的機動化木質漁船跟一九四九年風帆搖櫓木質漁民的人均魚獲，便知道機動化漁船的捕撈數量和船員每月的收入比舊式為多。

19 華僑日報編：《香港年鑑》（香港：華僑日報出版部，1950年），頁67。

20 華僑日報編：《香港年鑑》（香港：華僑日報出版部，1950年），頁67。

項目	風帆搖櫓木質漁船	機動木質漁船
	漁船，全用人力把漁獲拖上漁船	採用機動起釣網，釣艇還用上油壓起網機
作業季節	較大拖網漁船還可藉東北風往外作業，其餘的要停業，要待吹西南風的來臨方可作業 [21]	一般四季作業，冬季較少，冬天風浪強勁洶湧，只有大型漁船才能抵擋猛烈的東北風。[22]最理想的捕魚時間為四月、五月及九月至十一月（在6至8月常有颱風、又要嚴守中國推行的休漁期）
人　　力	多	少
軚　　樓	視線狹窄	視線廣闊
速　　度	緩慢 受制於季候風 受制於風的大小	使用柴油引擎後，航行速度快、快捷

從上表可見，機動漁船裝配了許多科學儀器和設備，如魚群探測器、方向儀、雷達、無線電話機、衛星導航器、機動絞盤、起錨機、起索機、起重輪轆、人造纖維組織製成的漁網、使用柴油引擎，駕駛室、雪艙。這些儀器和種種科技下的設備，漁民便不用再牢記漁諺去捕撈，用科學儀器便能網網千斤。如表二所列，舊式風帆搖櫓木質漁船的人均捕獲量每人捕獲半噸至一噸之間（1950年全年），船員每月收入八十至一百一十元（1950）；機動木質漁船每人捕獲十噸左右（1950年全年）船員每月收入多於二百五十元（1950）。久而久之，經歷將近四十年，購不起機動的漁民甚多，所以便上岸打工。到現在，這些昔日漁民部分已不健在，或者已忘記漁諺的背後道理，能講

21 華僑日報編：《香港年鑑》（香港：華僑日報出版部，1984年），頁57。

22 華僑日報編：《香港年鑑》（香港：華僑日報出版部，1984年），頁57。

出漁諺已經是很了不起。老漁民還常說，這些漁諺部分還是活的，但部分已是死的漁諺，在機動和科學儀器取代下，不少漁諺已沒有指導作用，更讓人不再記著。這是很有意思的話。

第二節　漁民的出路──以香港仔為例

一八四一年六月七日，大英欽奉全權公使義律（Captain Charles Elliot）發布曉示，宣布香港為自由港，「所以運進運出貨物，一概免其稅餉……為此告粵東及沿海各省商民知悉。汝等若來香港貿易，本官必定保護身家貲貨，俾得安心辦事無虞。」於是國內沿海貧苦窮民、蜑民、苦力、勞工、採石、僕役，以及小販，無不願意前來香港。一八四四年四月，〈義律曉示〉已經見效，中國沿海一帶的華人相繼赴港尋找工作。一八四五年六月，港島人口總數共二三八一七人，內地華人二二八六〇人，其中水泥工匠七四六〇人，勞工一萬人，僕役一千五百人，艇家三千六百人。到一八五〇年，港島華民逐年增加到三一九八七人。[23]

一八四三年，香港總督砵甸乍將港島分成海域區、城市區、郊區三個區域。城市區是指今天中環沿海地區、跑馬地、赤柱和石排灣，[24]漁民就是因此遷移到石排灣這個新城區來發展他們的事業。

香港仔石排灣在香港開埠初期，已發展成重工業的地方。這裡有兩個旱塢、兩個浮塢。[25]一八九一年，設立了大成機器造紙有限公司，機械由英國輸入。工業的發展，便吸引了無數國內漁民遷移過來

23 〈義律曉示〉及開埠初華人在港島增加情況，轉錄蔡榮芳（1936-）：《香港人之香港史》（香港：Oxford University Press [China] Ltd, 2001），頁19-21。

24 高岱、馮仲平：《從砵甸乍到彭定康──歷屆港督傳略》（香港：新天出版社，1994年），頁4。

25 梁炳華：《南區風物志》（南區區議會出版，1996年），頁40。

發展其打漁事業。[26]

中文報紙《遐邇貫珍・鳥巢論》一八五五年五月第五號頁八記載當年：「艚船……石排灣三艘；渡船……石排灣八艘；鹽船……石排灣一艘；漁船……石排灣一三二艘；賣飯船……石排灣一艘；三板……石排灣四六九艘。」[27]此段材料反映出當時石排灣漁船及其餘船隻的活動，也反映當時船隻的種類和水上族群的工種。

表三　香港仔石排灣漁民人口發展[28]

年	漁民人口	漁船數量
1841	200	
1855	（1,452）	132
1934	15,000	
1949	9,150	688
1952	10,456	1,012
1959年（3月底止）	19,000	2,247
1960年（3月底止）	19,728	2,329
1961年（3月底止）	21,060	2,499
1962	20,591	2,255
1963	20,350	2,260
1964	20,375	2,252

26 Sergio Ticozzi，Pime. *Historical documents of the Hong Kong Catholic Church,* (Hong Kong: Hong Kong Catholic Diocesan Archives, 1997)，頁29。

27 英華書院編：《遐邇貫珍》（香港：英華書院，1855年），第五號，頁8上下。

28 徐川：《石排灣的漁業》（2001年，未刊報告），頁12-13。此報告每一個數字也有詳細交代數據出處。請直接參看該報告，這裡不轉引了。

年	漁民人口	漁船數量
1965	17,850	2,232
1966	19,950	2,292
1967	18,940	2,290
1969		1,808
1971		1,600
1979		1,440
1983		1,180
1985	7,200	1,180
1987		1,100
1988		1,100
1989	6,500	1,100
1991	3,000	888
1994		719
1997		612
1998年（1月25日上午）		601左右
2000年（春節）		550左右
2001年（春節）[29]		500左右

從表三顯示石排灣漁民人口從開埠時便迅速上升，從一八四一年的二百人，到一八五五年有一四五二人，一九三四年的漁民有一萬五千人，明顯表示是為了生計或者政局等原因，國內漁民便遷來石排灣城

29 2020年7月14日，香港仔漁民互助社黃火金主任跟筆者表示已於2001年後停了於春節前數漁船返港活動，而香港漁農署也只公布全港漁船數目，不再公布每一個漁港的漁船數據，故筆者無法把數據補充下去。

區打魚謀生。一九三二年的廣州，廣州共一百零四萬餘人，廣州河面上的漁家達十至十五萬左右，佔廣州全市的人口十分之一，嶺南社會研究所因此把廣州分為「陸上的廣州」和「水上的廣州」。[30]研究所還發現漁家所住的地方差不多都是通都大邑，喜歡在特別發達的人煙稠密的河口居住。

如聚於廣州市從二沙頭粵海關分卡至海角紅樓河道，東西長達二五華里；從白鵝潭至南石頭河道南北長達十華里。[31]這足以解釋了為什麼在香港開埠初期，便有內地漁家到石排灣從事打魚工作，是因為他們看到石排灣的未來將是一片美景。

一八五五年，石排灣有一百四十多艘漁船，人數約一四五二人。在開埠十幾年間，漁民增加了七倍多，很明顯石排灣的漁民充滿了生機。其後，石排灣的漁船、漁民不斷增加與國內政局有關。清末、民國初、國共內戰、動亂、政治等有密切關係，讓中國內地漁民流動到香港。一九三六年，香港漁民的人口，占全港人口的十分之一，有七萬多人。而石排灣漁民已占有一萬五千人，這兒的漁業在香港具有舉足輕重的地位。[32]

從表三可以看到六〇年代石排灣漁船和漁民越來越少，水上人遷上岸和在陸上找生計，石排灣漁業正趨向沒落。船主每一次出海都要補貼漁工、家人，所以很多人已放棄打漁生活，這也導致了他們上岸打工或自行開小店舖經營小生意。在香港仔一帶不少小餐店都是上岸漁民開設的。這些原因，便直接導致他們忘記了漁諺。

---

30 嶺南社會研究所編：《沙南蜑民調查報告》（嶺南社會研究所，1934年），頁2-4。

31 中南行政委員會民族事務委員會辦公室編：《關於珠江流域的蜑民》（草稿）（內部參考資料）（中南行政委員會民族事務委員會辦公室印，1953年3月），頁28。

32 徐川：《石排灣的漁業》（2001年，未刊報告），頁13；李兆鈞：《香港白話蜑民與香港歷史發展》（2003年，未刊報告），頁17-18。筆者是這兩位學生報告的指導老師。

第三節　總結

《南海漁諺拾零》所記錄的是以木帆船年代的漁諺為主，當進入了機帆漁船，國家也有專業團體提供最新捕撈技巧，機動船全部安裝了遙感器、魚群探測器、淺海聲傳播器、深海聲傳播器、聲學魚探儀、定位儀、漁用雷達9、衛星導航儀、遠程兩話機等，漁民不用再記著漁諺來捕撈，也不用老漁諺的老方法去看海水，也不用看星空來決定如何捕撈，[33]所以要問出他們遠年年代的漁諺，真的許多老漁民已忘記，即使記得，多數也已忘記該條漁諺背後的一番解釋。舉一個例子，如「巧拉慢起流」，這是潮汛與漁汛的關係，但漁民卻不能解釋清楚，所以筆者便要通過專業書籍去找出一個科學的解釋。再者，早年漁民曾進行酷捕濫捕，捕撈強度已經超過資源的再生能力，如大小黃魚資源已經產量明顯下降，結果魚類得不到正常發展，導致魚類資源出現衰退現象。最明顯一個例子，香港大澳位於珠江口，每年農曆八月十五日到十一月十五日，黃花魚群便從南中國海游向珠江口產卵，一定經過大澳，大澳漁民便圍捕黃花魚，因過度捕撈，到八十年代後期便消失黃花魚了。不單黃花漁汛如此，鱠白漁汛也是如此。老漁民說，在他們還是木帆漁船年代，部分老漁諺已幫不了他們，所以雖然口中還流傳的漁諺卻解釋不出道理，這正是人為因素破壞了客觀規律有關。

舉一個例子，黃渤海魚類有較為固定的漁場與漁期。漁民根據節氣和魚群情況，將漁期分為「小海市」（驚蟄至穀雨）、「大海市」（穀雨至夏至）、「伏秋汛」（夏至至寒露）、「秋汛」（寒露至小雪）和「冬汛」（霜降至冬至）。漁場漁期之形成需要具備水溫、鹽度、海流、水

---

33 「一看羅經二看鐘，三看泥沙水混清」、「白天看日頭，夜間看星斗；陰天無得睇，關鍵睇流水」。

深與餌料等條件；但漁期的變化除了受制於自然因素之外，還與人類的捕撈活動有關係。由於漁村半農半漁形態、海上風險性大、用鹽成本以及魚類的洄游規律等原因，明清以來漁民捕撈時間一般是在清明至夏至期間，且一般是在汛期之內捕撈某一種或幾種最主要的經濟魚類。民國時期及其之後，特別是二十世紀五、六〇年代，漁期延長，捕撈種類增多，捕撈強度增加，傳統汛期被徹底改變。[34] 這裡也正好解釋了有一些老漁諺經驗總結已失效，漁民口裡還流傳，卻解釋不了該漁諺，這與人為因素的過度捕撈，破壞了漁汛期有關。所以蒐集漁諺已不是一件容易的事，要能好好解釋漁諺也是一件更困難的事，這便是漁諺的沒落原因。

「清明前後，大群魚到」是陽江市東平港的漁諺，這條漁諺表面解釋很容易，但當你問老漁民和水產部，他們都說不出是什麼魚，只有部分老漁民或水產部職員還依稀記得曾有這一條漁諺。

「生在老鴨洲，死於冠頭嶺」是廣西北海市的一條漁諺。北海市當地政府大量進行圍海造田，讓淡水斷流，再加上發展化工，讓上游化肥廠排污，直接污染了整個鐵山港水源，讓鐵生港生態受到嚴重破壞，造成魚蝦產量下降。「生在老鴨洲，死在冠頭嶺」是這裡對蝦的生命歷程，是其生與死之地，但是此漁諺已成絕響。這條漁諺最後只能流傳於老漁民口裡，成了他們的追憶而已。

「白天看日頭，夜間看星斗；陰天無得睇，關鍵睇流水」是陽江市的一條漁諺。這條老漁諺，老漁民還能解釋，但因為在科技設備下，老漁民稱已不用這樣子操作，他們還稱中年及以下的漁民，根本已不懂看日頭，看星斗和看流水。他們更稱看流水是最難掌握的，許多漁民也掌握不好，所以老漁民稱這便形成了漁民在生產時收穫各有

34 李玉尚著：《海有豐歉．黃渤海的魚類與環境變遷（1368-1958）》（上海市：上海交通大學出版社，2011年3月），頁178。

不同。懂得看星斗，懂得看流水，自然收穫量就會最高。但現在不懂「白天看日頭，夜間看星斗；陰天無得睇，關鍵睇流水」也能出海生產大量漁獲的。

「風落夜雨，黃花走企尾」是珠海市的一條漁諺。上世紀八〇年代後，黃花魚已難得一見。多年來珠海、香港漁民已捕撈不到黃花魚，所以石排灣黎金喜、中山南朗吳桂友、中山各鎮一眾漁民、珠海市漁會兩位主任等也無人能解釋何謂「走企尾了」。

「風前照公魚，風後照花鯧」是珠海市的一條漁諺。關於公魚，「其照公魚。則以火枝搖颺。公魚搶火。乃以罾漉之。」[35]因此照公魚在明末甚為發達。花鯧，在河口鹹淡水域與港灣一帶較多。[36]然而，今天老漁民卻不能解釋這一條漁諺，主要是忘記是什麼風？忘記是哪一個季節的風。這個與機動漁船的操作不用單單看風，也不一定要捕撈公魚和花鯧，因機動化後，漁船可以跑得遠，能捕不同漁類，不受制於風前和風後。

自從機動化漁船後，各地都爭取高產佳績而酷漁濫捕，對漁業資源造成傷害，形成黃花魚等漁汛消失，當然就沒有漁場了，這就是筆者強調不少漁諺死去的原因。以上的失效漁諺，其實是可以憑表面來解釋，但這不是筆者所要的，一則是解釋流於表面化，未能從深層次去解釋，再者，根本在於老漁民已無法進行解釋，若筆者只據字面來解釋，是流於書生之見，純然是紙上談兵，對指導捕撈作業生產毫無用處。

---

35 （明遺民）屈大均：〈魚語・魚〉，《廣東新語》（北京市：北京愛如生數字化技術研究中心據（清）康熙庚辰三十九年〔1700〕水天閣刻本影印，2009年），卷二十二，頁20上。

36 中水遠洋漁業有限公司、上海水產大學編著：《中東大西洋底層魚類・1》（上海市：上海人民美術出版社，2000年11月），頁152。

本書記錄的漁諺，目的在於通過比較深層面讓一般讀者也能明白其背後意義，希望這三百六十五條漁諺起到成為非物質文化價值，不會致於沒落，讓這些漁諺還能起到承傳智慧的結晶作用。這些活漁諺，在現代化漁業生產活動中，希望仍具有指導生產實踐的作用。但可惜的是，還有大量蒐集回來的漁諺在機動化後，不用跟著這些漁諺總結的經驗進行生產，所以儘管筆者手上還有不少的漁諺，卻是已死去的，沒有意義價值的。

後記

南海海洋捕撈漁諺是南海漁民在長期面對海洋生產作業時和實踐中積累下來的經驗和感悟。這些漁諺主要涉及漁業、海況、氣象三方面。漁業方面，則涉及漁汛、漁場、洄游、漁獲量、漁撈、魚與氣象、魚與海況、海水養殖；海況方面，則涉及海溫、海流、海浪、潮汐；氣象方面，則涉及氣候（天氣）、冷空氣、海霧、颱風、風、雨（暴雨）。足見當一個漁民不是這麼容易的事，涉足的科學知識實在是很廣闊的。這些老漁民，就是一部活的漁文化大百科全書。這些老漁民，在他們那一代，還有不少陸上人不許他們上岸和讀書，他們不少是文盲的，如香港的蒲台島，整個島上的漁民全是文盲的。香港與內地漁民作比較，內地人經過上世紀五十年代的掃盲大運動，至少讀過一兩年書，認識點文字，認字率比香港要高，這是兩地的差異，所以在香港進行水上人方音調查是最艱難的。這些漁諺，漁民先民便要通過朗朗上口押韻的漁諺傳達信息。在短短的漁諺裡則包含了豐富的信息，目的是要讓後代還能傳唱和記憶。漁民是足以教人要對他們發出萬分的敬佩。

此書收集的漁諺比起調查珠三角水上人方言所花的時間還要長，最後能完成此書，要在這裡要道謝幾位漁民前輩、朋友和一些單位。

香港方面，首先是要道謝香港仔漁民互助社幾位漁民前輩，前主席梁偉英先生是我最常打擾的人，除了調查其大澳水鄉口音外，也調查了漁俗和漁諺。此外，我經常在該社進行調查，大部分都是他安排合適人物配合我的調查，甚至安排小房間給我安靜環境進行調查。第二位要道謝是該社前監事黎金喜先生，金喜叔給我資料最多，除了配合進行石排灣水鄉方音調查外，也配合我調查石排灣的漁俗、漁諺、詞彙、語法的調查。至於該社的前主任冼志華先生也協助我的調查。而該社黃火金主任不單安排合適人物配合我方方面面的調查，也協助我到內地漁港進行調查。在此一一叩謝這幾位香港仔漁民互助社好朋友。大澳主面，要道謝的是前香港漁民互助社大澳總主任張志榮先生和老漁民樊竹生先生，他們也協助我調查漁諺。新界西貢布袋澳兩位前村長張廣坤、梁連生先生在漁諺方面也提供了不少資料，在此作深切的謝意。

中山市那邊，提供大部分與沙田區河塘作業有關的漁諺，具有沙田特色，跟香港海洋捕撈很不同，筆者已把沙田特色部分的漁諺用在《中山市沙田族群的方音承傳及其民俗變遷》一書裡。中山市的坦洲鎮、南朗鎮的橫門、涌口門、民眾是海洋捕撈，跟香港一致。由於筆者在香港可以常常上漁會採漁諺，所以所得比中山要多。而香港仔石排灣又比新界大澳、布袋澳交通更方便，所以筆者的海洋漁諺基本大部分來自香港仔石排灣，特別是來自金喜叔。漁民是水流柴，所以整個南海區的漁諺也可以在這裡一一蒐集得到。

在中山的漁村裡，反應最好的是橫門和涌口門一帶的漁村的漁民，筆者在這裡收穫也頗豐富，特別是吳桂友最善於表達。吳桂友很聰明，他能逐一補充別的漁民所提供漁諺的意義，了解我的目的和要的是甚麼。有時他在別的漁民朋友提供漁諺時，他不出言解釋，卻是用上另一條漁諺來作回覆，讓你知道還有另一條漁諺也是同一意思，就是這樣子，在桂友的協助下，收錄的漁諺也很快。有橫門漁民說「三月三，鱸魚上沙灘」，這條漁諺是涉及漁汛期和氣象，桂友卻以「春水忌北風來」補充其意，他的用意是要進一步告訴我漁汛與氣象有密切關係。就是這樣子，桂友與橫門漁民補充了許多不同於南海漁場有關的漁諺。他們的積極回應，同時舉一反三提出相同或類似的漁諺給我，讓我豐富了南海不同地區的漁諺和漁諺的解釋。

珠海市方面，要感謝萬山鎮港澳流動漁民工作辦事處吳宇忠主任給予了方方面面的協助，讓本書內容豐富。

海豐是我的家鄉，那邊的外海是南海重要漁場之一。這裡有許多朋友也曾協助過我，如前廣州大學廣州發展研究院常務副院長，現任《城市觀察》雜志社社長兼總編輯魏偉新先生、海豐縣文聯主席謝立群先生，兩位都是家鄉的朋友。而海豐縣方志辦公室前主任蔡忠先生、家鄉朋友漁政大隊副大隊長黃漢忠先生也給予許多協助。謝立群、黃漢忠兩位朋友是中山大學黃家教教授晚年的高足。另一位要道謝的是洪箲榮先生。在此對家鄉幾位朋友作一個作深切的謝意！。

我也要致謝（陽江）廣東海上絲綢之路博物館、陽江市方志辦公室的工作人員。此外，楊掌起、李有國、梁崇亮、陳永鐸和譚支華數位朋友都給筆者提供漁諺等方方面面的資料。楊掌起先生是陽江海陵島閘坡老漁民，現在是搞閘坡鹹水歌和漁文化活動；李有國先生是陽江海陵閘坡工匠非遺傳承人。最後要道謝陽江東平鎮鍾盛先生，他提供給筆者一張攝二〇一四年五月十七日的東平漁港木帆漁船珍貴照片。

在此也致謝中山市的小欖鎮、港口鎮、民眾鎮、坦洲鎮、三角鎮、阜沙鎮、南朗鎮、黃圃鎮、東升鎮、橫欄鎮等書記的協助，替筆者安排多次座談會。

惠陽方面，要多謝邱惠瓊和老漁民邱世孫提供部分漁諺資料。

汕頭方面，陳亞武先生也曾協助筆者，在此要給陳先生作一個道謝。

這本著作，能獲得師兄區永超博士、梁鑑洪博士在百忙中抽空幫我校閱，在這裡要作一個衷心致謝！

廣西方面，黃妙秋教授也給了筆者不少意見（妙秋是南寧師範大學音樂舞蹈學院院長)。她的碩士論文是研究:《海韻飄謠——廣西北海鹹水歌研究》,博士論文(中央音樂學院)是《兩廣白話蜑民音樂文化研究》,其博士論文是研究兩廣水上人鹹水歌的異同和音樂形態特徵。鹹水歌的音樂形態特徵是通過曲體結構、調式音列、旋法、節奏節拍、歌詞韻轍、詞曲穩態與變體、唱腔特點等方面進行了專業的探討。

最後要叩謝何廣棪大師兄。何師兄是前臺北華梵大學東方人文思想研究所所長、博導教授、前香港樹仁大學教授、前新亞研究所教務長,他認同我此書的學術價值,一再大力推薦給臺灣萬卷樓圖書公司,讓本書得以順利出版。

《兩廣海南海洋捕撈漁諺輯注與其語言特色和語彙變遷》是我第四本在萬卷樓出版的書,這裡十分多謝梁錦興總經理一再大力支持,讓本書能夠再次順利付梓。在這商業化社會裡,學術著作出版之難,是往往教人感慨萬分。萬卷樓圖書公司明知此書不會給他們帶來經濟效益,卻以繁榮學術研究事業,加強學術交流之目的,支持出版,筆者特向出版社諸同仁致以崇高敬意。

最後,此書如有什麼錯誤和缺點,敬請海內外學者不吝指正,是所至盼!

馮國強

於香港樹仁大學

二〇二〇年十月廿八日

參考文獻

外文期刊

Chu, C.Y. (1960). "The Yellow Croaker Fishery of Hong Kong and Preliminary Notes on Biology of Pseudosciaena Crocea (Richardson)." **Hong Kong *University* Fisheries *Journal*.**

外文書籍

Hiroaki Kani (1932-), ***A general survey of the boat people in Hong Kong,*** Hong Kong: Southeast Asia Studies Section, New Asia Research Institute, Chinese University of Hong Kong 1967.

Sergio Ticozzi, Pime. ***Historical documents of the Hong Kong Catholic Church,*** Hong Kong: Hong Kong Catholic Diocesan Archives, 1997.

古籍

（宋）丁　度等編：《集韻》卷五，北京市：中華書局，1989年5月據北京圖書館所藏宋本影印。

（明）鄺　露：《赤雅》，北京市：中華書局，1985年。

（明）徐光啟：《欽定農政全書》，臺北市：迪志文化出版社公司，一九九九年文淵閣四庫全書電子版。

（明）嘉靖二十七年鄧遷纂、黃佐纂：《香山縣志》，日本國會圖書館藏明嘉靖二十七年刻本影印本，日本藏中國罕見地方志叢刊。

（明遺民）屈大均：《廣東新語》，北京市：北京愛如生數字化技術研究中心據（清）康熙庚辰三十九年（1700）水天閣刻本影印，2009年。

（唐）劉　恂撰；商壁、潘博校補：《嶺表錄異校補》，南寧市：廣西民族出版社，1988年5月。

（梁）顧野王：《宋本玉篇》，北京市：北京市中國書店，一九八三年據張氏重刊澤存堂藏板影印。

（清）顧炎武：《天下郡國利病書》，圖書集成局據光緒二十七年仲秋二林齋藏板鉛印。

（清）田明曜修、陳澧纂：《香山縣志》，上海市：上海書店出版社，2013年。光緒五年。

（清）陸次雲：《峒溪纖志》（叢書集成本），上海市：商務印書館據問影樓影本排印，民國廿八年。

（清）舒懋官修、王崇熙等纂：《新安縣志》，廣州市：嶺南美術出版社，2009年，據廣東省立中山圖書館鳳岡書院刻本藏本影印。

（清）趙爾巽等撰、楊家駱主編：《清史稿》，臺北市：鼎文書局，1981年。

中文期刊

方仁英：〈富春江漁諺的文化意蘊〉，《紹興文學院學報》第35卷第3期，2015年5月。

王樹林：〈漁諺集錦〉，《內陸水產》第七期，1993年7月。

石道全、熊曉英：〈漁諺十則〉，《江西水產科技》總67期，1996年9月。

吳　江：〈漁諺選輯〉，《四川農業科技》第五期，1987年10月。

吳秀瓊：〈浙東漁諺與英語漁諺的常用修辭比較與解讀〉，《寧波工程學院學報》第22卷第4期，2010年第12月。

李文渭：〈漁諺〉，《海洋漁業》第一期，1981年3月。

李代榮：〈漁諺〉，《湖南水產》第六期，1988年6月。

沈金敖：〈怎樣作海洋漁業漁獲量趨勢預報〉，《海洋漁業》第六期，上海市：海洋漁業編輯部，1982年。

徐　波、張義浩：〈舟山群島漁諺的語言特色與文化內涵〉，《寧波大學學報（人文科學版）》第14卷第1期，2001年3月。

徐鴻初：〈漁諺〉，《湖南水產科技》第一期，1981年1月。

高　源、浩海：〈浙江漁諺〉（一），《中國水產》第二期，1983年1月。

高　源、浩海：〈浙江漁諺〉（二），《中國水產》第四期，1983年3月2日）

高　源、浩海：〈浙江漁諺〉（三），《中國水產》第五期，1983年3月17日）

張元生（1931-1999）：〈壯族人民的文化遺產──方塊壯字〉，《中國民族古文字研究》，北京市：中國社會科學出版社，1980年。

張　莉：〈安新漁諺的知識傳授及文化承傳價值〉，《河北師範大學學報》（哲學社會科學版）第41卷第3期，2018年5月。

陳雄根：〈廣州話ABB式形容詞研究〉，《中國語文通訊》第58期，2001年6月。

陳　哲：〈淺談近年影響海南島風暴潮的因素探討〉，《科技風》第16期，2017年。

無名氏：〈漁諺〉，《湖南水產》第五期，1985年5月。

無名氏：〈漁諺〉，《生命世界》第七期，2016年7月。

黃永明：〈西江特有的漁具——嘉魚刺網〉，《珠江水產》第5期，珠江水產編輯部出版，1984年。

黃　婷：〈淺析珠江三角洲鹹潮危害與防治對策〉，《廣東水利水電》第一期，2009年1月。

楊　景：〈湖北漁諺〉，《中國水產》第三期，1958年7月。

鄔正明：〈中國沿海天氣歌謠分析〉，《大連海運學院學報》第一期，1959年4月2日）

趙海鵬：〈漁諺兩條〉，《科學養魚》第十二期，2006年12月。

專書

《「海洋夢」系列叢書》編委會編：《四海鼎沸・海洋災害》，合肥市：合肥工業大學出版社，2015年。

《小欖鎮東區社區志》編纂組編：《小欖鎮東區社區志・1152-2009》，廣州市：廣東人民出版社，2012年5月。

《中國海洋文化》編委會編：《中國海洋文化（廣西卷）》，北京市：海洋出版社，2016年7月。

《科教興國叢書》編輯委員會編：《中國現代農業文集》，北京市：中國書籍出版社，1997年9月。

《氣象知識》編寫組編：《氣象知識》，上海市：上海人民出版社，1974年12月。

《海陸豐歷史文化叢書》編纂委員會編：《海陸豐歷史文化叢書・卷8・民間風俗》，廣州市：廣東人民出版社，2013年。

《觀天看物識天氣》編寫組編繪：《觀天看物識天氣》，南寧市：廣西人民出版社，1973年8月。

丁石慶、周國炎主編：《語言學及應用語言學研究生論壇・2013》，北京市：中央民族大學出版社，2014年1月。

丁穎波：〈電子傳播時代舟山漁諺的文本分析與傳播研究〉，西安市：陝西師範大學文藝與文化傳播學專業碩士論文，2013年6月。

上海水產學院主編：《海洋學》，北京市：農業出版社，1983年7月。

上海市氣象局編：《民間測天諺語》，上海市：上海人民出版社，1974年11月。

上海市釣魚協會編：《垂釣技術》，上海市：上海科學技術出版社，1986年10月。

上海市園林學校主編：《園林氣象學》，北京市：中國林業出版社，1989年5月。

上海師範大學河口海岸研究室編寫：《潮汐》，北京市：商務印書館，1972年10月。

于志剛主編：《海洋生物》，北京市：海洋出版社，2009年9月。頁129。

山東省海洋水產研究所編：《漁場手冊》，北京市：農業出版社，1978年10月。

中水遠洋漁業有限公司、上海水產大學編著：《中東大西洋底層魚類・1》，上海市：上海人民美術出版社，2000年11月。

中央人民廣播電臺科技組、中國農學會等編：《科學廣播・現代農業科學知識（第3集）》，北京市：科學普及出版社，1986年8月。

中共廣東省委組織部、廣東省科學技術協會編：《海水養殖實用技術》，廣州市：廣東科技出版社，1996年6月。

中南行政委員會民族事務委員會辦公室編：《關於珠江流域的蜑民》，中南行政委員會民族事務委員會辦公室印，1953年3月（草稿）（內部參考資料）。

中國人民政協會議浙江雲和縣委員會、浙江省雲和縣民間文學集成小組：《民間文藝・諺語歌謠集》，缺出版資料，1986年11月。

中國人民政治協商會議大安縣委員會文史辦公室編：《大安文史資料》（第3輯），缺出版資料，1986年12月。

中國人民政治協商會議莆田市涵江區委員會文史資料委員會編：《涵江區文史資料（第4集）》，缺出版資料，1995年12月。

中國水產學會科普委員會編：《淡水養魚實用技術手冊》，北京市：科學普及出版社，1989年4月。

中國民間文學集成全國編輯委員會、中國民間文學集成湖北卷編輯委員會編：《中國諺語集成（湖北卷）》，北京市：中央民族大學出版社，1994年2月。

中國民間文學集成全國編輯委員會、中國民間文學集成廣東卷編輯委員會，林澤生本卷主編；馬學良主編：《中國諺語集成（廣東卷）》，北京市：中國ISBN中心，1997年7月。

中國民間文學集成全國編輯委員會、中國民間文學集成江西卷編輯委員會編：《中國諺語集成（江西卷）》，北京市：中國ISBN中心，2003年5月。

中國民間文學集成全國編輯委員會、中國民間文學集成江蘇卷編輯委員會：《中國諺語集成（江蘇卷）》，北京市：中國ISBN中心出版，1998年12月。

中國民間文學集成全國編輯委員會、中國民間文學集成浙江卷編輯委員會編：《中國諺語集成（浙江卷）》，北京市：中國ISBN中心，1995年10月。

中國民間文學集成全國編輯委員會、中國民間文學集成福建卷編輯委員會編：《中國諺語集成・福建卷》，北京市：中國ISBN中心，2001年6月。

中國民間文學集成全國編輯委員會、中國民間文學集成廣西卷編輯委員會編：《中國諺語集成（廣西卷）》，北京市：中國ISBN中心，2008生2月。

中國科學院動物研究所等主編：《南海魚類志》，北京市：科學出版社，1962年。

中國農業百科全書編輯部：《中國農業百科全書．水產業卷（上）》，北京市：農業出版社，1994年12月。

內黃縣民間文學集成編委會編：《中國諺語集成．河南內黃縣卷》（內部資料），缺出版社資料，1990年6月。

內蒙古人民出版社主編：《內蒙古農諺選（上輯）》，呼和浩特市：內蒙古人民出版社，1965年5月。

王文洪編：《舟山群島文化地圖》，北京市：海洋出版社，2009年3月。頁159。

王正樹編：《民間諺語》，太原市：山西人民出版社，2014年12月。

王志烈、許以平編：《颱風》，北京市：氣象出版社，1983年9月。

王志豔編：《天文百科知識博覽》，天津市：天津出版傳媒集團；天津人民出版社，2013年2月。

王初文：《鼓呼集》，北京市：中國青年出版社，2001年。

王長工主編：《釣魚手冊》，上海市：上海科學技術出版社，1995年11月。

王長工編：《新編垂釣全書》，上海市：上海科學技術出版社，2009年1月。

王思潮主編：《天文愛好者基礎知識》，南京市：南京出版社，2014年9月。

王　倩主編；張笑然、董岩繪：《天氣變變變．春夏秋冬的秘密》，南寧市：接力出版社，2014年8月。

王國忠：《南海珊瑚礁區沉積學》，北京市：海洋出版社，2001年6月。頁82。

王樹林：〈漁諺集錦〉，《內陸水產》第七期，1993年7月。

王　鵬、陳積明、劉維編著：《海南主要水生生物》，北京市：海洋出版社，2014年6月。

史春偉編：《我們的地球家園·自然界的大氣與天氣》，蕪湖市：安徽師範大學出版社，2012年1月。

司徒尚紀：《中國南海海洋國土》，廣州市：廣東經濟出版社，2007年4月。

左　天：《淡水釣諺與釣技》，北京市：華齡出版社，2003年3月。

田若虹：《嶺南五邑海洋文化研究》，北京市：新華出版社，2017年4月。

伍漢霖等編：《中國有毒魚類和藥用魚類》，上海市：上海科學技術出版社，1978年4月。

全國海岸帶和海塗資源綜合調查成果編委會編：《中國海岸帶和海塗資源綜合調查報告》，北京市：海洋出版社，1991年8月。

成翼模等編：《氣象奇觀》，北京市：氣象出版社，2001年5月。

朱振全編：《氣象諺語精選》，北京市：金盾出版社，2012年9月。

汕尾市政協學習和文史資料委員會編：《汕尾文史》（第18輯）》，缺出版資料，缺出版年分。

舟山市政協文史和學習委，舟山晚報編：《文史天地（下）》，北京市：文津出版社，2003年3月。

何春生主編：《熱帶作物氣象學》，北京市：中國農業大學出版社，2006年12月。

余迺永校注：《新校互註宋本廣韻》（增訂本），香港中文大學授權上海市：上海辭書出版社，2000年7月。

佚　名：《風霜雨雪》，上海市：新知識出版社，1956年3月。
佚　名：《航海氣象（下）》，缺出版資料，1986年12月。
吳川民間文學精選編委會編：《吳川民間文學精選》，廣州市：廣州文化出版社，1989年9月。
吳天福編：《測天諺語集》，長沙市：湖南人民出版社，1979年。
吳建生、安志偉主編；李中元叢書主編：《漢語語彙的變異與規範研究》，太原市：山西人民出版社，2017年12月。
吳瑞榮：《漁夫》，北京市：中國農業出版社，2003年6月。
呂華慶主編：《物理海洋學基礎》，北京市：海洋出版社，2012年6月。
宋文鐸編：《名特海產品加工技術》，北京市：農業出版社，1996年7月。
宋正傑主編：《捕撈基礎》，山東教育出版社，2016年3月。
宋偉華、王飛主編；馬家志副主編：《舟山漁業簡史》，北京市：海洋出版社，2016年8月。
李士豪等著：《中國漁業史》，臺北市：臺灣商務印書館，1965年。
李文歡、石海瑩編：《海南省風暴潮災害預報及防範系統研究》，北京市：海洋出版社，2013年7月。
李玉尚：《海有豐歉·黃渤海的魚類與環境變遷，1368-1958》，上海市：上海交通大學出版社，2011年3月。
李向民主編：《海南水產科研的理論與實踐·海南省水產研究論文選編：1958-2003》，北京市：海洋出版社，2006年9月。
李孟北編：《諺語·歇後語淺注》，昆明市：雲南人民出版社，1980年8月。
李純良主編、汕尾市政協學習和文史委員會編：《汕尾文史（第15輯）》，汕尾市：中國人民政治協商會議汕尾市委員會文史資料工作委員會，2005年。

李純厚等編：《南澎列島海洋生態及生物多樣性》，北京市：海洋出版社，2009年12月。

李雲林主編；丁德剛、姚檀桂編：《氣象站天氣預報》，鄭州市：河南人民出版社，1980年12月。

李新正、劉錄三、李寶泉等編：《中國海洋大型底棲生物研究與實踐》，北京市：海洋出版社，2010年9月。

李　滬著：《抹不掉的墨痕》，廣州市：暨南大學出版社，2011年1月。

李繁華等編：《山東近海水文狀況》，濟南市：山東省地圖出版社，1989年8月。

李蘇民編寫：《海洋風信八看》，福州市：福建人民出版，1965年3月。

周亦濤主編；陳志榮編：《杭州市富陽區非物質文化遺產大觀　民俗卷》，杭州市：浙江文藝出版社，2016年1月。

周長楫主編：《閩南方言俗語大詞典》，福州市：福建人民出版社，2015年9月。

林立芳、莊初升：《南雄珠璣方言志》，廣州市：暨南大學出版社，1995年10月。

林仲凡：《東北農諺彙釋》，長春市：吉林文史出版社，1992年11月。

林倫倫、林春雨：《廣東南澳島方言語音詞彙研究》，北京市：中華書局，2007年10月。

林凱龍：《潮汕古俗》，北京市：生活・讀書・新知三聯書店，2016年11月。

林景祺：《帶魚》，北京市：農業出版社，1985年5月。

林慧文：《惠州方言俗語評析》，北京市：中國文聯出版社，2004年6月。

林蔚文：《閩台熟語研究》，福州市：海峽文藝出版社，2016年4月。

林靜編：《資源豐富的海洋》，北京市：中國社會出版社，2012年3月。

勇　勤、孫海蘭主編：《海南民俗概說》，海口市：海南出版社，2008年4月。

南區區議會：《南區剖析報告·1992年》，南區區議會，1992年。

姚景良搜集整理：《廈門市民俗學會編·閩臺方言集錦》，缺出版資料，1992年5月。

政協詔安縣委員會文史委編：《詔安文史資料（第21期）·梅嶺鎮專輯》，政協詔安縣委員會文史委，2001年12月。

施主佑：《科技興漁》，廣州市：中山大學出版社，1995年2月。

洪卜仁主編；中國人民政治協商會議、福建省廈門市委員會編：《廈門氣象今昔》，廈門市：廈門大學出版社，2010年1月。

洪壽祥主編：《中國諺語集成（海南卷）》，北京市：中國ISBN中心，2002年12月。。

胡　傑主編：《漁場學》，北京市：中國農業出版社，1995年10月。

苗得雨：《文談詩話》，濟南市：山東人民出版社，　1961年12月。

英華書院編：《遐邇貫珍》，香港：英華書院，1855年。

茅紹廉編寫；中國科普創作協會、遼寧科普創作協會組編：《沿海漁業資源利用與保護》，北京市：海洋出版社，1984年10月。

虹　雷：《深圳風物志·民間美味卷》，深圳市：海天出版社，2016年11月。

韋有暹編：《民間看天經驗》，廣州市：廣東科技出版社，1984年 10月。

香港漁民互助社編：《香港漁民互助社·五十週年會慶特刊1946-1996年》，香港：香港漁民互助社，1967年。

夏明方、侯深主編：《生態史研究（第1輯）》，北京市：商務印書館，2016年6月。

夏章英編：《捕撈新技術·聲光電與捕魚》，北京市：海洋出版社，1991年3月。

孫湘平：《中國近海及毗鄰海域水文概況》，北京市：海洋出版社，2016年9月。

徐　波：《浙江海洋漁俗文化稱名考察》，北京市：海洋出版社，2009年12月。

徐恭紹、鄭澄偉主編：《海產魚類養殖與增殖》，濟南市：山東科學技術出版社，1987年4月。

徐蕾如：《廣東二十四節氣氣候》，廣州市：廣東科技出版社，1986年7月。

桂洲詩社、桂洲文化站編：《桂洲風物記》，桂洲市：出版者缺，1992年。

海南行政區水產研究所、廣東省水產研究所、廣東省水產學校編輯：《1974年清瀾浮水魚魚訊鮐鰺魚類資源調查小結，1974年8月》，海南行政區水產研究所，1974年12月。

留　明編：《怎樣觀測天氣（上）》，呼和浩特市：遠方出版社，2004年9月。

益陽地區工農教育辦公室：《農業氣象諺語輯注》，1984年2月。

秦　偉編：《魚類學》，蘇州市：蘇州大學出版社，2000年5月。

郝玉美、張琴主編：《實用自我保護指南．生活煩事自我排解》，濟南市：山東畫報出版，2002年1月。

郝　瑞：《解放海南島》，北京市：解放軍出版社，2007年1月。

高　岱、馮仲平：《從砵甸乍到彭定康——歷屆港督傳略》，香港：新天出版社，1994年。

崔　健主編：《世界地理常識》，長春市：吉林大學出版社，2010年10月。

張永寧：《航海氣象與海洋學》，大連市：大連海事大學出版社，2011年1月。

張前方：《浙北歷史與文化‧湖魚文化》，西安市：三秦出版社，2003年10月。

張紀生、張存生編：《常規能源與新能源》，呼和浩特市：內蒙古人民出版社，1985年12月。

張　強編：《一葉落而知秋‧簡易測天》，北京市：中國建材工業出版社，1998年9月。

張壽祺：《蛋家人》，香港：中華書局，1991年。

張憲昌、梁玉磷、馬振坤編：《南海漁諺拾零》，北京市：海洋出版社，1988年4月。

盛曉光、趙宗乙主編：《中華語海（第4冊）》，哈爾濱市：黑龍江人民出版社，2000年7月。

許自策、蔡人群編：《中國的經濟特區》，廣州市：廣東科技出版社，1990年7月。

陳大剛編：《黃渤海漁業生態學》，北京市：海洋出版社，1991年2月。

陳可馨編：《災害性天氣及其預防》，石家莊市：河北人民出版社，1979年8月。

陳再超、劉繼興編：《南海經濟魚類》，廣州市：廣東科技出版社，1982年11月。

陳連寶等編：《廣東海島氣候》，廣州市：廣東科技出版社，1995年8月。

陳智勇：《海南海洋文化》，海口市：南方出版社；海口：海南出版社，2008年4月。

陳　錘編：《白話魚類學》，北京市：海洋出版社，2003年11月。

陳鍇竑、姜龍、盧桂平主編：《揚州歷史文化大辭典（上）》，揚州市：廣陵書社，2017年12月。

喻　葵：《中國農業勞動力的重新配置》，北京市：企業管理出版社，2016年3月。
彭天演：《一方水土（修訂本）》，香港：華夏文化出版社，2014年1月。
彭　垣、孫即霖：《海洋水文》，廣州市：中山大學出版社，2012年1月。
惠安縣民間文學集成編委會編：《中國諺語集成·福建卷·惠安縣分卷》，惠安縣民間文學集成編委會，1993年12月。
揚州水利學校主編：《水文測驗》，北京市：水利出版社，1980年6月。
曾昭璇：《廣州歷史地理》，廣州市：廣東人民出版社，1991年5月。
温友平：《文化的力量·深圳寶安文化紀事》，深圳市：海天出版社，2012年1月。
湖南省水產科學研究所編：《淡水漁業實用手冊》，長沙市：湖南科學技術出版社，1984年4月。
湯開建、馬明達主編：《中國古代史論集（第2集）》，上海市：上海古籍出版社，2006年6月。
貴州省苗學會編：《苗學研究·8·苗族文化保護與利用研究》，北京市：中國言實出版社，2011年6月。
費鴻年、張詩全：《水產資源學》，北京市：中國科學技術出版社，1990年10月。
馮國柱、鍾慧蓮主編：《氣象百花集·《羊城晚報》氣象專版文選》，北京市：氣象出版社，2000年12月。
馮國強、何惠玲：《中山市沙田族群的方音承傳及其民俗變遷》，臺北市：萬卷樓圖書公司，2018年8月。
馮國強：《珠三角水上族群的語言承傳和文化變遷》，臺北市：萬卷樓圖書公司，2015年。

黃立文、文元橋主編：《航海氣象與海洋學》，武漢市：武漢理工大學出版社，2014年2月。

黃妙秋：《海韻飄謠——廣西北海鹹水歌研究》，北京市：大眾文藝出版社，2004年5月。

黃南翔：《香港古今》，香港：奔馬出版社，1992年8月。

黃劍雲編：《台山古今概覽（上）》，廣州市：廣東人民出版社，1992年5月。

黑龍江農墾大學編：《氣象哨天氣預報知識》，北京市：農業出版社，1978年6月。

廈門水產學院、江仁主編：《氣象學》，北京市：農業出版社，1980年9月。

楊子明：《從化大寫意》，廣州市：羊城晚報出版社，2015年7月。

楊計文：《闇坡印記（下）》，廣州市：嶺南美術出版社，2019年7月。

董鴻毅編：《寧波諺語評說》，寧波市：寧波出版社，2014年4月。

虞積耀、王正國主編；錢陽明、賴西南、陳伯華副主編：《海戰外科學》，北京市：人民軍醫出版社，2013年1月。

詹伯慧等編：《第四屆國際閩方言研討會論文集》，汕頭市：汕頭大學出版社，1996年。

農業出版社編輯部編：《中國農諺（下）》，北京市：農業出版社，1987年4月。

鄒廣嚴主編：《能源大辭典》，成都市：四川科學技術出版社，19971月。

廖虹雷：《深圳民間熟語》，深圳市：深圳報業集團出版社，2013年4月。

熊第恕主編：《中國氣象諺語》，北京市：氣象出版社，1991年3月。頁496。

福建水產學校主編：《漁業資源與漁場》，北京市：農業出版社，1981年10月。

福建省革命委員會氣象局、福建師範大學地理系編寫：《福建氣象淺說》，福州市：福建人民出版社，1976年3月。

趙秋龍、翁雄、許冠良等編著：《鹹淡水名優魚類健康養殖實用技術》，北京市：海洋出版社，2012年8月。

趙海山主編；《科爾沁左翼中旗志》編纂委員會編：《科爾沁左翼中旗志》，海拉爾市：內蒙古文化出版社，2003年11月。

趙海鵬：〈漁諺兩條〉，《科學養魚》，2006年12月。

趙煥庭、王麗榮、宋朝景、陳北跑著：《廣東徐聞西岸珊瑚礁》，廣州市：廣東科技出版社，2009年10月。

趙　輝主編：《青島與海洋》，青島市：青島出版社，2014年7月。

趙憲初等編：《十萬個為甚麼（第7冊）》，上海市：少年兒童出版社，1962年12月。

鄢陵縣民間文學集成編委會編：《中國諺語歌謠集成　河南鄢陵縣卷》，北京市：國家圖書館出版社，2016年。

齊觀天：《青年天文氣象常識（2）》，北京市：中國青年出版社，1965年12月。

劉文光編：《多彩的物理世界》，北京市：國家行政學院出版社，2012年6月。

劉兆元等撰稿：《江蘇民俗》，蘭州市：甘肅人民出版社，2003年10月。

劉芝凰：《閩臺農林漁業傳統生產習俗文化遺產資源調查》，廈門市：廈門大學出版社，2014年5月。

劉炳宏主編：《龍川客家諺語》，缺出版資料，2006年8月。

劉振鐸主編：《諺語詞典（上）》，長春市：北方婦女兒童出版社，2002年10月。

劉振鐸主編：《諺語詞典（下）》，長春市：北方婦女兒童出版社，2002年10月。

劉　靜編：《氣象與動物》，呼和浩特市：遠方出版社，2009年4月。

廣州市番禺區政協文史資料委員會編：《番禺文史資料（第十六期）·番禺旅遊資料專輯》，廣州市番禺區政協文史資料委員會，2003月12月。

廣西地質學會編：《廣西地質之最》，南寧市：廣西科學技術出版社，2014年12月。

廣東老教授協會、廣州市點對點文化傳播有限公司組織編寫；詹天庠主編；劉偉濤常務副主編：《潮汕文化大典》，汕頭市：汕頭大學出版社，2013年10月。

廣東省土壤普查鑑定委員會編：《廣東農諺集》，缺出版資料，1962年。

廣東省水產學校主編：《氣象與海洋》，北京市：農業出版社，1983年5月。

廣東省水產廳技術站、漁汛站編印：《廣東省海洋漁業技術資料彙編（第2輯）》，廣東省水產廳技術站、漁汛站編印，1965年。

廣東省地理學會科普組主編：《廣東農諺》，北京市：科學普及出版社；廣州分社，1983年2月。

廣東省南澳縣政協文史委員會編：《南澳文史（第2輯）》，廣東省南澳縣政協文史委員會，1994年5月。

廣東省氣象臺編：《颱風》，廣州市：廣東人民出版社，1973年10月。

廣東省氣象臺編寫：《廣東民間看天經驗》，廣州市：廣東人民出版社，1966年5月。

廣東省氣象局編寫：《看天經驗》，廣州市：廣東人民出版社，1975年11月。

廣東省統計局編：《廣東省國民經濟和社會發展統計資料·1949-1988·農村部分》，廣東省統計局，1990年。

廣東海洋湖沼學會編：《廣東海洋湖沼學會年會論文選集·1962》，廣東海洋湖沼學會，1963年12月。
歐瑞木：《潮海水族大觀》，汕頭市：汕頭大學出版社，2016年11月。
蔡榮芳：《香港人之香港史·1841-1945》，香港：牛津大學出版社，2001年。
輞川鎮民間文學集成編委會編：《惠安縣輞川鎮民間文學集成》，輞川鎮民間文學集成編委會，1993年1月。
鄧景耀、趙傳絪等著：《海洋漁業生物學》，北京市：農業出版社，1991年10月。
黎　泉編：《嶺南熱土廣東·1》，北京市：中國旅遊出版社，2015年4月。
盧繼定著：《潮汕老百業》，香港：公元出版公司，2005年12月。
錢志林主編：《漁港規劃與建設》，大連市：大連理工大學出版社，1993年1月。
鞠海虹、鞠增艾著：《中華民俗覽勝》，北京市：語文出版社，2000年3月。
謝　真：《持續漁業與優高漁業》，北京市：海洋出版社，1993年10月。
謝憤生：《香港漁民概況》，中國漁民協進會，1939年8月。
顏澤賢、黃世瑞：《嶺南科學技術史》，廣州市：廣東人民出版社，2002年9月。
魏偉新、謝立群：《海豐俗語諺語歇後語詞典》（第二版），廣州市：廣東人民出版社，2016年6月。
羅會明：《海洋經濟動物趨光生理》，福州市：福建科學技術出版社，1985年8月。
譚玉鈞、邵源編：《養魚知識問答》，北京市：中國青年出版社，1984年3月。

蘇　山編：《海洋開發技術知識入門》，北京市：北京工業大學出版社，2013年2月。
蘇　禹：《蘇禹選集》，廣州市：新世紀出版社，2001年7月。
蘇　龍編：《捕魷魚》，福州市：福建科學技術出版社，1989年7月。
鐘振如、江紀煬、閔信愛編：《南海北部近海蝦類資源調查報告》，廣州市：中國水產科學研究院南海水產研究所，1982年12月。
顧　端：《漁史文集》，臺北市：淑馨出版社，1992年10月。
鶴山縣民間文學「三套集成」編委會編：《中國民間文學「三套集成」廣東卷・鶴山縣資料本》，鶴山縣民間文學「三套集成」編委會，1989年3月。

新地方志

《中國海島志》編纂委員會編：《中國海島志・浙江卷第1冊・舟山群島北部》，北京市：海洋出版社，2014年4月。
《中國海島志》編纂委員會編著：《中國海島志・廣東卷・第1冊・廣東東部沿岸》，北京市：海洋出版社，2013年3月。
《東莞市厚街鎮志》編纂委員會編：《東莞市厚街鎮志》，廣州市：廣東人民出版社，2015年1月。
《南沙鎮志》編纂委員會編：《南沙鎮志》，揚州市：廣陵書社，2016年11月。
《廣東省珠海市地名志》編纂委員會編：《廣東省珠海市地名志》，廣州市：廣東科技出版社，1989年1月。
《蓮下鎮志》編纂委員會編：《汕頭市澄海區地方志叢書・蓮下鎮志》，廣州市：廣東人民出版社；廣東省出版集團，2011年12月。

大埔縣地方志編纂委員會編：《大埔縣志》，廣州市：廣東人民出版社，1992年11月。

中山市坦洲鎮志編纂委員會編：《中山市坦洲鎮志》，廣州市：廣東人民出版社，2014年12月。

中山市南朗鎮志編纂委員會編：《中山市南朗鎮志》，廣州市：廣東人民出版社，2015年10月。

五桂山鎮地方志編纂委員會編：《中山市五桂山鎮志》，廣州市：廣東人民出版社，2008年1月。

方榮和主編、漳浦縣地方志編纂委員會編：《漳浦縣志》，北京市：方志出版社，1998年4月。

王季平總纂；吉林省地方志編纂委員會編纂；杭彤（卷）主編：《吉林省志・卷35・氣象志》，長春市：吉林人民出版社，1996年12月。

王勝祥主編：《厚街鎮志》，廣東寫作學會，1994年8月。

甘先瓊主編、瓊海市地方志編纂委員會編：《瓊海縣志》，廣州市：廣東科技出版社，1995年10月。

汕尾市地方志編纂委員會編：《汕尾市志（下）》，北京市：方志出版社，2013年4月。

汕尾市城區地方志編纂委員會辦公室編：《汕尾市城區志・1988-2007》，北京市：方志出版社，2012年10月。

汕頭市水產局編：《汕頭水產志》，汕頭市：汕頭水產局，1991年10月。

江蘇省蘇州市吳江區七都鎮開弦弓村志編纂委員會編：《開弦弓村志》，北京市：方志出版社，2017年12月。

江蘇省蘇州市相城區陽澄湖鎮志編纂委員會編：《陽澄湖鎮志》，北京市：方志出版社，2017年12月。

余維新主編：《象山縣漁業志》，北京市：方志出版社，2008年8月。

佛山市南海區九江鎮地方志編纂委員會編：《南海市九江鎮志》，廣州市：廣東經濟出版社，2009年9月。

周科勤、楊和福主編：《寧波水產志》，北京市：海洋出版社，2006年1月。

東莞市中堂鎮潢涌村志編篆委員會編：《東莞市中堂鎮．潢涌村志》，廣州市：嶺南美術出版社年2010年1月。

南澳縣地方志編纂委員會編：《南澳縣志》，北京市：中華書局，2000年10月。

南澳縣地方志編纂委員會編：《南澳縣志．1979-2000》，廣州市：廣東人民出版社，2011年11月。

紀植群主編：《汕頭市龍湖區志．1979-2003》，廣州市：花城出版社，2013年10月。

浙江省水產志編纂委員會編：《浙江省水產志》，北京市：中華書局，1999年。

海南省地方史志辦公室編：《海南省志．人口志．方言志．宗教志》，海口市：海南出版社，1994年8月。

海南省昌江黎族自治縣地方志編纂委員會編：《昌江縣志》，北京市：新華出版社，1998年6月。

海南省萬寧縣地方志編纂委員會編：《萬寧縣志》，海口市：南海出版公司，1994年。

海豐縣地方志編纂委員會：《海豐縣志（上）》，廣州市：廣東人民出版社，2005年8月。

海豐縣地方志編纂委員會編：《海豐縣志．1988-2004（上）》，北京市：方志出版社，2012年11月。

珠海市地名志編委會編：《珠海市海島志》，珠海市：珠海市地名志編委會，1987年5月。

國家海洋局東海分局編：《東海區海洋站海洋水文氣候志》，北京市：海洋出版社，1993年3月。

張　笑主編：《台山縣農業志・1893-1991》，台山市：廣東省台山縣農業局，1992年4月。

梁　炳華：《南區風物志》，南區區議會出版，1996年。

深圳市地方志編纂委員會編：《深圳市志・第一二產業卷》，北京市：方志出版社，2008年11月。

深圳市龍崗區地方志編纂委員會編：《深圳市龍崗區志・1993-2003（上）》，北京市：方志出版社，2012年12月。

郭藏璞編：《深州市前磨頭村志》，石家莊市：河北美術出版社，2016年5月。

陸豐縣地方志編纂委員會編：《陸豐縣志》，廣州市：廣東人民出版社，2007年9月。

惠來縣地方志編纂委員會編：《惠來縣志・1979-2004》，北京市：方志出版社，2011年9月。

番禺市地方志編纂委員會辦公室主持整理：《番禺縣續志・民國版・點注本》，廣州市：廣東人民出版社，2000年6月。

順德市地方志編纂委員會編；招汝基主編：《順德縣志》，北京市：中華書局，1996年12月。

順德區龍江鎮坦西社區居民委員會編：《坦西村志》，缺出版資料。

黃劍雲主編：《台山下川島志》，廣州市：廣東人民出版社，1997年9月。

新會縣地方志編纂委員會：《新會縣志》，廣州市：廣東人民出版社，1995年10月。

楊昌鑫編：《土家族風俗志》，北京市：中央民族學院出版社，1989年5月。

廣西壯族自治區水產局：《廣西農業志水產資料長篇》，廣西區水產局，1990年12月。

廣西壯族自治區地方志編纂委員會編、莫大同主編：《廣西通志．自然地理志》，南寧市：廣西人民出版社，1994年6月。

廣東省地方史志編纂委員會編：《廣東省志．地理志》，廣州市：廣東人民出版社，1999年12月。

廣東省地方史志編纂委員會編：《自然災害志》，廣州市：廣東人民出版社，2001年12月。

廣東省海市南莊鎮地方志編纂委員會編：《南海市南莊鎮志》，廣州市：廣東人民出版社，2009年9月。

廣東省電白縣地方志編纂委員會編：《電白縣志》，北京市：中華書局，2000年6月。

龍江鎮村居志編委會：《龍江東涌志》，東涌社區居民委員會編製，2014年6月。

勵江岸村志編纂小組編；勵明康主編：《勵江岸村志》，勵江岸村，2012年4月。

鍾錦時主編：《海豐水產志》，廣東省海豐縣水產局編，1991年2月。

羅春寒：《水族風俗志》，上海市：上海錦繡文章出版社，2016年1月。

學位論文

丁穎波：〈電子傳播時代舟山漁諺的文本分析與傳播研究〉，西安市：陝西師範大學文藝與文化傳播學專業碩士論文，2013年6月。

劉婷婷：〈漁歌漁諺及其歷史文化價值研究〉，青島市：中國海洋大學歷史地理專業碩士論文，2014年5月23日。

報告

伍銳麟：〈沙南蛋民調查報告〉，《嶺南學報》，廣州市：嶺南大學，1934年。第三卷第一期。
李兆鈞：《香港白話蜑民與香港歷史發展》，2003年，未刊報告。
徐　川：《石排灣的漁業》，2001年5月，未刊報告。

年報

香港政府編：《香港年報》，香港：天天日報有限公司，1972年。
華僑日報編：《香港年鑑》，香港：華僑日報出版部，1950年。
華僑日報編：《香港年鑑》，香港：華僑日報出版部，1984年。

網際網路

《政府資訊・漁業》，網址：http://www.info.gov.hk/chinfo/cffish.htm，修訂日期：1996年。

語言文字叢書 1000017

兩廣海南海洋捕撈漁諺輯注與其語言特色和語彙變遷

作　　者　馮國強
責任編輯　林以邠
特約校稿　林秋芬

發 行 人　林慶彰
總 經 理　梁錦興
總 編 輯　張晏瑞
編 輯 所　萬卷樓圖書股份有限公司
排　　版　林曉敏
印　　刷　百通科技股份有限公司
封面設計　斐類設計工作室

發　　行　萬卷樓圖書股份有限公司
臺北市羅斯福路二段 41 號 6 樓之 3
電話 (02)23216565
傳真 (02)23218698
電郵 SERVICE@WANJUAN.COM.TW
香港經銷　香港聯合書刊物流有限公司
電話 (852)21502100
傳真 (852)23560735

ISBN 978-986-478-431-8
2021 年 3 月初版二刷
2020 年 12 月初版一刷
定價：新臺幣 480 元

如何購買本書：
1. 劃撥購書，請透過以下郵政劃撥帳號：
帳號：15624015
戶名：萬卷樓圖書股份有限公司
2. 轉帳購書，請透過以下帳戶
合作金庫銀行 古亭分行
戶名：萬卷樓圖書股份有限公司
帳號：0877717092596
3. 網路購書，請透過萬卷樓網站
網址 WWW.WANJUAN.COM.TW
大量購書，請直接聯繫我們，將有專人為您服務。客服：(02)23216565 分機 610
如有缺頁、破損或裝訂錯誤，請寄回更換

國家圖書館出版品預行編目資料

兩廣海南海洋捕撈漁諺輯注與其語言特色和語彙變遷/馮國強著. -- 初版. -- 臺北市：萬卷樓圖書股份有限公司, 2020.12
面；　公分. -- (語言文字研究叢書；1000017)
ISBN 978-986-478-431-8(平裝)
1.漁業 2.諺語 3.中國
438.3　　109020213